Web前端技术丛书

Vue.js 3 移动应用开发实战

• 绵绵的糖 / 著 •

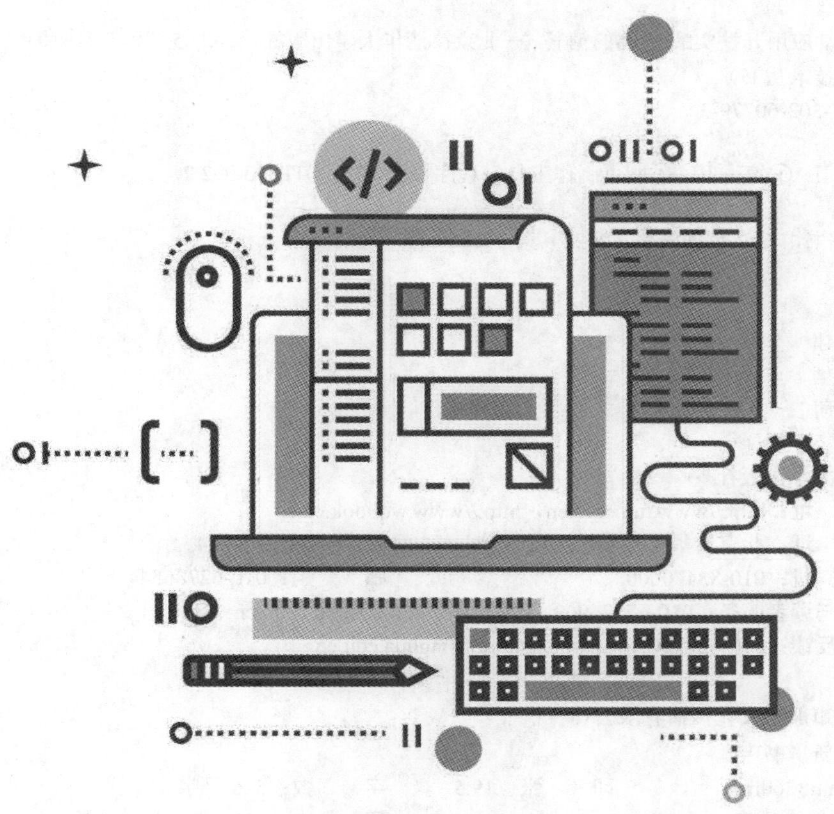

清華大学出版社

北京

内 容 简 介

随着前后端分离开发模式的出现，前端框架 Vue、React、Angular 相关生态的不断完善，移动设备的普及，移动端 Web App 的开发成为主流，越来越多的大学逐步开设 Web 相关的课程。本书是一本为初学前端的学生量身定制的移动端 Web 开发入门教材，适合对移动端 Web 开发了解不多、没有系统学过前端开发，但对前端编程感兴趣的读者学习使用。

本书分为 13 章，第 1~2 章主要介绍移动端 Web 技术的发展和移动端 Web 项目所需要的技术栈，包括安装开发环境与调试代码等；第 3~10 章主要介绍各种技术栈及第三方库的基础语法和使用方法等，涉及的技术栈及第三方库包括 Vue、Vuex、Webpack、Vue Router、Node.js、Mock.js、Vant Weapp、axios 等，并在每章中都提供实战案例或 Demo；第 11~12 章分别给出 2 个实战案例——响应式单页面管理系统 TODO 和移动电商 Web App；第 13 章介绍 Web App 转为移动 App 的方法。

本书内容由浅到深、解析详细、示例丰富，是广大移动前端开发初学者的必备参考书，同时也非常适合作为高等院校和培训机构的计算机及相关专业的教材。

图书在版编目（CIP）数据

Vue.js 3 移动应用开发实战/绵绵的糖著. 一北京：清华大学出版社，2022.5 (2023. 8重印)
（Web 前端技术丛书）
ISBN 978-7-302-60779-3

Ⅰ. ①V… Ⅱ. ①绵… Ⅲ. ①网页制作工具一程序设计 Ⅳ. ①TP393.092.2

中国版本图书馆 CIP 数据核字（2022）第 075869 号

责任编辑：夏毓彦
封面设计：王　翔
责任校对：闫秀华
责任印制：朱雨萌

出版发行：清华大学出版社
网　　址：http://www.tup.com.cn，http://www.wqbook.com
地　　址：北京清华大学学研大厦 A 座　　**邮　　编**：100084
社 总 机：010-83470000　　**邮　　购**：010-62786544
投稿与读者服务：010-62776969，c-service@tup.tsinghua.edu.cn
质量反馈：010-62772015，zhiliang@tup.tsinghua.edu.cn

印 装 者：涿州市般润文化传播有限公司
经　　销：全国新华书店
开　　本：190mm×260mm　　**印　　张**：19.5　　**字　　数**：526 千字
版　　次：2022 年 7 月第 1 版　　**印　　次**：2023 年 8 月第 2 次印刷
定　　价：79.00 元

产品编号：095352-01

前　言

随着互联网和移动设备的飞速发展，手机等移动端设备上的 Web App 开发越来越流行。随着前后端分离的开发模式成为流行趋势，前端技术也占据了重要地位，并且随着 Node.js 和 JSON-Server 等各种在线模拟服务器、Mock.js 模拟数据以及移动端 UI 框架的出现，使得移动开发更加容易，也受到越来越多人的喜爱与追逐。

随着前端技术的不断发展，利用 JavaScript 编程语言进行软件开发时便显示出了得天独厚的优势，特别是在单页应用和前端框架上，能够减少 DOM 操作，优化性能，能够快速搭建一个通用的 Web 网站。各种性能优化解决方案、各种简洁 API 的出现，尤其是 ES6、ES7、ES8 等的广泛应用，还有近期特别流行的 TypeScript 语言，更加能够约束变量类型，使得多人协作开发大型项目时不易出现错误的类型判断。所以移动前端开发具有良好的发展前景，也是比较容易入门的一种技术。

程序员要想进入移动 Web 前端开发的行业，除了需要有扎实的 JavaScript 语言基础外，还要掌握多种开发框架，比如 Vue、React 和 Angular 等前端三大框架。除了这些必须掌握的基础知识和框架之外，最好还要多进行实际操作与代码的书写，多进行项目实战开发，这样才能够真正掌握理论知识，也能够快速地从实践中提升自己的技能和技术，丰富自己的开发经验。只有牢固掌握技术知识和多加熟悉应用开发的各种实例与项目案例，才能在互联网技术领域的环境中具有较强的行业竞争力和明确提升前端技术的途径与方法。

目前适用于初学者学习前端的书籍很多，但是将基础知识与实例和项目案例相结合来讲解移动端 Web App 开发的书籍相对较少，本书便是以实战和案例为基础，通过对 Vue 移动端 Web 开发中最常见的技术知识和多个完整项目案例的讲解，让读者全面、深入地理解移动 Vue 项目开发的完整流程和需要使用的各种技术，通过实际案例快速提高读者实际开发水平和进行完整项目开发的能力。

写给读者的话

我的笔名是绵绵的糖，有多年前端开发从业经验，比较擅长 Vue 框架，也了解并会使用 React 框架。由于自己比较喜欢小程序开发，所以对原生小程序开发也比较有经验。

总的来说，写作这本书的过程也是一个不断学习的过程，不断汲取新的或者以前没有注意到的小知识点，将自己知道的与网上其他人的经验相结合，经过实践总结出许多知识点，供大家学习，为读者提供一本入门 Vue 移动开发的书籍。由于个人能力、经验和时间等的限制，书中可能存在部分未讲解透彻的地方，还望读者多提意见。

对于初次学习移动前端开发的读者来说，本书是完全可以参考的。希望这本书能够帮助到学习前端移动开发的初学者。

本书有何特色

（1）附带各种案例源代码，提高学习效率。为了便于读者理解本书内容，提高学习效率，笔者为本书每一章内容都提供了案例的源代码和部分理论的图解。

（2）涵盖移动端 Web 开发的各种热门技术、主流框架及其整合使用。本书涵盖 Vue、Node.js、Vuex、Vue Router、Vant Weapp、Json-Server、ES6、ES7 和 axios 等热门开源技术及 Vue+Vuex+Vue Router+axios+Vant Weapp、Vue+Webpack 等主流框架的整合使用。

（3）对移动端 Web 开发的各种技术和框架作详细介绍。本书从一开始便对移动端 Web 发展技术与历程做了基本介绍，并且对开始学习所需要使用的各种技术也进行了简要介绍，讲解如何进行各种环境下的安装配置，以及提供给读者多种开发编辑器，供读者自行选择，这样便于读者理解书中典型功能的开发和快速上手项目案例。

（4）案例驱动，应用性强。本书提供大量移动端 Web 开发的典型案例，这些案例讲述的都是 Vue 移动开发中经常要用到的功能，具有超强的实用性，能够在读者学习基础知识的同时，帮助读者快速掌握以后开发中能够用到的技术功能，也便于前端开发人员随时查阅和参考。

本书内容及知识体系

第 1 章　什么是移动端 Web 开发

本章主要介绍移动端 Web 技术的发展、移动端 Web 与 PC Web 和 App 开发三者之间的区别，以及说明如何进行 Web 页面开发环境的搭建，同时还介绍 Vue 开发环境的搭建过程。

第 2 章　Vue 移动端 Web 开发的技术栈

本章主要介绍 Vue 移动端 Web 开发中常用的各种技术栈，主要包括 Webpack 脚手架、Vuex 状态管理库、前端路由 Vue Router、第三方请求管理库 axios 等，也简要介绍 ES6 与 ES7、移动端屏幕适配和页面调试方法等。

第 3 章 Webpack 脚手架快速入门

本章主要介绍 Webpack 相关的概念、功能与使用方法，说明如何利用 Webpack-cli 脚手架进行项目的创建，如何利用 Webpack 进行打包，如何结合 Vue 和 Webpack 开发项目。

第 4 章 Vue 快速入门

本章主要介绍 Vue 相关的概念、功能与使用方法，详细阐述如何创建 Vue 实例和组件，Vue 的模板语法，Vue 中的方法、计算属性和监听器三者的相同与不同之处，插槽的用法和 Vue 的过渡与动画效果的实现方法等。

第 5 章 Vuex 快速入门

本章主要介绍 Vue 的状态管理库 Vuex 的五个相关的核心概念，如何安装与使用 Vuex，以及哪些场景下适合使用 Vuex 进行状态共享，并且提供实战项目使读者能更好地理解 Vuex 的技术知识。

第 6 章 Vue Router 快速入门

本章主要介绍前端路由 Vue Router 的概念和使用方法，以及涉及的动态路由、嵌套路由、导航守卫和路由懒加载等。

第 7 章 ES6/ES7 快速入门

本章主要介绍 ECMAScript 6.0（即 ES6）和其新版本 ES7 等的基础知识，包括箭头函数、变量声明、模块化和 Async、Await 等，利用 ES6、ES7 的语法能够使代码更加简洁。

第 8 章 axios 快速入门

本章主要介绍 axios 相关的知识，axios 是一个可用于浏览器端和 Node 端的请求库，它是基于 Promise 封装而成的，具有许多优势。本章着重介绍 axios 的 API 与其返回的响应数据的结构，带领读者进行 axios 请求的封装。

第 9 章 移动端 Web 屏幕适配和 UI 框架

本章为移动端屏幕适配提供多种解决方案，介绍视区概念、Flex 布局、rem 响应式布局、vw 适配和媒体查询等，同时介绍如何进行移动端 Web 屏幕适配，以及有哪些适合移动端的 UI 框架，并且提供多种案例。

第 10 章 移动端 Web 单击事件

本章介绍移动端 Web 单击事件，包括其中涉及的一些问题，比如 iOS 端单击存在延迟的问题和单击穿透的问题等，以及介绍解决这些问题的方法。

第 11 章　实战项目：响应式单页面管理系统 TODO

本章进行一个简单的项目实战，利用 Vue 3 实现一个响应式单页面管理系统 TODO 待办事项页面管理，通过该章提高读者项目实战开发能力，并巩固所学知识。

第 12 章　实战项目：移动电商 Web App

本章主要利用所学知识开发一个移动电商项目，通过该项目了解开发一个完整项目的基本流程，复习之前所学知识，掌握编码设计思想，帮助读者获得独立开发移动端 Web App 的能力。

第 13 章　实战项目：Web App 打包成移动端 App

本章主要介绍如何通过 HBuilderX 来实现将 Web App 项目打包成移动端 App，并且展示生成的.apk 文件安装运行在手机上的效果。

配套源码下载

本书配套的示例源码，需要用微信扫描右边的二维码获取，也可按扫描后的页面提示填写你的邮箱，把下载链接转发到邮箱中下载。如果有疑问和建议，请用电子邮件联系 booksaga@163.com，邮件主题为"Vue.js 3 移动应用开发实战"。

适合阅读本书的读者

- 网页开发人员
- 前端开发人员
- Vue 开发人员
- 广大移动端 Web 开发程序员
- 移动端 App 开发程序员
- 专业培训机构的学员
- 需要一本 Vue 开发必备查询手册的人员

作　者

2022 年 5 月

目录

第 1 章

什么是移动端 Web 开发

移动端 Web 即移动网页，表示在移动端（大多指移动手机）浏览器中运行的可访问的 Web 页面，比如在手机端或可触屏的其他移动端，在其浏览器的地址栏输入一个网址后按下回车就能够访问该网址所对应的网站。本章将主要介绍移动端 Web 技术的发展概况、如何实现 Web 页面及基本开发环境，以及如何搭建 Vue 开发环境。

本章主要涉及的知识点有：

- 移动端 Web 技术的发展概况
- 移动端 Web、PC Web 和 App 开发的区别
- Web 页面开发环境搭建
- Vue 开发环境搭建

1.1 移动互联网 Web 技术的发展概况

随着互联网技术的快速发展，中国手机上网的用户数量已经达到 12 亿，并且随着 5G 网络的出现，移动市场的规模还将不断扩大。也正因为移动互联网的快速发展，Web 开发也相应地面临着新的挑战和需求。传统早期的 HTML 技术只能开发简单的静态页面，但是随着 Web 技术的不断发展，单独的网页逐渐发展成大型应用，尤其是 HTML 5 的出现，为移动端 Web 技术提供了可扩展性和可发展性。

传统的 Web 技术单指 PC 端的页面和网站等，在 PC 端常见的浏览器有谷歌浏览器、火狐浏览器、360 浏览器、QQ 浏览器、IE 浏览器和搜狗浏览器等，同样地移动端也存在这些常见的浏览器，并且存在一些只有移动端才能使用的手机浏览器。这些手机端的浏览器更好地为移动端 Web 技术的发展提供了支持。现代移动端设备屏幕尺寸非常多，碎片化严重，比如不同型号的 iPhone、Android 等智能设备存在不同的屏幕大小，如何适应移动端 Web 开发技术也成为 Web 领域的关注点。HTML 5 的出现，使得开发响应式和高性能的移动端 Web 应用更加简单，并且具有跨平台、跨设备和发布周期短的优势。

近十几年来移动互联网可谓发展迅速，在这个全新的领域里，Android、iOS 等新技术成为最热点的话题之一。与此同时，跨平台的 HTML 5 更加显露出其明显的优势，对移动互联

网领域的发展起到巨大的推进作用，比如：移动购物，淘宝、京东、拼多多等网站开展的手机在线购物业务，使得手机端成为一个重要的入口；移动社交网络，微信、QQ 和各种社交软件使人们交流更加方便。所以移动互联网 Web 技术发展已经成为趋势。

1.2 移动端 Web、PC Web、手机 App 开发的区别

首先解释 Web，Web 字面上是指网络，即指需要连接网络才可以使用的页面或应用，更接近实际生活的解释就是基于浏览器才可以访问的页面和应用，它们无须安装即可使用。而 App 是 Application 的缩写，指的是手机上的应用软件，比如常见的微博、抖音、小红书等 App，这些 App 软件需要经过安装才能在智能设备上运行使用。移动端 Web 即移动网页，表示在移动端（大多指移动手机）浏览器中运行的可访问的 Web 页面，比如在手机端或可触屏的其他移动端，在其浏览器的地址栏输入一个网址后按下回车就能够访问该网址所对应的网站，该网站里面有许多不同的页面，可以进行交互式操作，页面之间也可以跳转，等等。这些页面与功能的实现即是通过移动端 Web 开发来设计实现的。

移动端 Web 开发比起 PC Web 开发需要考虑的因素更多，比如不同型号的手机的屏幕宽高不同，所以需要进行页面适配，还要考虑如何兼容安卓的众多版本等问题。自 HTML 5 诞生以来，由于 HTML 5 技术可以更方便快捷地开发现代 Web 页面，并且 HTML 5 技术在移动端浏览器的支持性也比较好，使得程序移动端 Web 页面开发也快速发展起来。到现在，移动端 Web 开发技术在各方面都相对成熟稳定。随之出现的大量移动端框架和组件库，更加利于移动端 Web 开发了。

移动端 Web 开发指的是需要适配移动设备的网页开发，其与 PC Web 开发没有本质区别，使用的都是 HTML/CSS/JavaScript 这一套技术，Web 开发的优点在于 HTML 5 入门快速、功能强大、能够跨平台，只需一次编写就可以在各端运行。

而手机 App 也可分为 Web App、Native App 和 Hybrid App。Native App 是一种基于本地（操作系统）运行的 App，也称为原生 App 开发，开发语言为 Java、C、Objective-C 等。Native App 开发是从 Android、iOS 智能手机出现时就有了的开发技术，性能体验最优，API 也比较完善，但是学习起来难度比较高。缺点就是它的开发成本比较大、更新体验较差、同时也比较麻烦，因为每一次发布新的版本，都需要做版本打包，且需要用户手动进行更新。但是它可以调用 iOS 中的 UI 控件以及 UI 方法，实现 Web App 无法实现的一些比较酷的交互效果。

Web App 是基于手机等移动端的浏览器运行的应用，其开发成本较低，使用 HTML 5 等 Web 开发技术就可以轻松完成页面开发，由于是 Web 技术，所以可以在任意平台上运行。它的升级也比较简单并且不需要通知用户，在服务端更新相应的文件即可，用户完全没有感觉，极大地提升了用户体验。相比 Native App 来说，Web App 在使用体验中是受限于网络环境和渲染性能的。因为它的 HTML 5 页面对网络环境的依赖性较大，如果此时用户恰巧遇到网速慢、网络不稳定等环境干扰，那么请求页面的效率就会极大地降低，因此出现不流畅、断断续

续等不良体验。Hybrid App 就是 Native 结合 Web 的混合开发。

1.3 移动端 Web 和 HTML

现在的移动端 Web 都是基于 HTML 5 技术来进行开发的，由于 HTML 5 新增了许多特性，并且现在流行的浏览器几乎全部都支持 HTML 5，因此使得移动端 Web 可以跨平台应用。比如 HTML 5 的音频和视频标签能够正确地访问播放媒体；HTML 5 提供的 Web Storage 使得本地存储更加方便，能够提高性能；Canvas 使得更好的交互体验和动画效果更易实现；HTML 5 语义化标签的提供使其拥有更好的 SEO（Seanch Engine Optimication，搜索引擎优化），使得搜索引擎、应用市场、浏览器等都成为 HTML 5 的流量入口。

HTML 5 是最新的 HTML 标准，是专门为承载丰富的 Web 内容而设计的，并且无须额外的插件。它也是跨平台的，可以在不同类型的硬件（比如 PC、平板、手机、电视机等）之上运行，并且提供了许多新元素、新特性和新的 API。接下来介绍 HTML 5 的一些重要的特性。

首先，HTML 5 提供了许多语义标签元素，比如<header>、<footer>、<article>和<section>等，这些语义标签可以使开发者更加方便、清晰地构建页面结构和布局。HTML 5 也删除了一些不常用的标签元素，比如<font>、<frame>、<center>、<applet>等标签。表 1.1 为详细的新增的语义标签的作用介绍，图 1.1 所示为利用语义化标签进行的页面布局。

表 1.1　HTML 5 语义标签

标　签	含　义
<header>	定义文档的头部区域
<footer>	定义文档的尾部区域
<nav>	定义文档的导航区域
<section>	定义文档中的章节部分
<main>	定义文档主内容部分
<article>	定义文章部分
<aside>	定义文档侧栏的内容
<details>	定义用户可以看到或者隐藏的额外细节
<summary>	为<details>元素定义一个可见的标题，当用户单击标题时会显示出详细信息
<dialog>	定义对话框
<figure>	定义图表等内容
<mark>	定义带有记号的文本
<time>	定义日期、时间

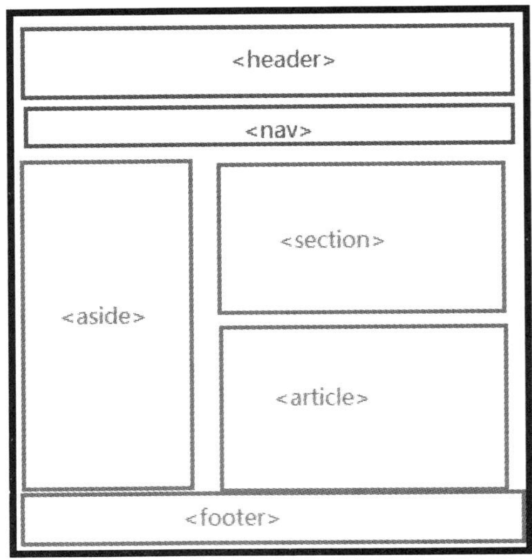

图 1.1 语义化布局

HTML 5 中也对原来的表单属性进行了一些增强，新增了许多更加方便的表单属性，能够更好地进行输入控制与验证，如表 1.2~表 1.4 所示。表 1.2 列举了 HTML 5 新增的表单元素，表 1.3 列举了 HTML 5 新增的表单属性，表 1.4 列举了 HTML 5 的 input 输入框新增的输入特性。

表 1.2 HTML 5 新增的表单元素

元 素	作 用
<datalist>	定义选项的下拉列表
<progress>	表示进度条，展示下载进度
<meter>	刻度值，用于某些计量，例如温度、重量等
<output>	定义不同类型的输出，比如脚本的输出

表 1.3 HTML 5 新增的表单属性

属 性	描 述
placehoder	输入框默认的提示文字
min/max	设置元素最小/最大值
required	要求输入的内容是否可为空
height/wdith	用于 image 类型<input>标签图像高度/宽度
pattern	描述一个正则表达式表示验证规则
step	为输入域规定合法的数字间隔
autofocus	是否自动获得焦点
multiple	规定<input>元素中是否选择多个值

表 1.4　input 输入框新增的属性

属　性	描　述
color	定义选取颜色
time	定义时间
email	包含 e-mail 地址的输入域
week	选择周和年
number	数值输入域
month	月份选择
url	url 地址输入域
date	选取日期
datetime	选取日期（UTC 时间）
datetime-local	选取日期（无时区）
tel	定义输入电话号码
search	搜索域
range	一个范围内数字输入域

HTML 5 的 Canvas 绘图和 SVG 绘图也是两个关键的特性。<canvas>标签用于通过脚本（通常是 JavaScript）动态绘制图形，它是依赖于分辨率的，放大到一定程度会出现失真，不支持事件处理器，比较合适图像密集的游戏。而 SVG 是指可伸缩矢量图形，用于绘制矢量图形，不依赖于分辨率，放大后不会产生模糊的效果，支持事件处理器，但相对来说不适合游戏应用。

Canvas 有许多 API，可方便快速地绘制任何图形。下面利用 Canvas 的 API 绘制一段文字和一个宽 200px、高 100px 的蓝色矩形框，代码如下：

```
<body>
<canvas id="canvas" width="400"height="400"></canvas>

<script type="text/javascript">
window.onload = function() {
        var canvas =document.getElementById("canvas");
        var ctx =canvas.getContext("2d");

        ctx.font ="30px Times New Roman";
        ctx.fillText("Hello Canvas!", 10, 35);

        ctx.fillStyle="#0000ff";
        ctx.fillRect(50, 100, 200, 100);
}
</script>
</body>
```

上述代码解析：

首先获取画布和上下文：

```
var canvas =document.getElementById("canvas");
```

```
var ctx =canvas.getContext("2d");
```

然后通过 ctx.font 设置字体，通过 ctx.fillText 设置文本内容和坐标，更改填充颜色则通过 ctx.fillStyle 来实现，最后通过 fillRect 来绘制一个坐标为（50，100）的填充矩形。效果如图 1.2 所示。

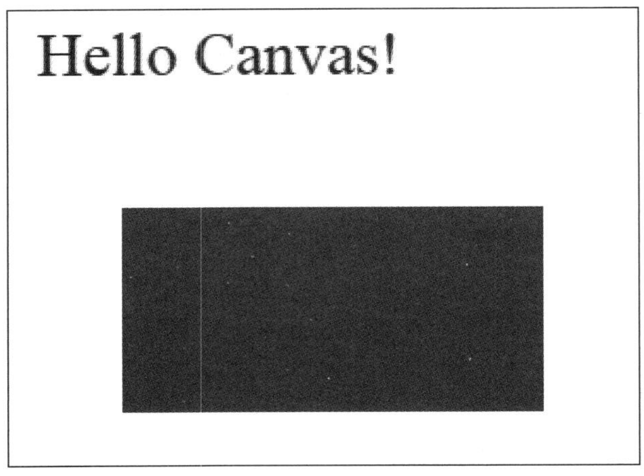

图 1.2 Canvas 案例

HTML 5 还提供地理定位，使用 getCurrentPosition()方法来获取用户的位置。HTML 5 还有拖放 API、Web Worker、本地存储等功能，其中本地存储主要涉及两个 API——localstorage 和 sessionStorage。

总的来说，HTML 5 这些新特性更加方便于移动端 Web 的开发。

1.4 环境搭建

本节将讲述实现一个移动端 Web 所需的基础环境。首先需要承载 Web 页面的浏览器，本书将着重讲述 Chrome 浏览器，然后介绍一个基于 Chrome JavaScript 运行的平台——Node.js，它是一个运行在服务端的 JavaScript，最后介绍开发 Web 应用需要使用的编辑器。

1.4.1 选择浏览器——Chrome

常见的手机端浏览器有很多，本文选择现在流行的 Chrome 浏览器，如图 1.3 所示。它是一款由 Google 公司开发的、于强大的 JavaScript V8 引擎实现的网页浏览器工具。通过双击该图标打开 Chrome 浏览器，再右击空白处，在弹出的快捷菜单中选择检查选项或者按 F12 键即可打开 Chrome 浏览器的开发者工具界面，如图 1.4 所示。

图 1.3　Chrome 浏览器

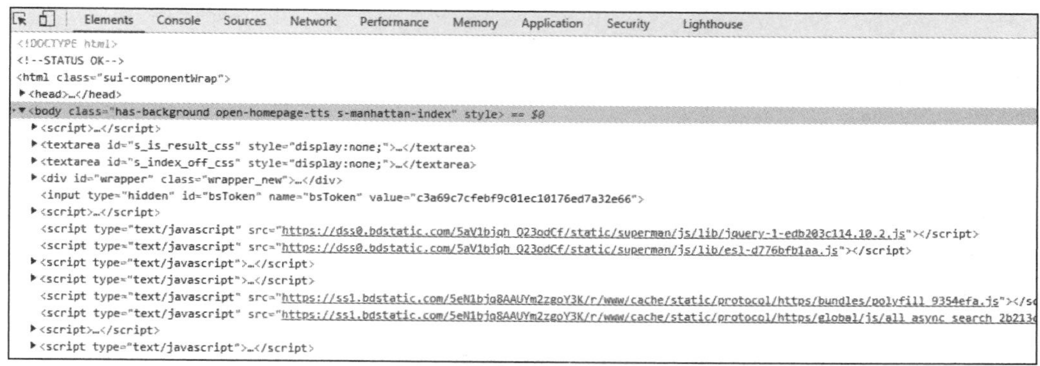

图 1.4　开发者工具界面

通过开发者工具的使用，能够快速定位页面元素的位置，修改一些 CSS 样式观察效果，更加便于代码的调试（debug）。一般开发者工具包括 9 个面板，分别是 Elements 面板、Console 面板、Sources 面板、Network 面板、Performance 面板、Source 面板和 Application 面板等。初学者经常使用的就是：Elements 面板，用于定位元素位置；Console 面板，方便实时观察 JS 代码的输出结果；Network 面板，能够观察到所有发送的请求。

1.4.2　安装 Node.js 和 http-server

由于一个移动端 Web 页面开发需要使用 HTML、CSS 样式、JavaScript 等技术，还需要向服务器请求资源。那么如何直接运行 JavaScript 文件得到结果呢？这就需要使用 Node.js。发送给服务器请求网络图片和网络资源等则需要用到 http-server 来实现接口的请求。现在分别介绍 Node.js 和 http-server 的安装步骤以及它们的使用方法。

1．安装 Node.js

Node.js 是一个基于 Chrome V8 引擎的 JavaScript 运行环境，简单地说就是运行在服务端的 JavaScript。通过 Node.js 的官网直接下载安装包安装即可，其安装包及源码下载地址为 https://nodejs.org/en/download/，如图 1.5 所示。根据不同平台系统选择自己需要的 Node.js 安装包下载安装即可。

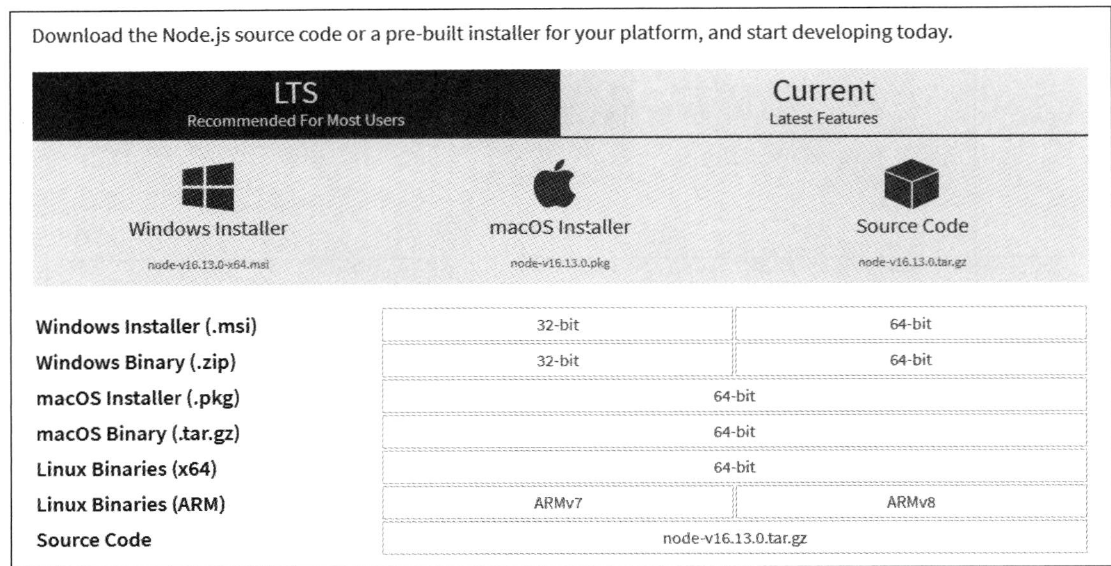

图 1.5 Node.js 安装包

本文以 Windows 平台为例，安装步骤如下：

步骤 01 双击下载后的安装包 v0.10.26，如图 1.6 所示。

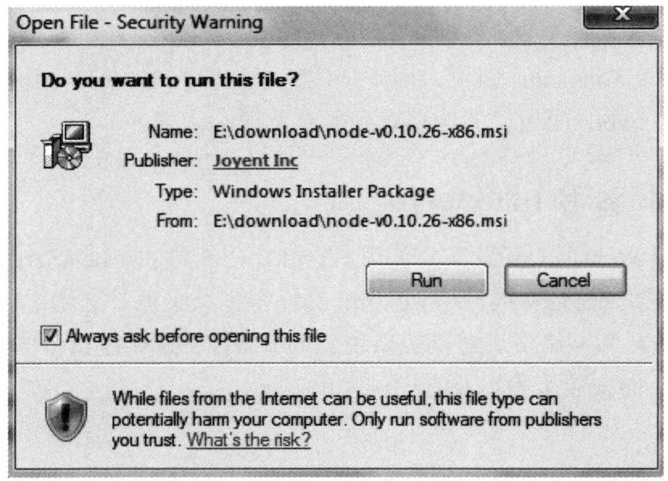

图 1.6 v0.10.26 版本安装包

步骤 02 单击“Run”按钮，然后选择“Next”按钮，勾选“接受协议”选项，单击“Next”按钮，如图 1.7 所示。

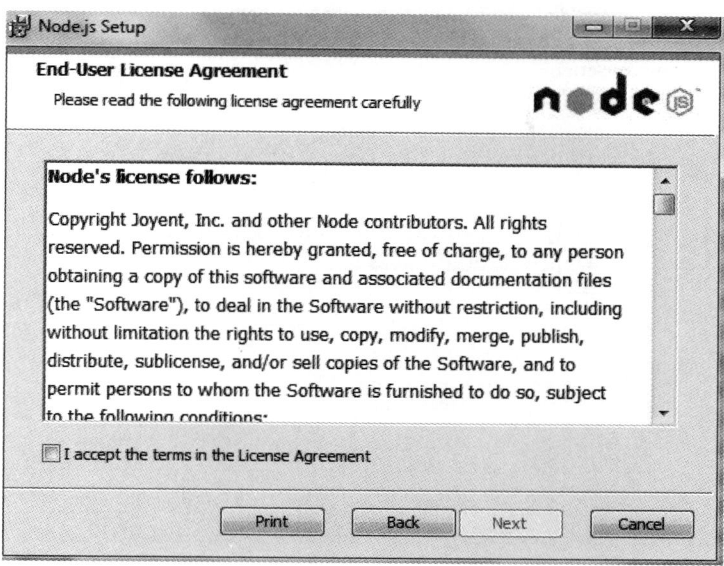

图 1.7　勾选接受协议

步骤 03　默认安装目录为“C:\Program Files\nodejs\”，也可以自行选择修改目录，并单击“Next”按钮，如图 1.8 所示。

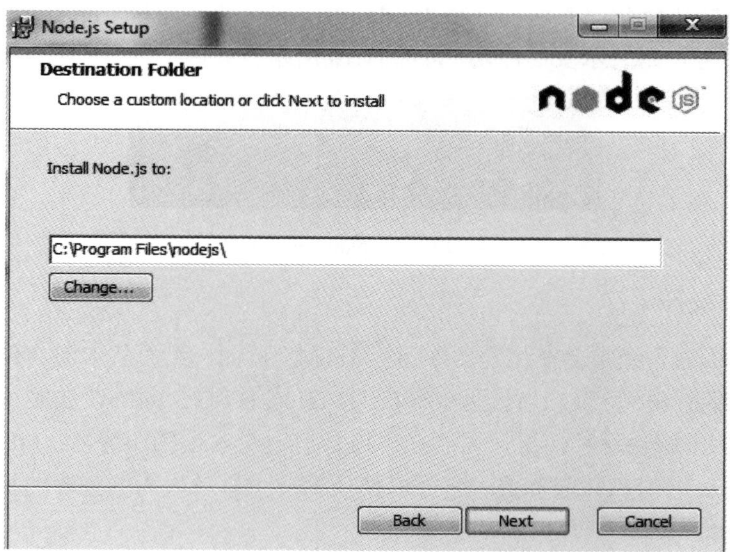

图 1.8　选择安装目录

步骤 04　然后直接默认，单击“Next”按钮，如图 1.9 所示。

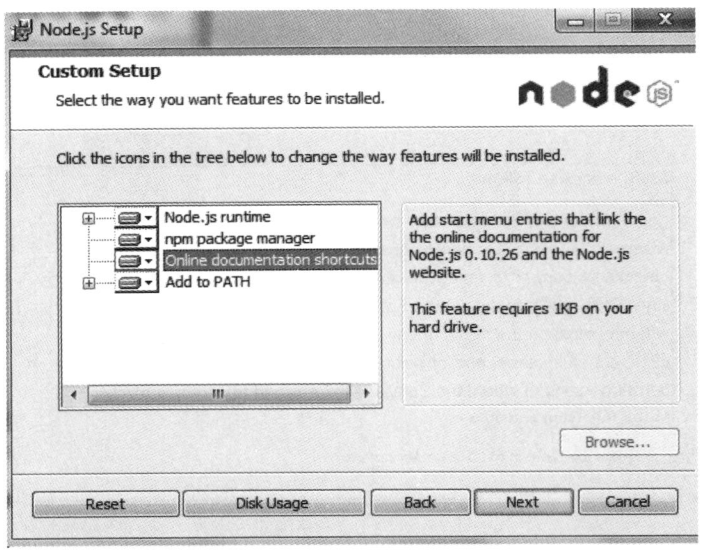

图 1.9 默认并单击“Next”按钮

步骤 05 单击“Install”（安装）按钮，开始安装 Node.js，最后完成安装。

按照以上安装步骤完成 Node.js 安装之后，会自动将路径添加到系统环境变量中，因此通过快捷键 Win+R 打开命令行工具，输入“node--version”或者简写“node-v”查看，如果输出安装的 Node 版本号，则表示安装成功，如图 1.10 所示。

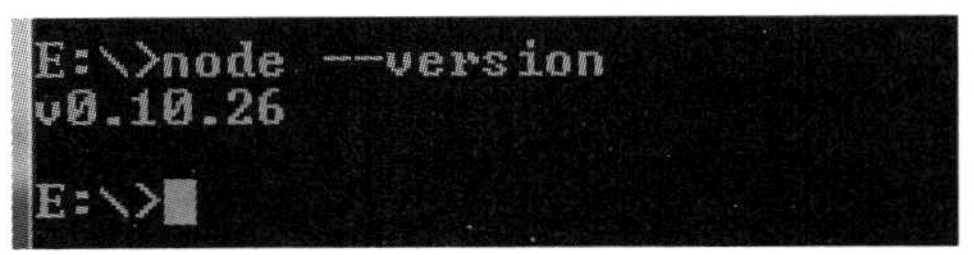

图 1.10 查看 Node 安装版本

2．安装 http-server

在写 Web 页面时，经常会在浏览器中运行 HTML 页面，然而从本地文件夹中直接打开的 HTML 文件一般都是 file 协议，当代码中存在 HTTP 或 HTTPS 的协议链接时，HTML 页面就无法正常打开。为了解决这种情况，需要在本地开启一个本地的服务器。http-server 是一个轻量级的基于 Node.js 的 HTTP 服务器，它可以使任意一个目录成为服务器的目录。所以本书利用 Node.js 中的 http-server 来开启本地服务。

由于前面已经安装了 Node 环境，所以安装 http-server 只需在终端中输入以下命令：

```
npm install http-server -g
```

通过上述命令全局安装 http-server 即可。要开启一个 http-server 服务，则在终端中进入目标文件夹，然后输入以下命令：

```
http-server -c-1
```

直接按快捷键 Ctrl+C 即可关闭 http-server 服务。

1.4.3 选择代码编辑器

市面上有许多代码编辑器，前端常用的有 SublimeText、HBuilder、WebStorm、VS Code 等。

- Sublime Text 是一个轻量级的编辑器，支持各种编程语言，优雅小巧且启动速度快，有着丰富的第三方支持，能够满足各种各样的扩展；它的缺点是对于项目的管理等不是很方便，代码提示不如 HBuilder 强大。
- HBuilder 是国产的一款前端开发工具，而且是免费的，有强大的其他语言支持和开发 Web App 等功能。
- WebStorm 是 JetBrains 公司旗下的一款 JavaScript 开发工具，其功能和扩展配置等也非常强大，但是需要付费使用。
- Visual Studio Code（简称 VS Code）是一款免费开源的现代化轻量级代码编辑器，几乎支持所有主流的开发语言的语法高亮、智能代码补全、自定义快捷键、括号匹配和颜色区分、代码片段、代码对比、GIT 命令等特性，内置了对 JavaScript、TypeScript 和 Node.js 的支持并且具有丰富的其他语言和扩展的支持，功能超级强大。

读者可以根据自己的兴趣和编程分割等自行选择一款编辑器。本书选择 VS Code 编辑器来进行 Web 页面代码编写。可以从 VS Code 的官网（https://code.visualstudio.com/）下载该软件，还可以根据需要安装 VS Code 提供的各种插件。

1.5 实战：第一个移动端 Web 页面

第一个移动端 Web 页面，实现一个简单的登录注册静态页面，该页面能够适应不同的手机屏幕，包含用户名和用户密码，登录按钮与可选择的是否忘记密码和注册提示，适应 REM 和媒体查询来实现响应式布局。

步骤 01 在进行代码的编写之前，首先新建一个 css 文件夹，里面存放一个 base.css 文件用于处理一些默认全局样式，比如清除浏览器默认的内外边距、清除浮动、去掉 li 标签等。base.css 代码如下：

```
/* 该 css 文件是处理一些全局的基础样式文件 */
* {
   /* 清除浏览器的默认内外边距 */
   margin: 0px;
   padding: 0px;
   /* 移动端适配核心点
       1.不允许网页出现横向滚动条
       2.页面盛满屏幕，盒子宽度与屏幕一致 100%
       3.让盒子的内容宽高 width/height 包含 padding 与 border，避免出现横向滚动条
   */
```

```
    box-sizing: border-box;
}

body {
    /* 移动端默认字体一般是 12px */
    font-size: 12px;
}

li {
    list-style: none;
}

img{
    vertical-align: middle;/* 图片居中 */
}

a {
    color: #000;
    /* 取消 a 标签默认下划线 */
    text-decoration: none;
    /* 移动端单击 a 链接出现蓝色背景问题解决 */
    -webkit-tap-highlight-color: transparent;
}

input {
    border: 0 none;
    outline-style: none; /*取消内边框*/
}

/* 清除浮动，解决 margin-top 塌陷 */
.clearfix:after {
    content: "";
    display: block;
    height: 0;
    clear: both;
    visibility: hidden;
}

.celarfix {
    zoom: 1;
}
```

步骤 02 编写静态登录页结构代码。首先引入基础样式文件和 index.html 文件对应的样式文件 index.css 及 js 文件 index.js；然后使用两个 input 标签实现用户名和密码的输入，一个按钮代表登录；最后利用 a 标签实现忘记密码和去注册的跳转。代码如下：

```
// index.html
```

```
<!DOCTYPE html>
<html lang="zh-CN">
<head>
    <meta charset="UTF-8">
    <meta  name="viewport"  content="width=device-width,  initial-scale=1.0,
user-scalable=0">
    <title>Document</title>
    <script src="index.js"></script>
    <link rel="stylesheet" href="css/base.css">
    <link rel="stylesheet" href="css/index.css">
</head>

<body>
    <div class="container">
        <h1>欢迎登录</h1>
            <div>
                <!-- 用户名 -->
                <input type="text" placeholder="登录">
                <!-- 密码 -->
                <input type="password" placeholder="注册">
                <!-- 登录按钮 -->
                <div class="login"><button>立即登录</button></div>
                <!-- 忘记密码/立即注册 -->
                <div  class="foot"><a  href="#">忘记密码?</a><span></span>  <a
href="#">立即注册</a></div>
            </div>

    </div>
</body>
</html>
```

步骤 03　index.css 文件是为登录页面编写的样式，主要通过 rem 为单位和媒体查询匹配不同手机屏幕，设置字体大小和容器宽度，从而实现动态变化。index.css 代码如下：

```
// index.css
body {
  height: 100vh;
  background-image: linear-gradient(45deg, #f5cde4, #f178a6);
}

@media (min-width: 640px) and (max-width: 1080px) {
    html{
        font-size: 84px !important;
    }
   .container {
    width: 800px !important;
   }
```

```
}
@media (min-width: 1080px) {
    html{
        font-size: 96px !important;
    }
  .container {
    width: 1200px !important;
  }
}

.container {
  width: 100%;
  min-width: 320px;
  padding: 150px 1.3125rem 156px;
  text-align: center;
  color: #fff;
}
.container h1 {
  margin-bottom: 1.9rem;
  font-weight: 400;
  font-size: 1rem;
  text-shadow: 2px 1px 2px #6d6c6c;
}
.container input {
  height: 1.18rem;
  width: 100%;
  margin-bottom: 0.47rem;
  padding-left: 0.625rem;
  border: 1px solid #fff;
  background-color: transparent;
  border-radius: 1.1875rem;
  color: #fff;
}
.container input::placeholder {
  color: #fff;
  font-size: 0.42rem;
  text-shadow: 2px 1px 2px #6d6c6c;
}
.container button {
  width: 100%;
  height: 1.18rem;
  border: 0;
  background-color: #56b3f5;
  color: #fff;
  font-size: 0.48rem;
  border-radius: 1.2em;
}
```

```
.container .login {
  margin-bottom: 0.3rem;
}
.container .foot {
  height: 0.46875rem;
  line-height: 0.46875rem;
}
.container .foot a {
  display: inline-block;
  color: #fff;
  font-size: 0.4rem;
  text-shadow: 1px 1px 2px #6d6c6c;
}
.container .foot span {
  display: inline-block;
  width: 1.5px;
  height: 0.4rem;
  margin: 0 10px;
  background-color: #fff;
  vertical-align: middle;
  transform: scale(0.8, 1);
}
```

步骤 04　在 index.js 文件中通过 JS 提供的 document.documentElement.clientWidth 获取屏幕宽度(clientWidth),将其分为 10 份,根据每一份的大小动态设置字体的大小(font-size)。设计图一般以 iPhone 6 为基础设计，所以通过判断手机屏幕宽度是否大于 750px 来设置 1rem 的大小，然后通过自执行函数来根据窗口大小的变化实时动态地得到计算结果。代码如下：

```
(function(){
 var calc = function(){
     var rem = document.documentElement.clientWidth/10;
     document.documentElement.style.fontSize = rem + 'px';
     rem = document.documentElement.clientWidth > 750 ? 37.5 : rem;
 }
 calc();
 window.addEventListener('resize',calc);
})();
```

步骤 05　页面在不同屏幕上运行的最终效果如图 1.11 和图 1.12 所示。

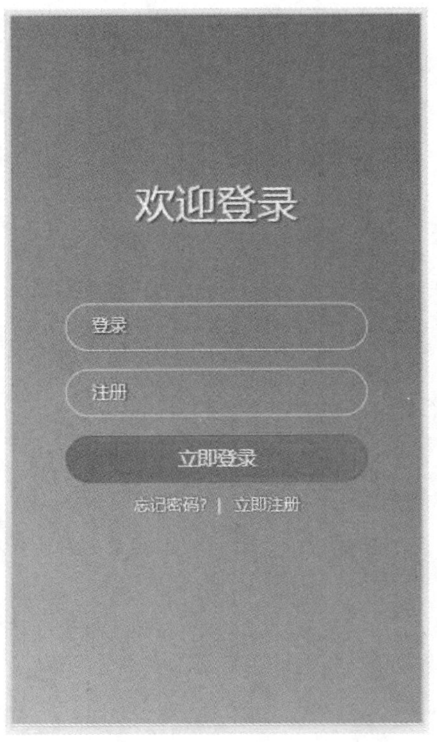

图 1.11 iPhone 6/7/8 手机屏幕显示效果（宽为 360px）

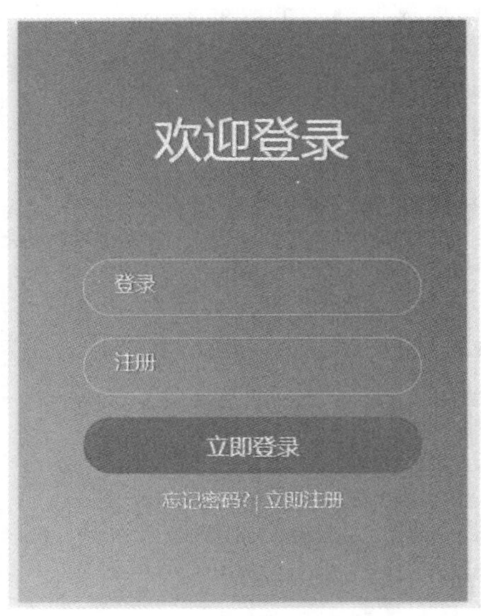

图 1.12 iPad 显示效果

上述实战代码中涉及许多响应式布局，这些内容是移动端开发的必备内容，是关键技术，因此在后面的章节会详细讲解移动端的屏幕适配等知识点。

1.6 Vue 开发环境搭建

前端开发中 Vue 框架对于初学者来说是比较容易入门的。要想学习 Vue 框架，必须要搭建其开发环境，而 Vue 的运行是依赖于 Node 的 npm 的管理工具来实现的，所以在搭建 Vue 的开发环境之前，需要安装 Node 运行环境。1.4 节中已经安装了 Node 环境，因此可以直接进行 Vue 的安装。

1.6.1 安装 Vue

Vue 可以通过四种方式来实现安装，下面依次讲解。

（1）第一种是下载 JavaScript 文件并自行托管，直接引用 Vue.js 文件。在 Vue.js 官网上直接下载 Vue.js 源文件，然后创建一个.html 文件，再通过如下方式引入 Vue，即在页面中直接利用 script 标签引入。

```
<script src=”./vue.js”></script>
```

（2）第二种是使用 CDN 方法，在 BootCDN 官网（https://www.bootcdn.cn/）中直接在搜索框输入“vue”搜索，复制对应的地址放入 HTML 页面中引入即可。

```
<script src="https://unpkg.com/vue@next"></script>
```

（3）第三种是利用 npm 方法进行包的安装，这种安装方式对于利用 Vue.js 来构建大型应用时是非常推荐使用的。

```
# 最新稳定版
$ npm install vue@next
```

（4）第四种是使用官方的命令行工具 CLI 来构建一个单页面项目。首先全局安装 Vue-cli 脚手架构建工具，在终端命令行中输入以下命令，等待安装完成。

```
npm install -g vue-cli
// 或者
yarn global add @vue/cli
```

1.6.2　运行 Vue

如果是通过上述方式一或方式二安装的 Vue，则运行 Vue 可以直接在 script 标签内部创建一个 Vue 实例，并将该实例挂载到一个 DOM 元素上，然后在浏览器中打开该页面，即可运行 Vue 来实现相应的功能开发。

```
<script src="./js/vue3.js"></script>
<!-- <script src="https://unpkg.com/vue@next"></script> -->

   <div id="app">
      <h1>你好:{{ message }}</h1>
   </div>

   <script>
      const MyApp = {
         data: function(){
            return {
               message:'hello world!'
            }
         }
      }
      const app = Vue.createApp(MyApp).mount('#app')
   </script>
```

如果是通过后两种方式安装，要运行 Vue 项目首先需要新建一个文件夹用于存放项目，然后进入到该文件夹目录里运行 vue create <project-name>（其中<project-name>表示项目名称，可自己取名，例如 npm-vue-demo），最后进入 npm-vue-demo 项目目录中，输入“npm run dev”即可运行 Vue。

```
vue create <project-name>
```

```
cd <project-name>
npm run serve
```

然后在浏览器中输入“http://localhost:8080”即可将 Vue 项目界面展现出来，如图 1.13 选择 Vue 3 版本，最终访问地址页面效果如图 1.14 所示。

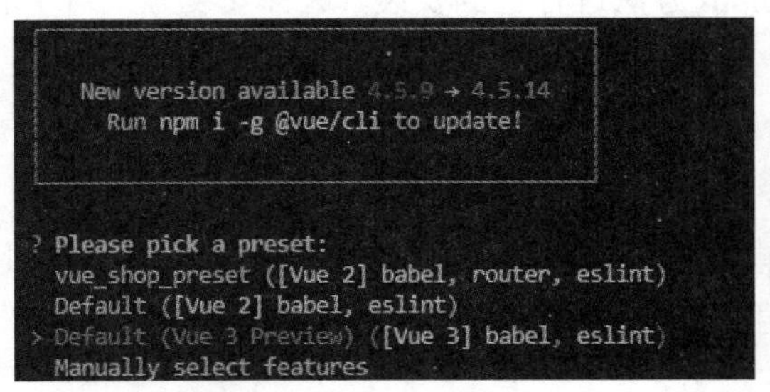

图 1.13　Vue-cli 创建 Vue 项目

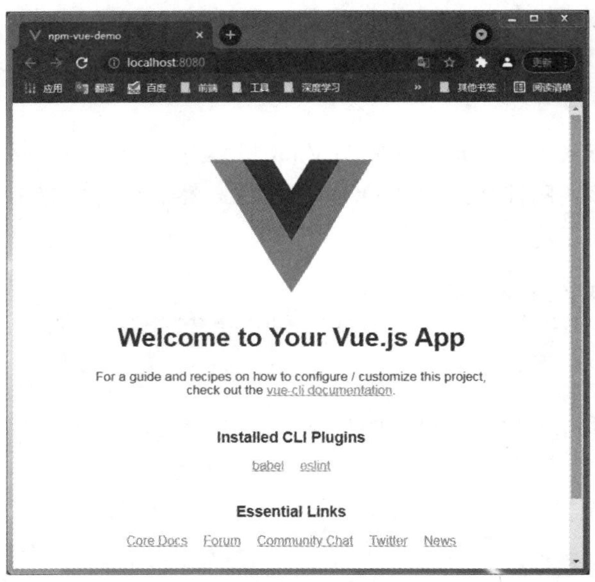

图 1.14　Vue-cli 运行界面

由于使用 Vue 3，因此可结合 Vite 构建工具来搭建并运行 Vue 项目，但需注意 Vite 需要 Node.js 版本>=12.0.0。在终端输入如下命令然后按照提示操作即可运行 Vue 项目。

```
npm init @vitejs/app
// 然后运行以下命令启动项目
npm install
npm run dev
```

运行成功后，在浏览器地址栏访问 http://localhost:3000/，即可看见 Vite 构建的 Vue 项目运行后的界面效果，如图 1.15 所示。

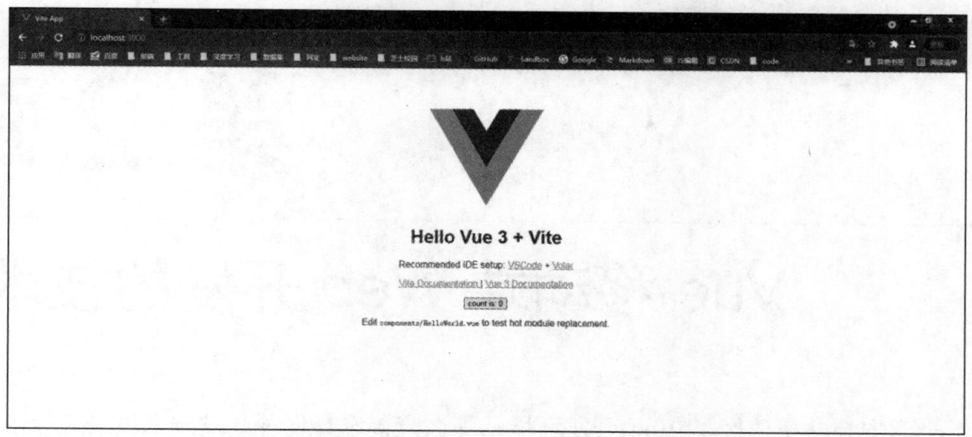

图 1.15　Vite 构建 Vue 项目

1.7 本章小结

本章主要介绍了移动端 Web 开发技术的发展和其与 HTML 5 的关联，还介绍了几种主流的代码编辑器，读者可以根据自己的实际情况来选择一款合适的编辑器进行代码的编写。此外，本章还详细介绍了 Node.js、http-server 和 Vue 的安装步骤，搭建好了 Web 开发的环境。

第 2 章

Vue 移动端 Web 开发的技术栈

在上一章安装并搭建好了 Vue 开发环境，那么应该选择何种开发技术栈来进行一个完整项目的开发呢？前文中介绍过使用 Vue-cli 脚手架或者 Vite 构建工具来搭建 Vue 项目，那么本章就详细介绍 Vue 项目开发所要用到的一系列技术栈。结合这些技术栈，能够使得在开发 Vue 项目时更加方便快捷。

本章主要涉及的知识点有：

- Webpack 脚手架
- Vuex 状态管理库
- 前端路由 Vue Router
- 使用 axios 来请求接口
- 使用 ES6/ES7 等开发项目
- 移动屏幕适配
- 页面调试方法

2.1 移动端 Web 技术栈的选择

本节将说明可以选择哪些技术框架来辅助移动端 Web 项目的开发，通过一些框架和库的使用来更好地实现前后端分离的开发；本节还会详细介绍打包构建工具 Webpack、Vue.js 框架、前端路由处理 Vue Router、Vuex 状态管理库等。

2.1.1 Webpack 脚手架

Webpack 是一个打包构建工具，用来编译 JavaScript 模块。官方解释 Webpack 是一个现代 JavaScript 应用程序的静态模块打包器（Module Bundler）。在 Webpack 中一切皆模块，每一个文件都可以看作是单独的一个模块，能将多个 JS 文件或者其他类型文件打包成一个文件。其中“打包”更形象化的解释就是假如需要邮寄包裹，在此之前需要将许多物品放入快递盒子里，然后用胶带进行封箱，这样的一个过程就是打包。对应到前端，就是将许多的 JS 文件、CSS 文件等“物品”全部写入一个文件中。

那“模块化”又如何理解呢？其实这些不同的 JS 文件、CSS 文件都可以看作不同的模块，比如一个 HTML 文件，一般会通过 script 标签或者 link 标签来引入 JS 文件和 CSS 文件，这些模块都负责各自的功能。总之通过 Webpack 可以方便地将不同的资源和文件进行打包，合并成一个文件。如图 2.1 所示，Webpack 将多种静态资源 JS、CSS、LESS 转换成一个静态文件，减少了页面的请求。除此之外，Webpack 还有许多其他可扩展、可配置的功能。

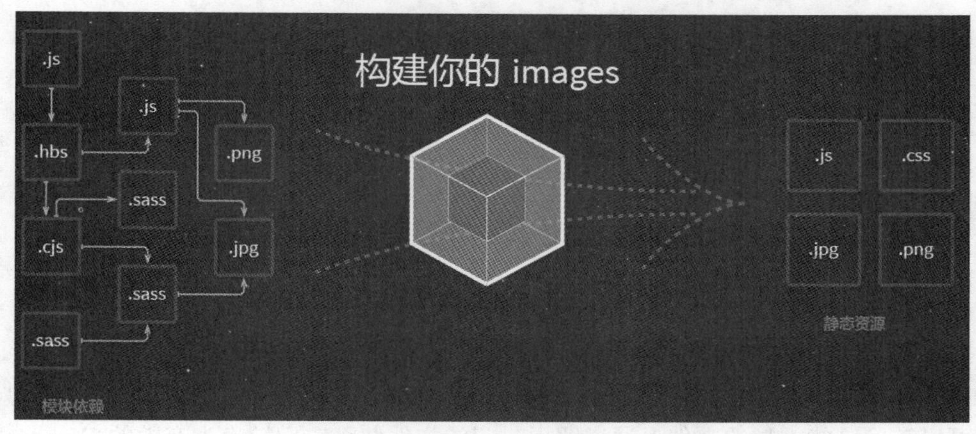

图 2.1　Webpack 打包构建图

1. 安装 Webpack

使用如下命令全局安装 Webpack：

```
npm install webpack -g
```

2. 配置属性

在使用 Webpack 创建项目之前，先介绍几个核心配置属性，分别是入口（entry）、输出（output）、加载器（loader）、模块（module）和插件（plugin）。这些配置项可以通过配置文件 webpack.config.js 来进行配置和修改。

（1）entry 配置属性会成为 Webpack 启动开始文件，并相应地找寻其依赖的其他文件，其默认值是./src/index.js，可以在 webpack.config.js 中修改 entry 的路径，比如下面代码文件入口路径为/currentPath/myEntry/entryFile.js，入口文件为 entryFile.js，那么在项目被打包时会首先找到 entryFile.js 作为打包的开始节点。

```
module.exports = {
  entry: './currentPath/myEntry/entryFile.js',
};
```

（2）output 配置属性则表示最终打包完成后在哪里输出它所创建的打包文件 bundle，以及如何命名这些文件。输出单文件的默认值是./dist/main.js，表示将打包后的文件输出在当前目录下 dist 文件夹中，并将其命名为 main.js，生成的其他类型的文件也默认放置在 dist 文件夹里。如下代码首先引入路径需要使用的 Node 模块内置的 path 包，path.resolve(__dirname, 'dist')

中的__dirname表示当前路径，通过resolve方法拼接地址。然后在配置文件中配置output出口。output属性可以为一个字符串，也可以为对象，对象中有两个属性path和filename，分别表示打包的路径和打包的文件名。以下代码表示打包文件的输出地址为当前路径下的dist文件夹下的output.bundle.js。

```
const path = require('path');

module.exports = {
  entry: './path/to/my/entry/file.js',
  output: {
    path: path.resolve(__dirname, 'dist'),
    filename: 'output.bundle.js',
  },
};
```

（3）loader是模块加载器。由于Webpack只能理解JavaScript和JSON文件，所以其本身不能处理其他类型的文件，比如Less文件、CSS文件、TypeScript文件等。但是通过loader配置项可以转换这些类型的文件，通过解析对应的文件并将它们转换为有效的Webpack能理解的模块，以供应用程序使用。比如一个应用项目中有CSS样式文件a.css，并且该样式文件中引入了其他样式文件b.css，这时就需要在loader配置项中使用css-loader和style-loader，css-loader负责遍历a.css文件，然后找到url()表达式处理引入的b.css文件，而style-loader会把原来的CSS代码插入页面中的一个style标签中。但注意在使用这些loader之前必须通过npm来安装它们。安装命令如下：

```
npm install css-loader style-loader
```

（4）在配置文件中通过module属性配置rules对象来表示loader。loader有两个属性，test属性和use属性。test属性会识别出哪些文件会被转换，而use属性则定义在进行转换时，应该使用哪个loader。

```
module.exports = {
    module: {
        rules: [
            {
                test: /\.css$/,
                use: ['style-loader','css-loader']
            }
        ]
    }
};
```

（5）plugins属性表示插件的配置，它使得Webpack有更强大的扩展能力，包括打包优化、资源管理和注入环境变量等，它可以完成一些 loader 不能完成的功能。Webpack 也内置了许多插件，如果需要使用其内置的插件，直接引入该插件然后实例化即可。相反如果需要使用其他外部插件，则首先需要使用 npm 安装该插件，然后再引入使用。常见的插件有抽离 CSS 样式的插件 mini-css-extract-plugin、代码压缩插件 UglifyJsPlugin 和 html-webpack-plugin。html-webpack-plugin 插件用于生成一个 HTML 文件，简化了 HTML 文件的创建，并将最终生成的 JS、CSS 以及一些静态资源文件以 script 和 link 标签的形式动态插入其中。可以自定义这个 HTML 文件也可以让插件生成一个新的 HTML。要使用该插件需先安装：

```
npm install --save-dev html-webpack-plugin
```

其基本用法为：首先引入该插件，然后通过 new 关键字进行实例化。

```
const HtmlWebpackPlugin = require('html-webpack-plugin');
const path = require('path');

module.exports = {
  entry: 'index.js',
  output: {
    path: path.resolve(__dirname, './dist'),
    filename: 'index_bundle.js',
  },
  plugins: [new HtmlWebpackPlugin()],
};
```

通过如上配置即可在 Webpack 打包之后生成一个包含以下内容的 dist/index.html 文件。

```
<!DOCTYPE html>
<html>
  <head>
    <meta charset="UTF-8" />
    <title>webpack App</title>
  </head>
  <body>
    <script src="index_bundle.js"></script>
  </body>
</html>
```

【例 2.1】Webpack 打包项目实例。

在了解了 Webpack 的基础知识之后，将应用 Webpack 来进行项目的打包工作。首先创建一个 webpack-demo 的文件夹，进入到该文件夹执行命令 npm init -y，再通过命令 npm install webpac webpack-cli 安装 webpack 和 webpack-cli；接着创建一个 a1.js 的文件和 a2.js 的文件，并在 a1.js 中引入 a2.js 文件和 style.css 样式文件（该步骤需要通过命令 npm install css-loader style-loader 来安装相应的 loader）；然后创建 index.html 文件并通过 script 标签引入打包生成后的 bundle.js 文件，在 webpack.config.js 配置文件中配置入口文件为 a.js，出口为当前路径下的 bundle.js，并引入所需的 loader；最后使用 webpack 命令来进行打包，在 package.json 文件中配置 build 脚本，然后在命令行执行 npm run build 来执行 webpack 构建打包过程。示例具体代码如下：

```
// package.json
"scripts": {
    "build": "webpack"
  },

// a1.js
const a2 = reqiure('./a2.js')
document.write("我是 a1 文件中的内容~~~~")
document.write(a2)

// a2.js
var str = "我是 a2 文件中的内容！！！"
module.exports = str;

// style.css
body {
    color: red;
}

// index.html 中主要引入打包文件
<body>
    <script type="text/javascript" src="./bundle.js"></script>
</body>

// webpack.config.js 配置文件
module.exports = {
    entry: "./a1.js",
    mode: 'development',
    output: {
        path: __dirname,
        filename: "bundle.js"
    },
    module: {
        rules: [
```

```
            {
                test: /\.css$/,
                use: ['style-loader','css-loader']
            }
        ]
    }
};
```

在终端执行命令 npm run build 之后即可得到打包后的结果，如图 2.2 所示，并且会根据配置文件中配置的路径生成打包后的 bundle.js 文件。

```
> webpack

asset bundle.js 23.2 KiB [emitted] (name: main)
runtime modules 937 bytes 4 modules
cacheable modules 9.81 KiB
  modules by path ./node_modules/ 8.07 KiB
    modules by path ./node_modules/style-loader/dist/runtime/*.js 5.75 KiB 6 modules
    modules by path ./node_modules/css-loader/dist/runtime/*.js 2.33 KiB
      ./node_modules/css-loader/dist/runtime/noSourceMaps.js 64 bytes [built] [code generated]
      ./node_modules/css-loader/dist/runtime/api.js 2.26 KiB [built] [code generated]
  modules by path ./*.js 196 bytes
    ./a1.js 126 bytes [built] [code generated]
    ./a2.js 70 bytes [built] [code generated]
  modules by path ./*.css 1.55 KiB
    ./style.css 1.11 KiB [built] [code generated]
    ./node_modules/css-loader/dist/cjs.js!./style.css 454 bytes [built] [code generated]
webpack 5.61.0 compiled successfully in 1065 ms
```

图 2.2　Webpack 打包后输出的内容

在浏览器访问该 index.html，结果如图 2.3 所示。

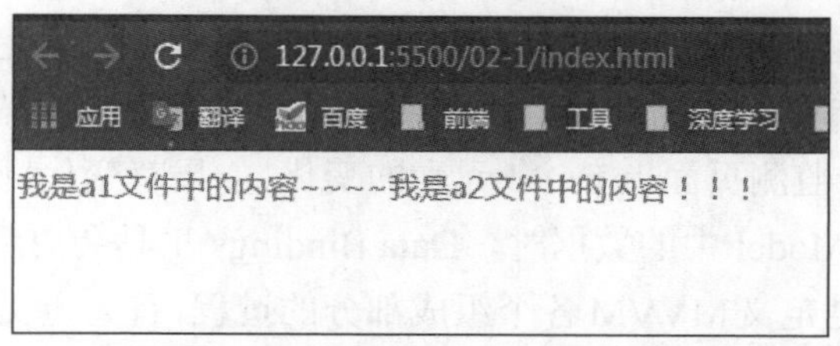

图 2.3　Webpack 项目运行效果

2.1.2　Vue.js 框架

现在前端开发主流的三大框架为 Angular.js、React.js 和 Vue.js，本文选用 Vue.js 框架来进行讲解与开发。Vue.js 框架对于初学者来说更容易上手，并且国内也有许多公司采用 Vue.js 框架来进行大型项目的开发。Vue.js 是当下很火的一个 JavaScript MVVM 模型，它是以数据驱动和组件化的思想构建的，相比于 Angular.js，Vue.js 提供了更加简洁、更易于理解的 API，使得我们能够快速地上手并使用 Vue.js。

1. MVVM 模型

Vue.js 是一套构建用户界面的渐进式框架，采用 MVVM 模型，其中 MVVM 是

Model-View-View-Model 的简写形式。它本质上就是 MVC 的改进版，Model 是数据业务层，View 是视图层，MVVM 就是将其中的 View 的状态和行为抽象化，将视图 UI 和业务逻辑分开。图 2.4 概括了 MVMV 的结构，也说明了在 Vue.js 中 ViewModel 是如何和 View 以及 Model 进行交互的。

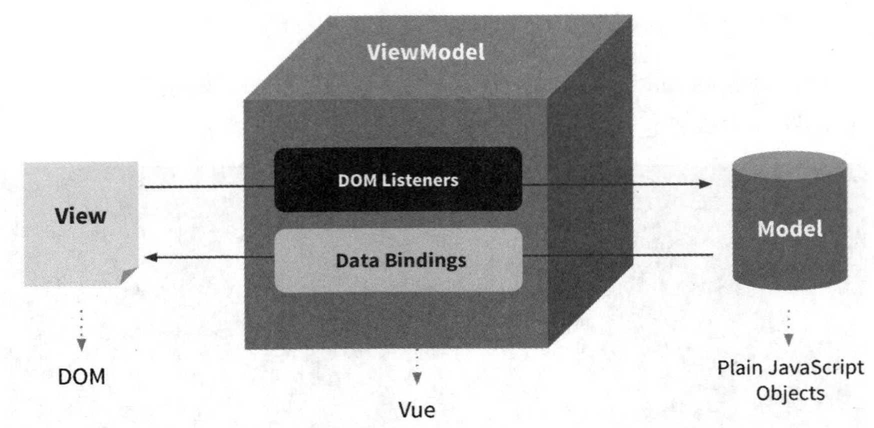

图 2.4　MVVM

在图 2.4 中，View 表示与 DOM 相关的内容，用于将最后的渲染结果呈现出来；Model 表示 script 标签中的 JS 对象等代码；ViewModel 是 Vue.js 的核心，它是一个 Vue 实例，Vue 实例是作用于某一个 HTML 元素上的，这个元素可以是 HTML 的 body 元素，也可以是指定了 ID 的某个元素。ViewModel 就是整个 Vue 实现元素监听和数据绑定的地方，通过 ViewModel 实现数据与视图的双向绑定，数据变化，视图就能够实现更新。从 View 层看，ViewModel 中的 DOM Listeners 工具会监测页面上 DOM 元素的变化，如果有变化，则更改 Model 中的数据；从 Model 层看，当更新 Model 中的数据时，Data Bindings 工具会更新页面中的 DOM 元素。

使用 Vue 的过程就是定义 MVVM 各个组成部分的过程，首先定义 View，然后定义 Model，最后创建一个 Vue 实例或 ViewModel，它用于连接 View 和 Model。在创建 Vue 实例时，需要传入一个选项对象，选项对象可以包含数据、方法、生命周期钩子函数，等等。View 和 Model 以及 ViewModel 所对应的代码如下：

```
<body>
    <!--这是 View-->
    <div id="app">
        {{ message }}
    </div>
</body>
<script src="vue3.js"></script>
<script>
    // 这是 Model
```

```
        var exampleData = {
            message: 'Hello World!'
        }

        // 创建一个 Vue 实例或 "ViewModel"
        // 它连接 View 与 Model
        Vue.createApp({
            data(){
                return exampleData;
            }
        }).mount('#app');
    </script>
```

2. Vue 3 生命周期

Vue 3 的生命周期可以与 Vue 2.x 版本的生命周期一同对照学习。由于 Vue 3 使用组合式 API，所以部分钩子函数已经被包括在 setup 函数中了。Vue 3 与 Vue 2.x 版本生命周期相对应的组合式 API 如表 2.1 所示。

表 2.1　Vue 2.x 和 Vue 3 的生命周期钩子函数对比

Vue 2.x 生命周期钩子函数	Vue 3 生命周期钩子函数
beforeCreate	使用 setup()函数
created()	使用 setup()函数
beforeMount()	onBeforeMount()
mounted()	onMounted()
beforeUpdate()	onBeforeUpdate()
updated()	onUpdated()
beforeDestroy()	onBeforeUnmount()
destroyed()	onUnmounted()
errorCaptured()	onErrorCaptured()
无	onRenderTracked()
无	onRenderTriggered()

由于 Vue 2.x 中的 beforeCreate 和 created 生命周期的执行几乎与 Vue 3 中的 setup 在同一时间执行，所以在 Vue 2.x 中写在 created 和 beforeCreate 中的代码可以直接写在 setup()方法中。Vue 3 也修改了部分生命周期钩子函数的名称，比如都在原先 Vue 2.x 的基础上加了一个 on 的前缀，然后新增了两个钩子函数：onRenderTracked 和 onRenderTriggered。

Vue 3 的生命周期如图 2.5 所示。

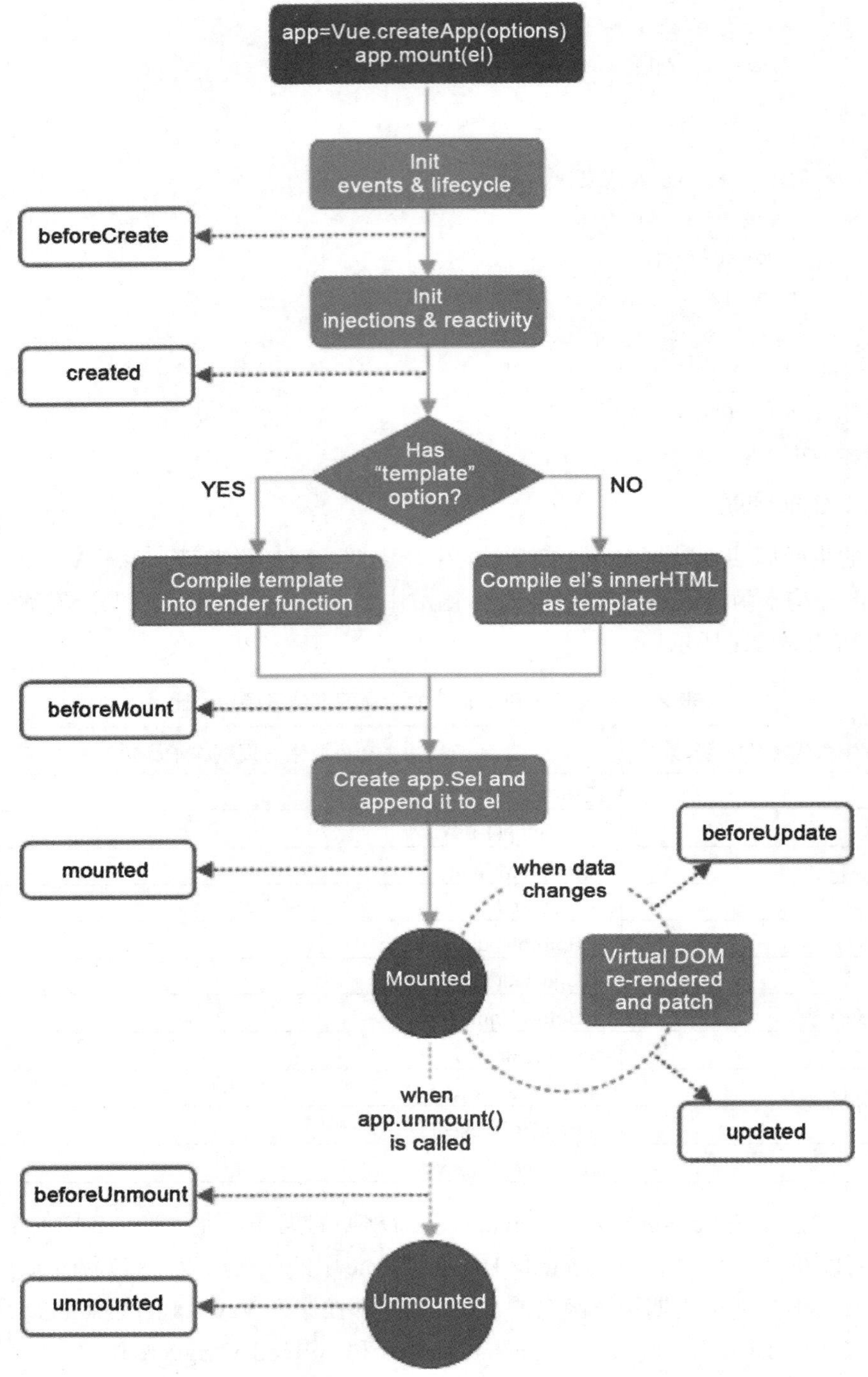

图 2.5 Vue 3 生命周期图

图 2.5 详细绘制了 Vue 3 中一个 Vue 应用实例的整个生命周期，下述代码是一个生命周期的小案例。

【例 2.2】生命周期案例。

```
<body>
    <div id="app">
        <p>{{id}}--{{name}}--{{num}}</p>
        <button @click="changeName">点击</button>
    </div>

    <script>
        const {
            ref, toRefs, reactive, computed, onBeforeMount, onMounted,
            onBeforeUpdate, onUpdated, onBeforeUnmount, onUnmounted,
            onActivated, onDeactivated, onErrorCaptured
        } = Vue

        const app =Vue.createApp({
            setup() {
                // reactive 数据双向绑定
                const state = reactive({
                    id: 1,
                    name: 'Tom',
                    num: computed(() => state.id += 5) // 计算属性
                })

                function changeName(){
                    state.name = 'Lucy'
                }

                onBeforeMount(() => {
                    // 例如返回首页，隐藏按钮
                    console.log('onBeforeMount');
                })
                onMounted(() => {
                    // 获取数据等
                    console.log('onMounted');
                })
                onBeforeUpdate(() => {
                    console.log('onBeforeUpdate');
                })
                onUpdated(() => {
                    console.log('onUpdated');
                })
                onBeforeUnmount(() => {
                    console.log('onBeforeUnmount');
                })
                onUnmounted(() => {
                    console.log('onUnmounted');
```

```
            })
            onActivated(() => {
                console.log('onActivated');
            })
            onDeactivated(() => {
                console.log('onDeactivated');
            })
            onErrorCaptured(() => {
                console.log('onErrorCaptured');
            })

            return {
                // toRefs 转换为响应式数据
                ...toRefs(state),
                changeName,
            }
        }
    })
    app.mount('#app')
  </script>
</body>
```

3. Vue 项目结构

（1）使用 Vue 框架创建的项目目录结构

使用 Vue 框架创建的项目（提供 vue create project-name 命令即可创建 Vue 项目）具有如下目录结构，其中各个目录及文件的说明如表 2.2 所示。

表 2.2　Vue 项目结构

目录/文件	说　明
node_modules	第三方安装包所在目录
public	存放公共资源的目录
src	这是开发目录，主要文件都在这个目录里，其中包含了以下几个目录及文件： assets 目录：放置一些图片等资源，如 logo 等 components 目录：存放组件文件 App.vue 文件：项目入口文件 main.js：项目的核心文件
.gitignore	使用 Git 提交代码时应忽略的文件
babel.config.js	Babel 编译器，主要转换 JS 代码
package.json	项目配置文件
README.md	项目的说明文档，markdown 格式

如图 2.6 所示为 VS Code 中 Vue 项目的目录。

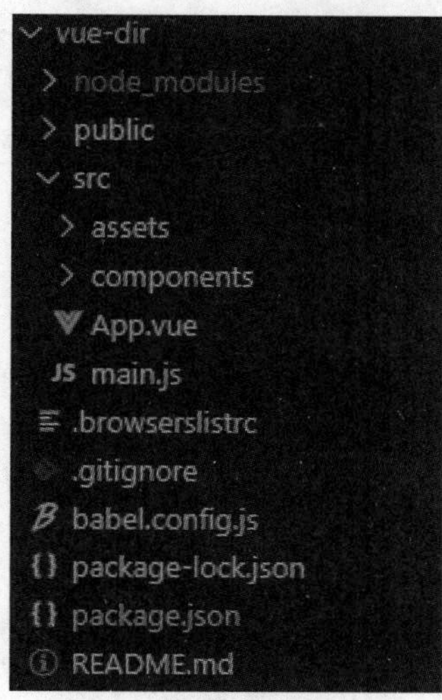

图 2.6　Vue 项目目录结构

（1）通过 yarn 命令或者 npm 命令安装的第三方插件或库的内容都会被存放在 node_modules 文件夹中，同时各个包的名称也会被写入到 package.json 的 dependencies 和 devDependencies 中，如下代码所示。也可以通过 scripts 脚本自定义各种运行命令。通过 package.json 能够更好地管理各个第三方包的版本。

```
{
  "name": "vue-dir",
  "version": "0.1.0",
  "private": true,
  "scripts": {
    "serve": "vue-cli-service serve",
    "build": "vue-cli-service build"
  },
  "dependencies": {
    "core-js": "^3.6.5",
    "vue": "^3.0.0"
  },
  "devDependencies": {
    "@vue/cli-plugin-babel": "~4.5.0",
    "@vue/cli-service": "~4.5.0",
    "@vue/compiler-sfc": "^3.0.0"
  }
}
```

（2）.gitignore 文件是 git 版本控制时不会被上传到远程库中的一些文件，比如 node_moduldes 文件夹、本地环境文件等通常不需要被管理上传的文件，就可以写入该文件以进行忽略。如下代码所示：

```
.DS_Store
node_modules
```

```
/dist


# local env files
.env.local
.env.*.local

# Log files
npm-debug.log*
yarn-debug.log*
yarn-error.log*
pnpm-debug.log*

# Editor directories and files
.idea
.vscode
*.suo
*.ntvs*
*.njsproj
*.sln
*.sw?
```

（3）public 文件夹存放一些公共的图片等资源和 index.html 文件。

（4）src 文件夹中即是代码开发主要涉及的目录，其中包含：组件文件夹 components，用于存放各个组件文件；main.js 文件，是入口文件；等等。

（5）babel.config.js 文件，即为 Babel 的配置文件，作用于整个项目。

（6）App.vue 是整个应用的根组件，在其中可以通过 import 引入其他组件。代码如下：

```
import { createApp } from 'vue'
import App from './App.vue'

createApp(App).mount('#app')
```

上述代码主要通过 createApp 创建根实例、引入根组件并通过 mount 方法挂载到页面上。

每个 Vue 文件都被分为三部分：<template>、<script>、<style>，分别用于编写页面模板代码、JS 文件代码、CSS 样式代码。代码如下：

```
<template>
  <img alt="Vue logo" src="./assets/logo.png">
  <HelloWorld msg="Welcome to Your Vue.js App"/>
</template>

<script>
import HelloWorld from './components/HelloWorld.vue'
```

```
export default {
  name: 'App',
  components: {
    HelloWorld
  }
}
</script>

<style>
#app {
  font-family: Avenir, Helvetica, Arial, sans-serif;
  -webkit-font-smoothing: antialiased;
  -moz-osx-font-smoothing: grayscale;
  text-align: center;
  color: #2c3e50;
  margin-top: 60px;
}
</style>
```

（2）使用 Vite 构建工具创建的项目目录结构

除了通过 Vue 官方提供的 Vue-cli 脚手架快速搭建 Vue 项目之外，Vite 构建工具也适用于搭建 Vue 3 项目。Vite 是一种新型前端构建工具，能够显著提升前端开发体验。其主要目录结构也和 Vue 脚手架的基本相同，只是 Vite 多了一个 vite.config.js 文件，它也是配置文件，如图 2.7 所示。

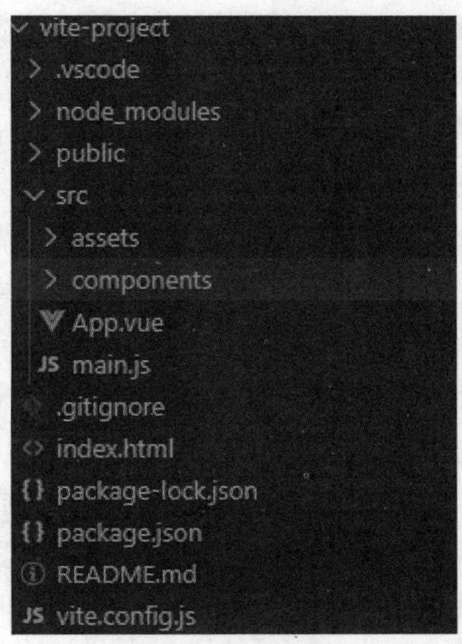

图 2.7　Vite 搭建的 Vue 项目结构

利用 Vue.js 可以快速、高效地开发一个单页面应用，并且使用 Vue 官方提供的 Vue-cli 脚手架或者更加适用于 Vue 3 的 Vite 构建工具，可以快速地搭建一个 Vue 项目，方便进行开发。Vue 框架本身的一些特性，比如响应式、MVVM、虚拟 DOM 和双向绑定等，可以更加方便项目的管理与开发。

2.1.3 Vuex 状态管理

Vuex 是一个状态管理工具，专为 Vue.js 应用程序开发的一种状态管理模式，它的基础功能就是存数据、取数据、改数据以及实时地共享数据。状态管理模式简单的解释就是将全局不同组件、不同地方要使用到的相同的多个数据抽离出来统一管理，更加方便数据修改后的通知与同步。就比如 JS 中定义的全局变量会挂载到 Windows 上，可以直接通过 Windows 在各个地方访问与修改相应的变量。Vuex 中的 store（仓库）也类似一个掌管全局共享变量的地方。但是 Vuex 和单纯的全局对象又并不完全相同，它还有更加强大的功能：

（1）Vuex 的状态存储是响应式的，即当 Vue 组件从 store 中读取状态的时候，若 store 中的状态发生变化，那么相应的组件也会随之高效更新。

（2）不能直接修改 store 中的状态变量，唯一改变 store 中的状态的方式就是通过显式地提交（commit）状态。这样可以更加方便地跟踪每一个状态的变化。每一个 Vuex 应用的核心都是 store。store 基本上就是一个容器，它包含着 Vue 应用项目中大部分的状态，即所有全局共享的状态。它的实例是唯一的单例模式，一般把需要共享的数据放到 store 中即可进行后续的访问等相关操作。一个 store 实例中有 state、Getter、Mutation、Action、Module 等属性，在后面的章节将会详细介绍这些概念。

既然 Vuex 是状态管理工具，对 Vue 应用中多个组件的共享状态进行集中的管理，那么在 Vue 项目中，通常会有哪些状态需要在多个组件间传递、共享呢？一些经常使用的数据或是需要存储一段时间的数据就可以使用 Vuex 来保存，比如用户的登录状态、用户的名称、头像和地理位置等；又比如商城项目中，商品的收藏数量、购物车中的物品、总价等。这些状态信息都可以放在统一的地方进行保护管理，而且它们还必须是响应式的，因此列举的这些状态变量都可以用 store 中的 state 属性来存储。

由于 Vue 是单向数据流，当某个应用项目遇到多个组件需要共享同一个状态时，单向数据流的简洁性就容易被破坏，比如多个视图依赖于同一状态。对于这个问题，可以通过传参的方式来进行数据传递，但是传参的方法对于多层嵌套的组件来说将会非常烦琐，并且对于非父子组件（比如兄弟组件间）的状态传递无能为力。举一个例子来说，如图 2.8 所示，有 A、B、C、D、E 五个组件，其中 A、B 为父子组件，C、D 也为父子组件，E 是 B、D 的共同子组件，这时当 A 要用 B 的数据时,可以直接传递，同理 C 用 D 的数据也可以直接传递。但 A 和 C 要用 E 组件的生成数据时，那就需要由子组件来传递，需要修改跨级父级组件的数据，而 Vue 是单向数据流，一般只允许父组件传递子组件的逐层传递，此时这个操作就有点麻烦了。而且现在此处只需要传递 2 个组件，但如果有十几个组件需要传递同一个数据变量就很难维护了。此时就可以使用 Vuex 来在跨层级组件之间传递、共享数据，这将会非常方便简单。

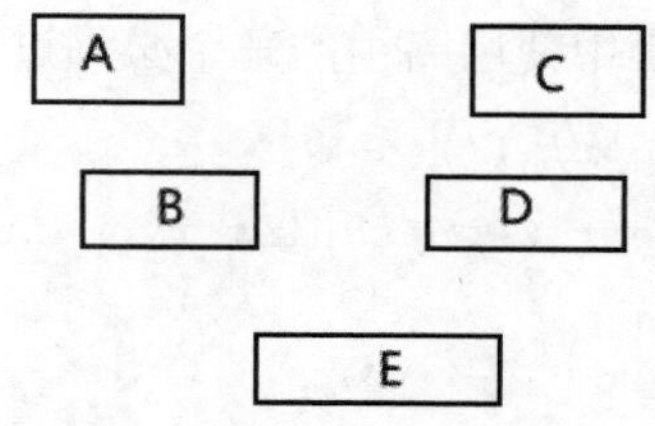

图 2.8　组件间数据传递

对于来自不同视图的行为需要变更同一状态这样的问题，通常会采用父子组件直接引用或者通过自定义事件来变更和同步状态的多份拷贝，但这种方式比较脆弱，通常会导致代码难以或无法维护。通过 Vuex 把组件的共享状态抽取出来，以一个全局单例模式来管理，在这种模式下，组件树构成了一个巨大的“视图”，不管在树的哪个位置，任何组件都能获取状态或者触发相应的行为，即是实时响应式的。

所以简单来说使用 Vuex 的原因在于对于大型项目开发来说，必然会涉及许多不同数据状态在不同组件之间的传递与共享，通过使用 Vuex 并且利用 Vue.js 的细粒度数据响应机制来进行高效的状态更新，开发将会变得更加简便且易维护。

2.1.4　Vue Router 路由管理

想要开发大型单页面应用，离不开前端路由的使用，通过前端路由可以更加方便地进行路由匹配和配置，实现局部刷新而不是当页面跳转就重新向服务器发送一次请求，更加有利于提升用户使用体验。Vue 项目中通常配合 Vue Router 来实现前端路由的开发与使用，Vue Router 就是一个路由管理器，是为了更加方便地进行前端路由的管理与使用而设计开发的。

前端路由的出现最早要从 Ajax 说起，Ajax 全称 Asynchronous JavaScript and XML，是浏览器用来实现异步加载的一种技术方案。在 Ajax 出现之前，大多数的页面都是直接返回 HTML，用户的每次更新操作都需要重新刷新页面，极其影响交互体验。随着网络的发展，Ajax 的出现使得用户交互时不用每次都刷新页面，极大地提升了用户的体验感。并且单页面应用（SPA）的出现不仅使页面交互时无刷新，而且连页面跳转都是无刷新的，由此前端路由应运而生。Vue Router 也采用前端路由的两种模式，一种是 hash 模式，另一种是 history 模式。如何配置 Vue Router 将会在后面的章节详细介绍。

Vue Router 是 Vue 官方提供的一个路由框架，在 Vue 项目中，通过组合多个组件来共同组成应用程序。那么如何将 Vue Router 添加进项目中？这就需要将组件映射到路由（Routes），然后告诉 Vue Router 在什么地方渲染这些路由所对应的组件，最后将渲染出的组件对应地展示在相应的位置。使用路由大概可以分为以下几个步骤：

步骤 01　定义并引入组件。

步骤 02　定义路由规则。

步骤 03　创建路由实例。

步骤 04　挂载路由实例。

如下代码所示即为在 Vue 项目中使用路由的几个必须过程：

```
// 引入创建路由和创建 hash 路由的方法
import { createRouter, createWebHashHistory } from "vue-router";

// 定义路由匹配规则
const routes = [
          {
             path:"/",
             name:"home",
             component:()=>import("../views/home.vue")
          }
        ]

// 注册路由
const router = createRouter({
  history: createWebHashHistory(),
  routes
});
// 导出路由对象
export default router;
// 在 main.js 中进行引入，并进行挂载注册到全局上即可使用路由了
```

Vue Router 中涉及许多知识点，比如动态路由、嵌套路由、编程式路由、导航守卫等，这些将在后续章节进一步讲解。

2.1.5 ES6/ES7 新标准

ECMAScript 6.0（简称 ES6）是在 2015 年 6 月进行发布的，所以也称之为《ECMAScript 2015 标准》（简称 ES2015）。类似的，ECMAScript 2016 是在 2016 年发布的，简称为 ES7。它们都是 JavaScript 的下一个版本标准，JavaScript 是 ECMAScript 的一种实现或称为一种分支，它是遵循 ECMAScript 标准的。ES6 为了解决 ES5 的一些不足而新增了许多特性，比如块级作用域、箭头函数、解构赋值、Promise、Proxy、Reflect 等，目前主流的浏览器已经可以完美兼容和使用 ES6 了。ES7 则是在 ES6 的基础上，又增加了一些新的特性，主要添加了两个小的特性来说明标准化的过程，包括数组的 includes 方法和指数运算符**。

先简单介绍几个 ES6 中新增的数组方法。首先是 map 方法，它就是一个映射，即将原数组映射成一个新的数组，所以 map 方法是会返回一个新的数组的，这是与 forEach 方法的不同之处。map 方法接受一个新参数，这个参数是一个函数，该函数参数就是将原数组变成新数组的映射关系。如下代码将数组中的每一项都变成其平方的结果，分别使用箭头函数和普通函数实现：

```
// 使用 map 将数组中的每一项都变成其平方后的结果
```

```
// 1.箭头函数形式
function func1 (arr) {
   const res = arr.map(item => item * item);
   return res;
}
// 2.普通函数形式
function func2 (arr) {
   const res = arr.map(function (item) {
      return item * item;
   });
   return res;
}

// 结果
var arr3 = [1, 2, 3, 4, 5];
console.log(func1(arr3));    // [1,4,9,16,25]
var arr1 = [5, 2, 1, 3, 4];
console.log(func1(arr1));; // [25,4,1,9,16]
var arr2 = [3, 4, 5, 1, 2, 6];
console.log(func2(arr2));; // [9,16,25,1,4,36]
```

然后是新增的数组的 filter 方法。filter 方法用于实现数组过滤，该方法也会返回一个新的过滤后（即满足条件）的数组，其参数也是一个函数，该函数也有三个参数，其调用形式如下：

```
array.filter(function(currentValue, currentIndex, originalArray), thisValue)
```

第一个参数 currentValue 是必填的，表示当前元素的值；第二个参数 currentIndex 是可选的，表示当前元素的索引值；第三个参数 originalArray 也是可选的，表示当前元素所属于的数组对象，也就是调用此方法的数组。filter 方法的使用场景为：返回数组对象中存在某属性的对象，比如返回数组中每一项中存在 value 属性并且包含 a 的数组项。

```
let arr = [
   { id: 1, value: 'test', desc: 'aa11' },
   { id: 2, value: 'exam', desc: 'bb22' },
   { id: 1, value: 'test', desc: 'aa333' },
   { id: 2, value: 'other', desc: 'bb444' },
   { id: 1, value: 'other', desc: 'aa55' },
   { id: 2, value: 'exam', desc: 'bb66' }
]
const res = arr.filter(item => item.value === 'test')
console.log(res)
/** 结果为
```

```
 * [
  { id: 1, value: 'test', desc: 'aa11' },
  { id: 1, value: 'test', desc: 'aa333' }
]
*/
```

再一个就是新增的数组的 reduce 方法。reduce()函数用于将数组元素进行组合，例如求和，作为一个累加器来使用，其调用形式为：

```
arr.reduce(callback(accumulator,    currentValue[,    index[,    array]])[,
initialValue])
```

该方法也是接收一个函数和一个初始值作为参数，该函数中可传入两个参数。第一个参数，即 callback 回调函数，它是表示执行数组中每个值的函数，如果没有提供初始值（initialValue）则会将第一个值除外，它包含四个参数：accumulator 表示一个累计器，累计回调的返回值，是上一次调用回调时返回的累积值或者是初始值；currentValue 表示数组中正在处理的元素；index 参数是可选的，表示数组中正在处理的当前元素的索引，如果提供了初始值，则起始索引号为 0，否则从索引号 1 起始；array 参数也是可选的，表示调用 reduce()的原数组。reduce 的第二个参数是 initialValue，表示初始值，是可选的，它会被用作为第一次调用 callback 函数时的第一个参数的值，如果没有提供初始值，则将使用数组中的第一个元素。

如下代码将一个二维数组使用 reduce 方法将其展平为一维数组，传入[]（空数组）作为初始值，acc 表示累计结果，cur 表示当前值：

```
// 将二维数组展平
let arr = [[0, 1], [2, 3], [4, 5]];
var flattened = arr.reduce(
   (acc, cur) => acc.concat(cur),
   []
);
console.log(flattened); // [ 0, 1, 2, 3, 4, 5 ]
```

再比如利用 reduce 求一个数组的和：

```
// 求数组和
let arr = [2, 4, 6, 8];
var sum = arr.reduce((sum, cur) => sum += cur, 0);
console.log(sum); // 20
```

ES7 中也新增了一个数组方法，就是 include 方法。ES6 中的 String.prototype.include 只能对字符串进行处理：

```
var sentence = '今天有下雨吗？';
var word = '雨';
var res = sentence.includes(word);
```

```
console.log(res); // true
```

到了 ES7 已经可以对数组进行处理了，ES7 中的 Array.prototype.include 方法，其作用是查找一个值在不在数组里，若是存在则返回 true，不存在返回 false：

```
['a', 'b', 'c'].includes('a')     // true
['a', 'b', 'c'].includes('d')     // false
```

该方法可以接收两个参数，分别表示要搜索的值和搜索的开始索引号，代码如下：

```
let arr = ['a', 'b', 'c', 'd','拟合']

arr.includes('b')             // true
arr.includes('b', 1)          // true，该方法第二个参数表示搜索的起始位置，默认为 0
arr.includes('b', 2)          // false
```

ES6、ES7 还有一些其他比较重要的新增的特性，具体新增了哪些特性与方法，本书将在后续的章节专门来进行介绍。

2.1.6　axios、Ajax 和 fetch

axios，官网对其介绍是“易用、简洁且高效的 HTTP 库”，它是一个基于 Promise 的既可以用于浏览器又可以用于 Node.js 的 HTTP 请求客户端。它本质上也是对原生 XMLHttpRequest（XHR）的一个封装，只不过它是基于 Promise 的实现版本，符合最新的 ES 规范。由于本书采用 ES6 的语法来进行项目的开发，所以选用 axios 来进行请求的发送会更加方便与友好。除此之外，选择 axios 来进行数据的请求也是因为 axios 本身具有许多优势，比如：

（1）可以从浏览器中创建 XMLHttpRequest。
（2）支持 Promise API。
（3）客户端支持防止 CSRF。
（4）提供了一些并发请求的接口。
（5）可以从 Node.js 创建 HTTP 请求。
（6）支持拦截请求和响应拦截。
（7）支持自动转换请求和响应数据。
（8）可以取消请求。
（9）支持自动转换 JSON 格式的数据等。

axios 具有如此多的优势，并且使用起来也非常方便，所以本书选用 axios。如何安装、使用 axios 等相关介绍将会在后续章节一一说明。

axios 与 Ajax、fetch 都能实现 HTTP 请求，下面简单介绍一下。

Ajax 即 Asynchronous Javascript And XML，表示异步 JavaScript 和 XML，是一种创建交互式网页应用的网页开发技术，其主要用法是：

```
$.ajax({
  type: 'POST',
  url: url,
  data: data,
  dataType: dataType,
  success: function () {},
  error: function () {}
});
```

它的主要缺点是：Ajax 本身是针对 MVC 的编程，不符合现在前端 MVVM 模式，并且 JQuery 整个项目太大，单纯使用 Ajax 却要引入整个 JQuery 显得非常的不合理；Ajax 也是基于原生的 XMLHttpRequest 开发的，XHR 本身的架构不清晰。为了克服这些缺点，出现了 fetch 这个替代方案。fetch 是在 ES6 出现的，使用了 ES6 中的 promise 对象，但是 fetch 并不是 Ajax 的进一步封装，还是基于原生 JS，没有使用 XMLHttpRequest 对象，其基本用法如下：

```
try {
  let response = await fetch(url);
  let data = response.json();
  console.log(data);
} catch(e) {
  console.log("error", e);
}
```

fetch 脱离了 XHR，是 ES 规范里新的实现方式，它只对网络请求报错，对 400 和 500 等状态都当作成功的请求，所以还需要进一步封装去处理这些响应。

最后是 axios，axios 既提供了并发的封装，也没有 fetch 的各种问题，而且体积也较小，所以是目前前端里使用得最为广泛的一个请求库。它是一个基于 Promise 用于浏览器和 Node.js 的 HTTP 客户端，具有许多优势，其基本用法如下：

```
axios.get(url)
  .then(function (response) {
    // 处理成功的响应
    console.log(response);
  })
  .catch(function (error) {
    // 处理错误
    console.log(error);
  })
```

2.1.7 移动屏幕适配/移动 UI

移动端 Web 开发相对于 PC Web 开发来说，可以不用兼容那么多浏览器了，但是随之而来的却是各种屏幕尺寸的适配问题。那移动屏幕适配是什么？其实在进行移动开发时，设计师的设计稿大多都是以 iPhone 6 的尺寸 375*667 来设计的，然而市面上有多种多样型号的手机，又有 iOS 和安卓系统，移动屏幕适配就是为了使 Web 页面在不同手机上都能够良好适应，即让同一套代码在不同分辨率的手机上运行时，页面元素间的间距、高度、宽度以及留白等都随之变化来自适应，使其在比例上与设计稿一样。而未进行移动端适配的网页，在部分不同屏幕尺寸的手机上展示时，可能会出现布局混乱的结果。所以开发移动项目，必须得进行移动屏幕的适配。

如图 2.9 和图 2.10 所示，进行适配后，在不同比例的手机上展现时都能够很好地适应，其中文字、图片的大小、间距都能自适应屏幕。

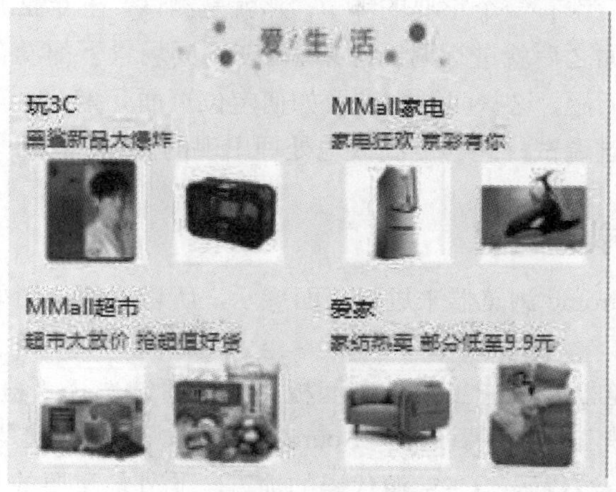

图 2.9　小屏幕效果

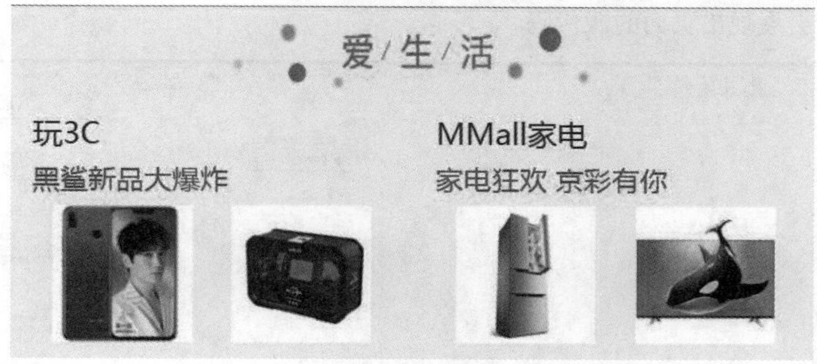

图 2.10　大屏幕效果

常见的移动端屏幕适配的方案有如下几种：

- 方案一：采用 meta 标签，加上 viewport 元标签和其相应的属性，设定 viewport 的宽度为固定值（即传递的 width 值），并根据屏幕宽度和 width 值计算 viewport 的缩放比例。
- 方案二：使用 em、rem 等相对单位。

- 方案三：使用媒体查询。
- 方案四：使用 flex 布局。

较好的方式是可以结合其中几种，共同配合来自适应不同分辨率的手机。具体的适配方案可以结合项目本身来进行选择，比如可以将媒体查询和 rem 的方式相结合等。

2.2 移动端 Web 的调试

任何项目开发完毕后都有一个重要的环节，那就是测试。在专业测试人员进行测试前，还需要开发人员开发完页面之后就进行调试，以确保在不同场景下都没有什么问题，并且在开发过程中难免会遇到许多问题，这些问题中涉及如何定位页面元素、如何排查问题等，这些都需要进行页面的调试。通过调试，能够更高效地处理出现的问题。

2.2.1 Chrome 模拟器调试

由于本书是利用 Chrome 浏览器来进行页面展示，所以下面介绍如何利用 Chrome 自带的开发者工具来进行调试。

按 F12 键打开浏览器开发者工具控制面板，或者右键选择“检查”选项（或按快捷键 Ctrl+Shift+I）调出开发者工具，然后选择“Sources”选项。该选项就是用于查看页面的 HTML 文件源代码、JavaScript 源代码、CSS 源代码的地方，此外最重要的是它也是调试 JavaScript 源代码的地方，可以给 JS 源代码添加断点等，所以只需找到要调试的页面，如图 2.11 所示的 debug1.html 就会展现出页面的源代码。

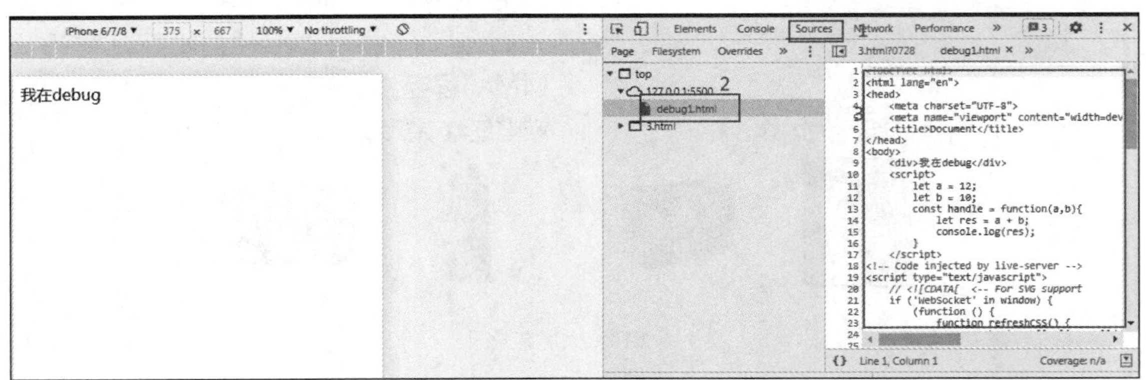

图 2.11　Sources 面板选项

在源代码左边有行号，可以在想要调试的地方找到其源代码对应的行数，单击对应行的行号，即可添加调试断点，再次单击可删除断点。右击断点，在弹出的菜单中选择“Edit breakpoint”可以给该断点添加中断条件。可以在不同源代码位置处添加多个调试断点，然后单击“运行”按钮即可开始调试。如图 2.12 所示。

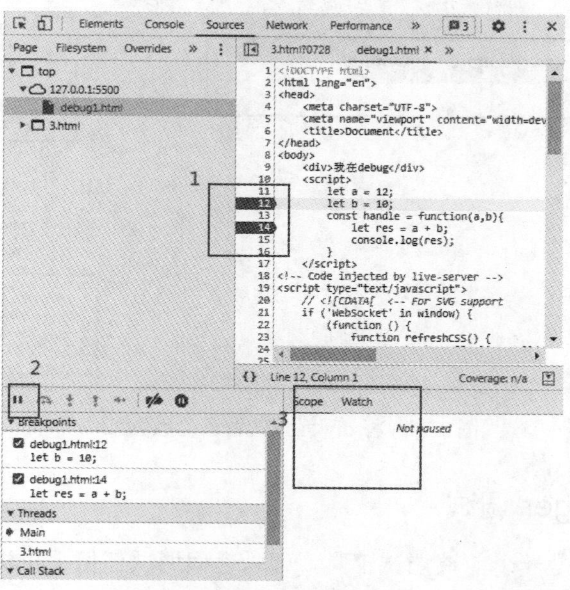

图 2.12　添加断点步骤

其中 Elements 部分可以查看、修改元素的代码和属性，一般定位到元素的源代码之后，可以从源代码中读出该元素的属性。通过单击元素，然后查看快捷菜单，可以看到 Chrome 提供多种可对元素进行的操作，其中包括编辑文本（Edit text）、编辑元素代码（Edit as HTML）、添加属性（Add attribute）、修改属性（Edit attribute）等。选择“Edit as HTML”选项时，就会进入编辑模式，可以对元素的代码进行任意的修改，如图 2.13 所示。当然，这个修改也仅对当前的页面渲染生效，可以实时地看到修改后的页面效果，不会修改服务器的源代码，所以这个功能也是作为调试页面效果而使用的。

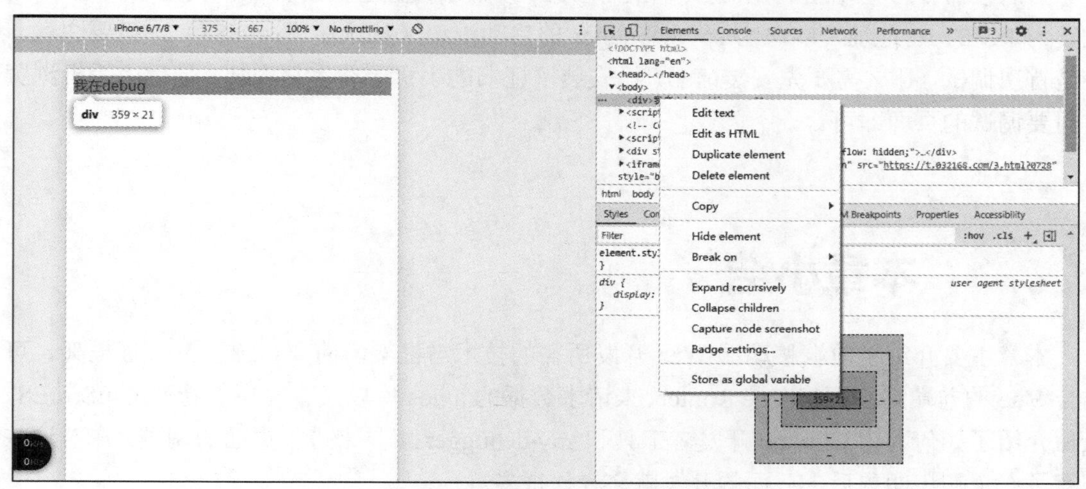

图 2.13　编辑模式

比如将 div 元素的背景改为红色，如图 2.14 所示。

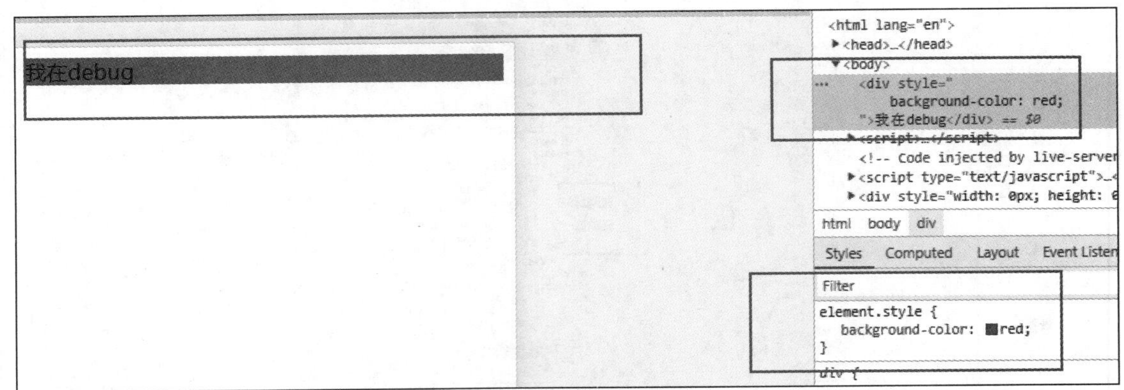

图 2.14　将 div 元素的背景修改为红色

2.2.2　spy-debugger 调试

spy-debugger 工具是一个前端调试工具，可以远程调试任何手机浏览器页面，包括任何手机移动端 webview，比如微信、HybridApp 等。支持 HTTP/HTTPS，且无须 USB 连接设备。要使用它首先必须全局安装它，通过命令 npm install -g spy-debugger 来安装。安装成功后，把手机和电脑连到同一网络环境下，然后执行命令 spy-debugger 来运行，就会出现类似下面的一段文字：

```
正在启动代理
本机在当前网络下的 IP 地址为：xxx.xxx.xx.xx
node-mitmproxy 启动端口：9888
浏览器打开 ---> http://127.0.0.1:50094
```

然后按命令行提示用浏览器打开相应地址，接下来设置手机的 HTTP 代理，代理 IP 地址设置为 PC 的 IP 地址，端口为 spy-debugger 的启动端口（默认端口：9888）。但要注意，如果是首次调试，那么需要先安装证书，已安装了证书的手机无须重复安装。最后用手机浏览器访问要调试的页面即可。

2.3　本章小结

本章主要介绍了前端移动端 Web 开发所需的技术与框架，简要介绍了 Vue.js 框架、可以结合 Vue 的前端路由框架 Vue Router、来请求数据的 axios 库以及含有更多特性的 ES6、ES7，最后介绍了如何利用 Chrome 开发者工具和 spy-debugger 工具来进行页面的调试。在对这些知识有了一个初步印象后，后面的开发就会轻松很多。

第3章 Webpack脚手架快速入门

Webpack 是 JavaScript 应用程序的静态模块打包工具，在之前章节也已经简单介绍过 Webpack 的相关概念。本章主要介绍如何使用 Webpack，Webpack 有哪些强大的功能以及如何通过 Webpack 脚手架来搭建并结合 Vue 开发项目。

本章主要涉及的知识点有：

- Webpack 的功能
- Webpack-cli 脚手架
- 如何使用 Webpack 和 Vue 来开发项目

3.1 Webpack 简介

最早的前端开发中的 JS、CSS、图片等文件需要单独进行压缩和打包，这样处理缓慢且烦琐，所以 Webpack 应运而生。Webpack 将 HTML、JS、CSS 和图片等文件都看作是一种资源，每个资源文件都是一个模块文件，Webpack 就是根据每个模块文件之间的依赖关系将所有的模块打包（bundle）起来。简单来讲，就是开发的产品项目是无法直接部署到服务器上的信息，所以需要经过 Webpack 进行打包，进而转换为可以被用户浏览器识别的信息。总之，Webpack 主要包括 2 个内容：模块、打包。它本身也对 CommonJS、AMD、ES6 的语法做了兼容，具有高度可配置性，拥有非常丰富的配置，其功能可谓非常强大。

3.1.1 Webpack 功能

在 2.1.1 节中详细介绍了 Webpack 的核心概念和基础用法，本小节将详细介绍 Webpack 有哪些强大的功能。Webpack 可以方便地引用第三方模块，让模块更容易复用，避免全局注入导致的冲突，避免重复加载或者加载不必要的模块；能够把各个分散的模块集中打包成大文件，减少 HTTP 的链接的请求次数，配合 uglify.js 可以减少、优化代码的体积等；可以使用其中的各种插件，比如 babel 把 ES6+转化为 ES5-，ESLint 可以检查编译时的各种错误等。

1. 模块化

在模块化编程中，开发者将程序分解为功能离散的 chunk，这些 chunk 就是一个个单独的模块。每个模块都拥有自己的独立功能，并且体积较小，这些模块的出现是为了提供了更加可靠的抽象和封装，使得应用程序能够重复使用每个模块。Node.js 从一开始就支持模块化编程。在 Web 开发领域中存在多种支持 JavaScript 模块化的工具，这些工具各有优势和限制。Webpack 是现在被广泛使用的一种工具，它可以将模块的概念应用到项目的任何文件中。通俗来说，就是它把所有独立的文件都看作是一个模块，比如 ES2015 中的 import 语句、CommonJS 规范中的 require()语句、AMD 中的 define 和 require 语句、css/sass/less 文件中的@import 语句，以及 stylesheet 中的 url(...)或者 HTML 中的<img src=...>文件中的图片链接等，它们都可用于模块化的引入。

2. 模块热替换

Webpack 官方不仅提供了核心的 webpack 模块，还提供了 webpack-dev-server 扩展模块。webpack-dev-server 可以更加方便实现模块热替换（HMR-hot module replacement）。模块热替换是 Webpack 提供的最有用的功能之一，它允许在项目开发并运行时更新各种模块而无须进行完全刷新。简单来说，如果不开启热替换，那么在每次改变代码或者资源文件的时候，整个页面其实都会刷新，并且需要手动刷新才能展示改变后的页面效果，而使用热替换之后，仅仅替换更改后的依赖模块而不用刷新整个页面，可以简单理解成局部更新并且是实时的。这样会更加方便代码的开发。要开启模块热替换功能，需要在 webpack.config.js 文件中对 DevServer 属性进行配置，代码如下：

```
module.exports = {
   devServer: {
      hot: true, // 在服务中开启模块热替换
   },
}
```

webpack 模块负责监听文件，webpack-dev-server 模块则负责刷新浏览器。在使用 webpack-dev-server 模块去启动 webpack 模块时，webpack 模块的监听模式默认会被开启。webpack 模块会在文件发生变化时告诉 webpack-dev-server 模块，从而做到实时局部刷新。

3. 转换器功能

在实际代码开发中除了有基本的 JS 代码外，也需要加载 CSS 样式文件、图片，并且会用到许多 ES6、ES7 高级特性，所以需要将 TypeScript 转换成 ES5 代码，将 SCSS、LESS 转换成 CSS，将.jsx、.vue 文件转换成.js 文件等。这些代码和文件的转换离不开 Webpack 的 Loader 配置选项，也就是转换器功能，将浏览器不能识别的文件转换为浏览器能运行的文件。

4. 插件功能

除了在 Webpack 的配置文件中通过配置 Loader 实现转换器的效果，Webpack 还有一个更加强大的功能，那就是插件功能。该功能也需要在配置文件中通过配置 Plugins 属性来实现。

插件功能能够实现 Loader 无法实现的一些功能，比如对 CSS 文件的压缩、自动生成一个 HTML 文件并引入打包后的 Bundle 文件等。

3.1.2　Webpack 安装

首先全局安装 Webpack 和 Webpack 脚手架，在终端输入以下命令：

```
npm install webpack webpack-dev-server webpack-cli -g
```

安装完毕之后检查是否安装成功，分别输入以下命令：

```
webpack -v
webpack-cli -v
```

查看安装版本，出现以下结果表明安装成功，如图 3.1 所示。

```
C:\Users\lenovo>webpack -v
webpack: 5.61.0
webpack-cli: 4.9.1
webpack-dev-server 4.4.0
```

图 3.1　查看安装版本

3.2　Webpack+Vue.js 实战

本节将通过 Webpack 和 Vue-cli 脚手架搭建一个项目，并且分析该项目所生成的各个文件夹以及各个文件的作用，方便读者快速开发一个基于 Webpack 的 Vue 项目，熟悉搭建流程。

3.2.1　Webpack 初始化项目

步骤 01　通过如下命令来创建项目，本节将创建一个名为“vue-webpack-demo”的项目。

```
vue init webpack vue-webpack-demo
```

步骤 02　执行命令后会出现如下选项，如图 3.2 所示。为了简单入门该项目的初始化过程，只将“Install vue router？”选为“Yes”，其他都选择“No”。其中“Project name”表示项目名称，直接用默认起的名称即可；“Project description”表示项目的描述，可以简单用一句话描述该项目，也可以直接按回车键；“Install vue-router？”表示是否要安装路由插件，选择“Yes”即可；“Use ESLint to lint your code？”表示是否使用 ESLint 限制来规范开发，初学者建议最好先不要使用，选择“No”；“Set up unit tests”表示是否建立单元测试，选择“No”。

```
E:\2020\写作-移动web入门\code\03\Webpack+Vue.js实战>vue init webpack vue-webpack-demo

? Project name vue-webpack-demo
? Project description A Vue.js project
? Author       <251875    @qq.com>
? Vue build (Use arrow keys)
? Vue build standalone
? Install vue-router? Yes
? Use ESLint to lint your code? No
? Set up unit tests No
? Setup e2e tests with Nightwatch? No
? Should we run `npm install` for you after the project has been created? (recommended) npm

   vue-cli · Generated "vue-webpack-demo".


# Installing project dependencies ...
# ========================

npm WARN deprecated extract-text-webpack-plugin@3.0.2: Deprecated. Please use https://github.com/webpack-contrib/mini-css-extract-plugin
```

图 3.2　Webpack 初始化 Vue 项目

步骤 03　选择 npm 的方式来安装该项目，最后安装完成即可得到使用 Webpack 初始化的 Vue 项目。项目初始化完成后会出现以下内容，如图 3.3 所示。

```
# Project initialization finished!
# ========================

To get started:

  cd vue-webpack-demo
  npm run dev

Documentation can be found at https://vuejs-templates.github.io/webpack
```

图 3.3　初始化项目成功界面

步骤 04　通过命令进入该项目文件夹内，执行 npm run dev 命令即可运行该项目，在浏览器地址栏输入 http://localhost:8080 后显示如图 3.4 所示。

图 3.4　项目运行成功界面效果

至此，初始化 Webpack 的 Vue 项目完毕。

3.2.2　Webpack 下的 Vue.js 项目文件结构

在 3.2.1 节中，通过 Webpack 已经初始化了一个 Vue 项目，打开 VS Code，该项目结构如图 3.5 所示。

其中主要包括 build 文件夹、config 文件夹、node_modules 文件夹、src 文件夹、static 文件夹，主要文件包括 index.html 文件、package.json 等文件。index.html 表示文件入口，src 文件夹放置组件和代码文件，node_modules 文件夹下存储的是相关依赖的模块， config 文件夹中配置了路径端口值等，而 build 文件夹中配置了 webpack 的基本配置、开发环境配置、生产环境配置等。接下来详细介绍每个文件夹中的各个文件及其作用。各文件夹下相关的文件结构如图 3.6 所示。

图 3.5　项目结构

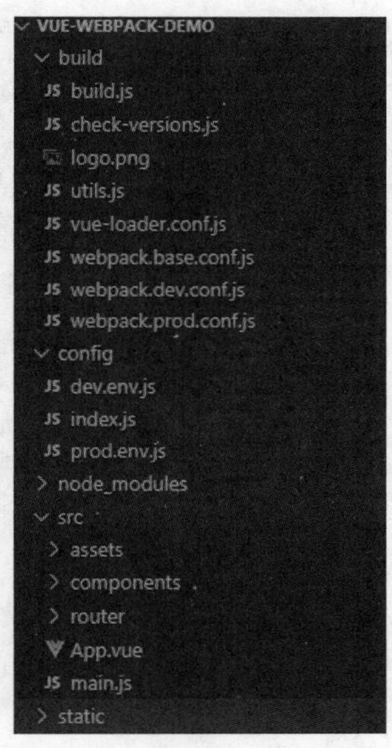

图 3.6　文件夹各个文件展示

1. build 文件夹

build 文件夹里面是对 Webpack 开发和打包的相关设置，分为开发环境和生产环境，包括入口文件、输出文件、使用的模块等。

（1）build.js 文件内容为如下所示代码，其中注释是笔者自己添加的，目的在于方便读者理解代码的意思。

```
'use strict'  // JS 的严格模式
require('./check-versions')() // 引入 node 和 npm 的版本检查

// 设置环境变量为 production 生产环境，而 development 为开发环境
process.env.NODE_ENV = 'production'

// 导进所需的各模块
```

```
const ora = require('ora')  // loading 模块
const rm = require('rimraf')
const path = require('path')
const chalk = require('chalk')
const webpack = require('webpack')
const config = require('../config')  // 公共配置文件
const webpackConfig = require('./webpack.prod.conf')  // 开发配置

const spinner = ora('building for production...')
spinner.start()

// 用 rm 方法删除 dist 目录下的 static 文件夹
rm(path.join(config.build.assetsRoot, config.build.assetsSubDirectory), err =>
{
  if (err) throw err          // 若删除中有错误则抛出异常并终止程序
  webpack(webpackConfig, (err, stats) => { // 若没有错误则继续执行，构建 webpack
    spinner.stop()            // 结束 loading 动画
    if (err) throw err        // 若有异常则抛出
    process.stdout.write(stats.toString({ // 标准输出流，类似 console.log
      colors: true,           // 增加控制台颜色开关
      modules: false,         // 是否增加内置模块信息
      children: false,
      chunks: false,          // 允许较少的输出
      chunkModules: false     // 编译过程持续打印
    }) + '\n\n')

    // 编译出错的信息
    if (stats.hasErrors()) {
      console.log(chalk.red('  Build failed with errors.\n'))
      process.exit(1)
    }

    // 编译成功的信息
    console.log(chalk.cyan('  Build complete.\n'))
    console.log(chalk.yellow(
      '  Tip: built files are meant to be served over an HTTP server.\n' +
      '  Opening index.html over file:// won\'t work.\n'
    ))
  })
})
```

（2）check-versions.js 文件主要是对 node 和 npm 的版本进行检查。

（3）utils.js 文件主要用于配置静态资源路径、生成 cssLoaders 用于加载.vue 文件中的样式、生成 styleLoaders 用于加载不在.vue 文件中的单独存在的样式文件等，如图 3.7 所示，该文件导出了几个 Loader 用来处理样式。

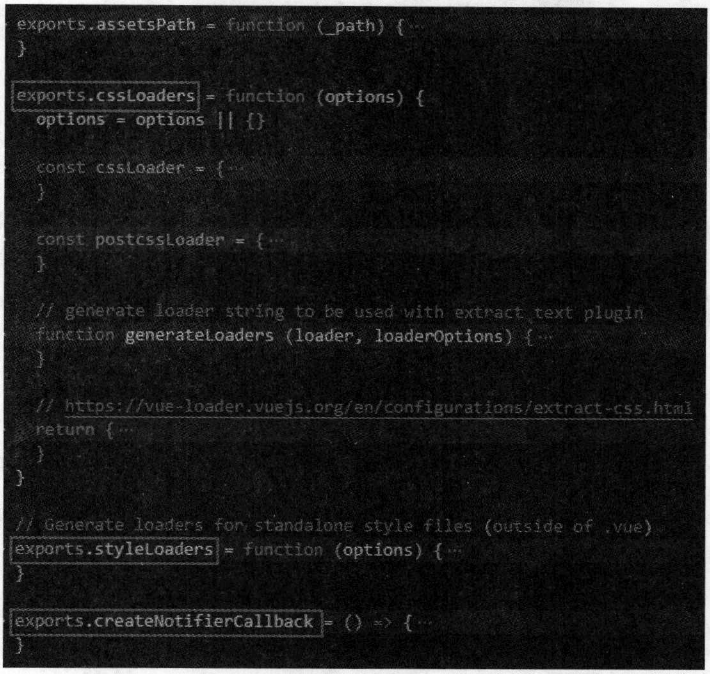

```
exports.assetsPath = function (_path) {…
}

exports.cssLoaders = function (options) {
  options = options || {}

  const cssLoader = {…
  }

  const postcssLoader = {…
  }

  // generate loader string to be used with extract text plugin
  function generateLoaders (loader, loaderOptions) {…
  }

  // https://vue-loader.vuejs.org/en/configurations/extract-css.html
  return {…
  }
}

// Generate loaders for standalone style files (outside of .vue)
exports.styleLoaders = function (options) {…
}

exports.createNotifierCallback = () => {…
}
```

图 3.7　utils.js 文件内容

（4）vue-loader.conf.js 文件主要是与 vue-loader 相关的一些配置文件，比如是否开启 css 资源 map、载入 utils 中的 cssloaders，然后返回配置好的 css-loader 和 vue-style-loader 等，代码如下：

```
'use strict'
const utils = require('./utils')
const config = require('../config')
const isProduction = process.env.NODE_ENV === 'production'
const sourceMapEnabled = isProduction
  ? config.build.productionSourceMap
  : config.dev.cssSourceMap

module.exports = {
  loaders: utils.cssLoaders({
    sourceMap: sourceMapEnabled,
    extract: isProduction
  }),
  cssSourceMap: sourceMapEnabled,
  cacheBusting: config.dev.cacheBusting,
  transformToRequire: {
    video: ['src', 'poster'],
    source: 'src',
    img: 'src',
    image: 'xlink:href'
  }
```

```
}
```

（5）webpack.base.conf.js 文件是基本的 Webpack 配置内容，主要配置 Webpack 编译入口、配置 Webpack 的输出路径和命名规则、配置模块 resolve 规则和配置不同类型模块的处理规则等基本公用的配置，代码如下：

```
const path = require('path')
const utils = require('./utils')
const config = require('../config')
const vueLoaderConfig = require('./vue-loader.conf')

function resolve (dir) {
  return path.join(__dirname, '..', dir)
}

module.exports = {
  context: path.resolve(__dirname, '../'),
  entry: {
    app: './src/main.js'
  },
  output: {
    path: config.build.assetsRoot,
    filename: '[name].js',
    publicPath: process.env.NODE_ENV === 'production'
      ? config.build.assetsPublicPath
      : config.dev.assetsPublicPath
  },
  resolve: {
    extensions: ['.js', '.vue', '.json'],
    alias: {
      'vue$': 'vue/dist/vue.esm.js',
      '@': resolve('src'),
    }
  },
  module: {
    rules: [
      {
        test: /\.vue$/,
        loader: 'vue-loader',
        options: vueLoaderConfig
      },
      {
        test: /\.js$/,
        loader: 'babel-loader',
        include: [resolve('src'), resolve('test'),
resolve('node_modules/webpack-dev-server/client')]
      },
```

```
      {
        test: /\.(png|jpe?g|gif|svg)(\?.*)?$/,
        loader: 'url-loader',
        options: {
          limit: 10000,
          name: utils.assetsPath('img/[name].[hash:7].[ext]')
        }
      },
      {
        test: /\.(mp4|webm|ogg|mp3|wav|flac|aac)(\?.*)?$/,
        loader: 'url-loader',
        options: {
          limit: 10000,
          name: utils.assetsPath('media/[name].[hash:7].[ext]')
        }
      },
      {
        test: /\.(woff2?|eot|ttf|otf)(\?.*)?$/,
        loader: 'url-loader',
        options: {
          limit: 10000,
          name: utils.assetsPath('fonts/[name].[hash:7].[ext]')
        }
      }
    ]
  },
  node: {
    // prevent webpack from injecting useless setImmediate polyfill because Vue
    // source contains it (although only uses it if it's native).
    setImmediate: false,
    // prevent webpack from injecting mocks to Node native modules
    // that does not make sense for the client
    dgram: 'empty',
    fs: 'empty',
    net: 'empty',
    tls: 'empty',
    child_process: 'empty'
  }
}
```

（6）webpack.dev.conf.js 文件是用于开发环境相关的配置，会合并 webpack.base.conf.js 文件中的公共胚子，在它的基础上进一步完善开发环境下的相关配置功能，比如将 hot-reload（热加载）相关的代码添加到 entry chunks（打包入口文件）中、配置使用 styleLoaders 将样式插入到 style 标签、配置 Source Maps、配置 webpack 插件等，部分代码如下：

```
const HOST = process.env.HOST
const PORT = process.env.PORT && Number(process.env.PORT)
```

```
const devWebpackConfig = merge(baseWebpackConfig, {
  module: {
    rules: utils.styleLoaders({ sourceMap: config.dev.cssSourceMap, usePostCSS: 
true })
  },
  // cheap-module-eval-source-map is faster for development
  devtool: config.dev.devtool,

  // these devServer options should be customized in /config/index.js
  devServer: {
    clientLogLevel: 'warning',
    historyApiFallback: {
      rewrites: [
        {  from:  /.*/,  to:  path.posix.join(config.dev.assetsPublicPath, 
'index.html') },
      ],
    },
    hot: true,  // 是否启用 webpack 的模块热替换特性。主要是用于开发过程中
    contentBase: false, // since we use CopyWebpackPlugin.
    compress: true, // 一切服务是否都启用 gzip 压缩
    host: HOST || config.dev.host,  // 指定一个 host，默认是 localhost
    port: PORT || config.dev.port,  // 指定端口
    open: config.dev.autoOpenBrowser, // 是否在浏览器开启 dev server
    overlay: config.dev.errorOverlay // 当有编译器错误时，是否在浏览器中显示全屏覆盖
      ? { warnings: false, errors: true }
      : false,
    publicPath: config.dev.assetsPublicPath,
    proxy: config.dev.proxyTable, // 代理
    quiet: true, // necessary for FriendlyErrorsPlugin
    watchOptions: {
      poll: config.dev.poll,  // 是否使用轮询
    }
  },
  plugins: [
    new webpack.DefinePlugin({
      'process.env': require('../config/dev.env')
    }),
    new webpack.HotModuleReplacementPlugin(),
    new webpack.NamedModulesPlugin(), // HMR shows correct file names in console 
on update.
    new webpack.NoEmitOnErrorsPlugin(),
    // https://github.com/ampedandwired/html-webpack-plugin
    new HtmlWebpackPlugin({
      filename: 'index.html',
      template: 'index.html',
      inject: true
```

```
    }),
    // copy custom static assets
    new CopyWebpackPlugin([
      {
        from: path.resolve(__dirname, '../static'),
        to: config.dev.assetsSubDirectory,
        ignore: ['.*']
      }
    ])
  ]
})
```

（7）webpack.prod.conf.js 文件是用于生产环境的配置，同样合并了 webpack.base.conf.js 文件中的配置内容，并在其基础上进一步完善生产环境下所需的其他配置。包括使用 styleLoaders、配置 webpack 输出路径、配置 webpack 插件、设置 gzip 模式下的 webpack 插件和 webpack-bundle 分析等。

2. config 文件夹

config 文件夹下最主要的文件就是 index.js，里面描述了开发和生产两种环境下的配置，前面的 build 文件夹下也有不少文件引用了 index.js 里面的配置。下面是代码及注释解析：

```
'use strict'
const path = require('path')

module.exports = {
  dev: {
    // 资源路径相关配置
    assetsSubDirectory: 'static',
    assetsPublicPath: '/',
    proxyTable: {},

    // dev server 设置
    host: 'localhost', // 可以通过 process.env.HOST 来重写 host
    port: 8080, // 可以通过 process.env.PORT 来修改
    autoOpenBrowser: false,  // 是否自动打开浏览器
    errorOverlay: true,
    notifyOnErrors: true,
    poll: false, // https://webpack.js.org/configuration/dev-server/
#devserver-watchoptions-
    cacheBusting: true,
    cssSourceMap: true
  },

  build: {
  // Template for index.html
  // 编译输入的 index.html 文件
```

```
    index: path.resolve(__dirname, '../dist/index.html'),

    // Paths
    assetsRoot:path.resolve(__dirname,'../dist'),// Webpack 输出的目标文件夹路径
    assetsSubDirectory: 'static',              // Webpack 编译输出的二级文件夹
    assetsPublicPath: '/',                     // Webpack 编译输出的发布路径
    productionSourceMap: true,                 // 使用 SourceMap
    // https://webpack.js.org/configuration/devtool/#production
  devtool: '#source-map',
  productionGzip: false,                       // 是否开启 gzip 压缩
    productionGzipExtensions: ['js', 'css'],   // 需压缩的文件后缀名
    bundleAnalyzerReport: process.env.npm_config_report// 打包生成的 bundle 分析
  }
}
```

config 文件夹下的 dev.env.js、prod.env.js 这两个文件就简单设置了环境变量，代码如下：

```
// dev.env.js
const merge = require('webpack-merge')
const prodEnv = require('./prod.env')
module.exports = merge(prodEnv, {
  NODE_ENV: '"development"'
})

// prod.env.js
module.exports = {
  NODE_ENV: '"production"'
}
```

3. src 文件夹

src 文件夹是开发过程中最重要且经常使用的文件夹，它里面的目录结构如图 3.8 所示。

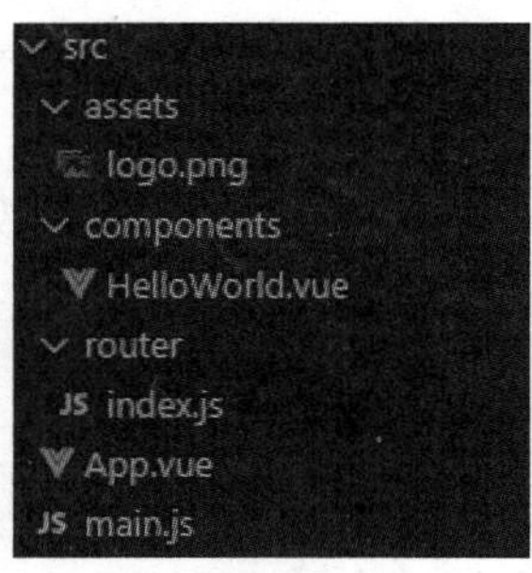

图 3.8　src 目录结构

（1）assets 文件夹是用来存储图片等公共静态资源。

（2）components 文件夹下主要创建各个组件文件，比如 HelloWorld.vue 文件就是一个组件，包括<template></template>、<script></script>、<style></style>三个部分，分别用来编写 HTML、JS 和 CSS。

（3）router 文件夹下的 index.js 则是路由配置入口文件，所有路由相关的路由规则、路由实例、路由守卫等都写在该文件中，如下代码分别引入了 Vue、Router 和组件 HelloWorld，其中路由实例（new Router）中就配置了一条路由匹配规则，访问“/”时就会展示其对应的 HelloWorld 组件内容。

```
import Vue from 'vue'
import Router from 'vue-router'
import HelloWorld from '@/components/HelloWorld'

Vue.use(Router)

export default new Router({
  routes: [
    {
      path: '/',
      name: 'HelloWorld',
      component: HelloWorld
    }
  ]
})
```

（4）App.vue 是应用程序的入口组件，即根组件，在其中通过<router-view/>占位符即可访问到路径对应的组件，代码如下：

```
<template>
  <div id="app">
    <img src="./assets/logo.png">
    <router-view/>
  </div>
</template>

<script>
export default {
  name: 'App'
}
</script>

<style>
#app {}
</style>
```

（5）Main.js 是入口文件，在该文件中实例化了 Vue，引入并使用了根组件和路由。

```
import Vue from 'vue'
import App from './App'
import router from './router'

Vue.config.productionTip = false

/* eslint-disable no-new */
new Vue({
```

```
  el: '#app',
  router,
  components: { App },
  template: '<App/>'
})
```

前面对各个文件夹和文件都进行了详细的介绍，现在将其主要作用和功能以表格的形式展示，更加方便读者对比。总结如表 3.1 所示。

表 3.1　Webpack 项目目录结构

文件夹/文件	作　用
build 文件夹 build.js utils.js webpack.base.conf.js webpack.dev.conf.js webpack.prod.conf.js vue-loader.conf.js check-version.js	Webpack 相关的配置内容 生产环境构建脚本 构建相关工具方法 Webpack 基础配置 Webpack 开发环境配置 Webpack 生产环境配置 vue-loader 相关配置 检查 node 和 npm 的版本
config 文件夹 index.js dev.env.js prod.env.js	项目的配置内容 项目配置文件 开发环境变量 生产环境变量
src 文件夹 main.js app.vue components 文件夹 assets 文件夹 router 文件夹	源代码目录 入口 JS 文件 根组件 公共组件目录 资源目录，会被 Webpack 构建 路由入口文件
static 文件夹	纯静态资源，不会被 Webpack 构建
node_modules 文件夹	第三方包安装目录
README.md	项目介绍文档
index.html	入口页面
package.json	依赖模块的版本信息等
package-lock.json	模块的具体来源和版本号等

3.3 本章小结

本章介绍了 Webpack 的安装与其功能特性，详细讲解了如何使用基于 Webpack 来构建初始化 Vue 项目，并主要讲述了 Webpack 下的 Vue.js 项目文件结构及其各个文件的功能。

第4章

Vue快速入门

Vue是一个采用MVVM模式的JavaScript框架，它更推荐使用基于HTML的模板，因此比起React也更容易入门。如何更加快速入门Vue的关键在于熟练使用Vue的基本语法与掌握相关功能。本章将详细讲解Vue基础知识与语法，帮助读者理解Vue、创建Vue实例并掌握相关用法和了解相关功能。

本章主要涉及的知识点有：

- 如何创建Vue实例和组件
- 模板语法
- 方法、计算属性和监听器
- 什么是Vue的插槽
- 如何利用Vue实现动画效果

4.1 实 例

一个Vue应用是从Vue实例开始的。在Vue 2.x中是通过new Vue()来创建Vue应用实例的，但是在Vue 3中则不是这样。Vue 3使用createApp()来创建实例。首先通过createApp函数创建一个新的Vue应用实例，其中可以传入一个rootComponent对象作为配置项，该对象用于配置根组件，然后将该实例通过mount方法挂载到页面上，挂载之后，该组件就会被当作页面渲染的起点，这样就可以得到一个Vue应用实例。创建实例代码如下：

```
const rootComponent = { /*一些配置选项*/ }
const app = createApp(rootComponent)
const vm = app.mount('#app')
```

其中#app表示把Vue实例挂载到<div id="app"></div>的DOM元素上；调用mount方法后返回的是根组件实例，所有的组件实例都将共享同一个Vue应用实例。

Vue脚手架中创建应用实例的代码如下：

```
import { createApp } from 'vue'
```

```
import App from './App.vue'
createApp(App).mount('#app')
```

对于刚接触 Vue 的读者，笔者推荐大家先直接在文件中引入 Vue 3 的源代码文件，而不是使用 Vue-cli 命令行工具直接创建一个项目，这样可以更加深入地理解 Vue 是如何创建一个完整的实例的。

现在利用 Vue 3 创建一个实例，在页面上展示“Hello My Vue!!”内容。首先在 HTML 页面中引入 Vue 的 JS 文件，创建一个 div 元素，选择 id 为 my-vue 的 dom 元素进行挂载，即 mount('#my-vue')，将 Vue 应用 MyVueApp 挂载到<div id="my-vue"></div>中。相关代码如下：

```
<script src="https://unpkg.com/vue@next"></script>

<body>
<div id="my-vue" >
  {{ message }}
</div>

<script>
const MyVueApp = {
  data() {
    return {
      message: 'Hello My Vue!!'
    }
  }
}
Vue.createApp(MyVueApp).mount('#my-vue')
</script>
```

4.2 组 件

组件是带有名称的可复用的实例，就好比一幢要出租的房屋里有卧室、客厅、厨房、卫生间和杂物间等多个不同名称的房间，这些房间有着自己的名字并有着不同的功能与特点，每个带有名称的房间可以在不同时期被租给不同的人使用，它们就相当于一个个单独的组件并且可以重复使用。组件是 Vue 中的核心功能之一，组件常用来封装可复用的代码，拥有强大的扩展功能。组件系统的出现使得可以用多个独立可复用的小组件来构建大型应用，几乎任意类型的应用的界面都可以抽象为一个组件树，如图 4.1 所示。

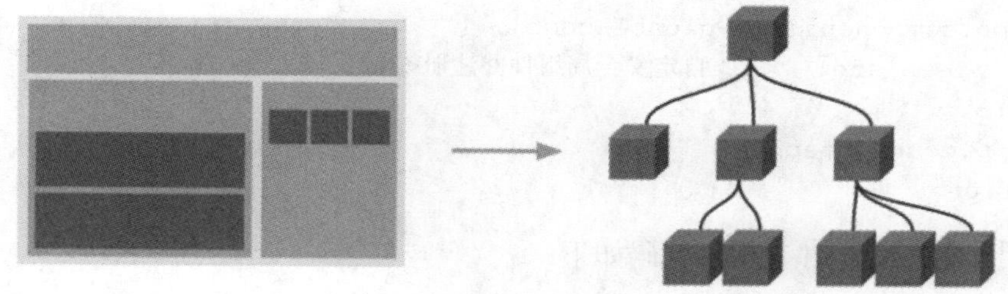

图 4.1　抽象组件树

从图 4.1 中可以看出，一个完整的页面可以由多个小的组件形成，每个组件负责自己的功能。这样一个应用界面就被抽象成了一棵组件树，其中树的根组件即为 Vue 应用实例。

组件分为全局组件与局部组件。全局组件与局部组件的区别在于：

（1）全局组件是在全局都有效，在每个子组件或者其他 Vue 页面中也可以使用，但是局部组件只能在定义它的页面中使用，不能在其他位置使用。全局组件就好比一首无版权可商用的音乐，任何人都可以在任何时候、任何用途上使用它，但是独家有版权的音乐就并非如此了，它就像局部组件一样，只能被拥有该版权的人来使用。

（2）两者定义的方式也有所不同。使用组件的第一步是注册，注册全局组件的方式是调用 Vue 应用实例的 component 方法，然后将全局组件名称利用标签的方式进行调用即可使用对应的全局组件。其语法格式如下：

```
const app = Vue.createApp({...})

app.component(global-component-name', {
  /* ... */
})
```

其中，component 方法中的第一个参数 global-component-name 是自定义的组件名称，第二个参数是一个对象，用来配置该组件。然后通过如下方式调用该全局组件：

```
<global-component-name></global-component-name>
```

【例 4.1】全局组件例子。

```
<script src="https://unpkg.com/vue@next"></script>

<body>
    <div id="app">
        <!-- 使用全局组件 -->
        <my-gloabl-comp>全局组件使用</my-gloabl-comp>
    </div>

    <script>
        // 创建一个 Vue 应用
        const app = Vue.createApp({})
```

```
    // 自定义全局组件
    app.component('my-gloabl-comp', {
        template: `<h1>自定义全局组件并注册</h1>`
    })
    app.mount('#app')
  </script>
```

多次调用即可进行组件复用，代码如下：

```
<div id="app">
    <!-- 全局组件复用 -->
    <my-gloabl-comp>全局组件使用 1</my-gloabl-comp>
    <my-gloabl-comp>全局组件使用 2</my-gloabl-comp>
    <my-gloabl-comp>全局组件使用 3</my-gloabl-comp>
</div>
```

当项目中利用 Webpack 这样的打包构建工具进行打包时，即使已经不需要使用到该全局组件，它仍然会被包含在最终的构建结果里面，所以全局注册往往是不够理想的，此时可以利用局部组件来解决这个问题。

局部组件首先使用一个对象来定义，然后在 Vue 实例的配置项的 components 选项中进行注册，最后即可使用该局部组件。注册并使用局部组件的代码如下：

```
const ComponentA = {
  /* ... */
}
const ComponentB = {
  /* ... */
}
const ComponentC = {
  /* ... */
}

const app = Vue.createApp({
  components: {
    'component-a': ComponentA,
    'component-b': ComponentB
  }
})
```

对于 components 配置项中的每个属性，其属性名就是自定义局部组件的名字（component-a、component-b），其属性值就是这个组件对象（ComponentA、ComponentB）。

【例 4.2】局部组件例子。

```
<script src="https://unpkg.com/vue@next"></script>

<body>
    <div id="app">
```

```
        <!-- 局部组件使用 -->
        <comp-a></comp-a>
        <comp-b></comp-b>
        <comp-c></comp-c>
    </div>

    <script>
        const compA = {
            template: '<div>我是局部组件 compA</div>'
        }
        const compB = {
            template: '<div>我是局部组件 compB</div>'
        }
        const compC = {
            template: '<div>我是局部组件 compC</div>'
        }

        // 创建一个 Vue 应用
        const app = Vue.createApp({
            components: {
                'comp-a': compA,
                'comp-b': compB,
                'comp-c': compC
            }
        })

        app.mount('#app')
    </script>
</body>
```

4.3 模板语法

Vue 使用了基于 HTML 的模板语法，用{{...}}（双大括号）来表示，借助于 Vue 的响应式原理，能够将模板语法中的数据实时地渲染到 DOM 中。简单解释模板语法就是通过 Vue 框架来绑定到对应 Vue 实例的数据内容。换句话讲，模板语法就是把 Vue 实例的数据展示在 HTML 网页中，通过模板语法能更加形象地将最终内容呈现出来，比如未经加工的羊毛经过洗涤、烘干、针梳、拉细加捻、卷绕编织等过程，最终会被制作成羊毛衫等不同种类的生活用品，经过整个加工过程得到的结果就可以看作使用模板语法后得到的结果。先看下面这段代码：

```
<div id="app">
    <input v-model="message">
    <h2>{{ message }}</h2>
    <ol>
```

```
        <li v-for="todo in todos">
            {{ todo }}
        </li>
    </ol>
</div>
const MyData= {
        data() {
            return {
                // 存储在 Vue 的实例对象中
                    message: '模板消息',
                    todos: ['JavaScript 学习', 'HTML 学习', 'CSS 学习']
                }
            },
        methods: {
            toggleDiv(){
                this.isShow = !this.isShow
            }
        }
    }
    const app = Vue.createApp(MyData)
    app.mount('#app')
```

读者不需要了解每段代码的意思，只需知道代码中 input 标签里面的 v-model、h2 标签中的文本部分{{message}}、li 标签里面的 v-for="todo in todos"等，都可以称之为模板语法。这些模板语法可以将 Vue 实例的 data 中的数据内容相应地呈现出来。

1. 插值

插值是数据绑定最常见的形式，简单来说插值就是能够把这些 data 里面的数据展示成页面上可见的文本内容、浏览器解析后的结果和 HTML 标签属性之类的。其中主要包括三类：

- 第一类是普通文本，使用双大括号({{}})来表示文本插值，双大括号内也支持表达式。
- 第二类是要解析的 HTML 代码，使用 v-html 指令。
- 第三类是绑定 html 标签属性的 value 值，使用 v-bind 指令。

（1）文本插值：如下代码中的{{}}标签的内容最终渲染后会被 num 属性的值代替，只要绑定的组件实例上 num 属性发生了改变，插值处的内容就会更新，并且插值内容也可以是表达式。如下代码中{{}}部分即为插值：

```
<div id="app">
    <p>这是文本插值{{ num }}</p>
<p>{{5+5}}</p>
    <p>{{ ok ? 'YES' : 'NO' }}</p>
    <p>{{ message.split('').reverse().join('') }}</p>
</div>
```

（2）HTML 插值，主要使用 v-html 指令。其实 HTML 插值可以理解为增强版的文本插值，因为文本插值只能把文本展示在插值处，但是如果数据本身就是一段 HTML 代码的话，文本插值就会原封不动地把这段 HTML 代码当作文本内容展示出来，即双大括号会将数据解释为普通文本，而非 HTML 代码。要展示真正的 HTML 内容，则需要使用 v-html 指令。如下代码，如果使用文本插值则会展现一段普通的文本内容，但是使用 HTML 插值，利用 v-html 指令即可渲染展现出一段颜色为红色的文字，可以使浏览器去解析 content 变量中的这段 HTML 代码。

```
<div id="app">
        <p>{{content}}</p>
        <p v-html="content"></p>
</div>
content: '<h1 style="color:red;">我是 v-html 指令渲染出来的内容</h1>'
```

（3）绑定的属性。双大括号无法使用 HTML 属性，而 HTML 属性中的值应该使用 v-bind 指令，所以要想给标签或者组件绑定某个属性则可以使用 v-bind 指令。比如下面这段代码：

```
<div id="app">
    <p v-bind:title="message"></p>
</div>
const MyContent = {
data(){
    return {
     message: '我是绑定到 title 属性上的值'
}
}
}
const app = Vue.createApp(MyContent )
app.mount('#app')
```

上面这段代码运行之后，就会把 message 数据绑定到 v-bind 指令的 title 属性上。最终被解析之后就会变成一个 p 标签，标签中含有一个 title 的属性，属性值为 message 的值，即被解析为<p title="我是绑定到 title 属性上的值"></p>。

如果属性值为 null 或 undefined，则该属性不会显示出来。如果 disabled 属性值 isButtonDisabled 为 null 或 undefined，则该 button 元素最终被渲染后不会包含 disabled 属性。

```
<div v-bind:id="dynamicId"></div>
<button v-bind:disabled="isButtonDisabled">按钮</button>
```

2. 指令

上文中提到 v-html、v-bind 等都称作指令，指令是指带有 v-前缀的特殊属性，用于在表达式的值改变时，将某些行为应用到 DOM 上。常见的指令有属性绑定 v-bind，可以缩写为:，事件绑定指令 v-on，可以缩写为@，元素的显示指令 v-show，还包括 v-if、v-else 等指令。

比如为按钮绑定一个单击事件，即可通过 v-on 或者简写形式@来直接绑定一个 click 事件，从而当单击该按钮时，就会调用绑定的方法，得到方法所返回的值或者进行方法中设置的一些操作：

```
<!-- 完整语法 -->
<button v-on:click="doSomething"></button>
<!-- 缩写 -->
<button @click="doSomething"></button>
```

v-if 指令是用来指明当前标签或元素是否需要显示。当 v-if 绑定的值为 false 时，表明隐藏该元素，并且 HTML 中不会存在该元素；当 v-if 所绑定的值为 true 时，则会显示该元素，并且相应地在 HTML 中创建该元素节点。所以利用 v-if 指令能够进行切换效果的实现。如下代码将根据表达式 seen 的值的真假来插入或移除<p>元素：

```
<p v-if="seen">现在你看到我了</p>
<p v-else>否则显示我啦</p>
```

与 v-if 指令相似的还有 v-show 指令，该指令也能实现元素的隐藏与显示。v-if 是通过每一次重新创建与销毁元素来实现显示和隐藏，但是 v-show 是通过 CSS 的 display 属性来控制元素的显示与隐藏。当 v-show 所绑定的值为 true 时，就会通过设置该元素的 display 属性 display:block 来实现元素的显示；相反，为 true 时，则会通过 display:none 来隐藏元素。所以 v-if 有更大的创建开销，因此当需要频繁地切换元素时，通常选用 v-show 指令，反之则可选择 v-if 指令。

【例 4.3】常见指令使用例子。

为 id 为 toggle 的 div 元素设置显示与隐藏，当属性 isShow 为 true 时显示背景色为红色的 div，否则隐藏该 div 元素，代码如下：

```
<script src="https://unpkg.com/vue@next"></script>

<body>
   <div id="app">
      <div id="toggle" v-show="isShow">DIV 显示与隐藏</div>
      <button @click="toggleDiv">单击我切换</button>
   </div>
   <script>
      const Counter = {
         data() {
            return {
               isShow: true
            }
         },
         methods: {
            toggleDiv(){
               this.isShow = !this.isShow
            }
         }
      }
```

```
        const app = Vue.createApp(Counter)
        app.mount('#app')
    </script>
</body>
```

（1）参数

Vue 中的指令还可以传入参数，即当为一个元素绑定了一个属性后，可以通过参数的形式给当前所绑定的属性传入参数变量。使用指令参数的语法为在指令后面通过冒号的形式传入参数，下面代码 v-bind:href=“link”处，其中的 href 就表示参数，将 link 变量的值绑定到 a 标签的 href 属性上。同样事件绑定中绑定一个单击事件，其中 click 就是参数，将 doSomething 这个方法绑定到 click 事件上，此处参数名就是事件名 click。

```
<a v-bind:href="link">我是链接</a>
<a v-on:click="doSomething"> ... </a>
```

（2）动态参数

通常在指令后面的参数为一个普通的属性或事件名，但在指令后面的参数也可以是表达式，这就形成了动态参数，动态参数必须用中括号括起来。比如为某个 div 元素绑定一个动态事件函数，则该事件名需要 eventName 变量来传入。当 eventName 为 click 时则为单击事件，为 focus 时则为聚焦事件，可以通过传入不同的事件名 eventName 来动态地绑定不同的事件。

```
<a v-bind:[attributeName]="any"> ... </a>
<div v-on:[eventName]="doSomething"> ... </div>
// 可以简写为如下
<a :[attributeName]="any"> ... </a>
<div @:[eventName]="doSomething"> ... </div>
```

（3）修饰符

修饰符是在指令参数后面使用英文半角句号来指明的特殊后缀，使用修饰符能够更加简单地实现一些功能。比如一个 div 盒子里面嵌套了一个 button 按钮，其中为 div 和 button 都分别绑定一个单击事件，那么当单击按钮的时候会先触发 button 上的单击事件的回调函数，然后继续触发 div 上绑定的单击事件，如果希望单击 button 按钮只触发 button 按钮本身的单击事件，则需要对其添加一个阻止冒泡的方法，通常需要在 methods 方法中使用 e.stopPropagation()来实现，但是有了修饰符，可以直接使用.stop 修饰符阻止事件冒泡，所以修饰符的出现在于更简单地实现一些功能。修饰符常用于告诉该指令用一种特殊的方式进行绑定，比如.prevent 修饰符就是让 v-on 指令对于调用的事件使用 event.preventDefault()方法来阻止默认事件的触发；.stop 修饰符表示阻止事件继续传播；.capture 修饰符表示使用事件捕获模式；.self 修饰符表示只在 event.target 是当前元素自身时触发处理函数；.once 修饰符表示该事件将只会被触发一次。以上是常见的一些修饰符的用法，并且同一指令可以添加多个修饰符，串联使用多个修饰符。

```
<!-- 阻止单击事件继续传播 -->
<a v-on:click.stop="doSth"></a>
```

```
<!-- 提交事件不再重载页面 -->
<form v-on:submit.prevent="onSubmit"></form>

<!-- 修饰符可以串联 -->
<a v-on:click.stop.prevent="doSth"></a>

<!-- 只有修饰符 -->
<form v-on:submit.prevent></form>

<!-- 添加事件监听器时使用事件捕获模式 -->
<!-- 即元素自身触发的事件先在此处处理，然后才交由内部元素进行处理 -->
<div v-on:click.capture="doSth">...</div>

<!-- 只当在 event.target 是当前元素自身时触发处理函数 -->
<!-- 即事件不是从内部元素触发的 -->
<div v-on:click.self="doSth">...</div>

<!-- 单击事件将只会触发一次 -->
<a v-on:click.once="doSth"></a>
```

4.4 方法、计算属性和监听器

4.4.1 方法

在 Vue 实例化之后，给实例对象添加了 data 数据，如何操作和处理数据，就需要使用方法，这些方法函数可以用来分别处理一些绑定事件。所以要向组件实例添加方法，应该使用 methods 方法选项，这是一个包含各种所需方法的对象。

```
methods: {
            someMethodFunc1(){},
            someMethodFunc2(){}
    }
```

通过方法的初始化，可以为不同事件实现对数据的一些操作，比如例 4.4 中 num 的增加操作和减少操作方法能够实时获取改变后的 num 属性的值。

【例 4.4】methods 方法的使用例子。

```
<body>
   <div id="app">
   </div>
   <script>
      const app = Vue.createApp({
```

```
            data() {
                return {
                    num: 0
                }
            },
            methods: {
                addNum(){
                    this.num += 2;
                },
                subNum(){
                    this.num--;
                }
            }
        })
        const vm = app.mount('#app')
        console.log(vm.num)  // 0
        vm.addNum()
        console.log(vm.num)  // 2
        vm.subNum()
        console.log(vm.num)  // 1
    </script>
</body>
```

与组件实例的所有其他属性一样，这些方法也可以从组件的模板中访问。在模板中，它们最常用作事件监听器。如下代码，单击对应按钮会监听到对应的事件从而调用对应的方法：每执行一次 addNum 方法就会对 data 中的 num 属性进行加 2 的操作，执行 subNum 函数就会相应地将 num 值减 1。

```
    <div id="app">
        <p>结果：{{ num }}</p>
        <button @click="addNum">加 2</button>
        <button @click="subNum">减 1</button>
    </div>
    <script>
        const app = Vue.createApp({
            data() {
                return {
                    num: 0
                }
            },
            methods: {
                addNum(){
                    this.num += 2;
                },
                subNum(){
                    this.num--;
                }
```

```
            }
        })
        const vm = app.mount('#app')
    <script>
```

也可以直接从模板中调用一个方法，则显示在页面中的就是该方法返回的值，下面代码中文本插值处调用了一个 showDate 方法，最终则会显示当前日期所对应的内容。使用方法在插值处表示，能够避免将大量繁杂的运算表达式插入模板中，使得代码看起来更清晰易懂、简洁明了：

```
<p>当前日期为： {{ showDate() }}</p>

showDate(){
            return new Date();
        }
```

4.4.2 计算属性

方法中的每个函数调用一次就会重新执行一次，如果在一个组件中需要多次使用同一个方法返回的结果，那么用方法来计算会造成多次重复计算的问题，因此可以选择计算属性来避免这个问题。

计算属性在使用 computed 选项中分别定义计算属性所对应的函数，它和方法类似，但又与方法不同。模板语法的插值中可以传入一个表达式，目的在于可以简单进行一些运算，但是在模板中放入太多的逻辑会让模板过重且难以维护。所以当这个表达式的计算比较烦琐并且表达式的返回会被多次使用时，就可以使用方法来代替直接传入表达式。但是使用方法同样存在一个问题，就是每次调用都会重新计算一次，多次调用会造成计算多次，如表达式：

```
<p>{{ message.trim().split('').reverse().join('') }}</p>
<li>{{ message.trim().split('').reverse().join('') }}</li>
```

为了解决上述问题，可以使用计算属性。计算属性使用 computed 来声明，所以使用计算属性能让模板内的表达式更加简洁，并且计算属性具有缓存性，多次重复调用同一个计算属性，不会计算多次，只会使用第一次计算后的缓存下来的结果。在一个计算属性里可以完成各种复杂的逻辑，包括运算、函数调用等，只要最终返回一个结果就可以了。

```
<div id="app">
        <p>原始 message： {{ message }}</p>
        <p>处理后的 message： {{ newMessage }}</p>
        <ul>
            <li>{{ newMessage }}</li>
        </ul>
</div>
    <script>
        const app = Vue.createApp({
            data() {
```

```
            return {
                message: ' 我是未经处理的原始字符串 hiahiahiahello '
            }
        },
        methods: {
        },
        computed: {
            newMessage(){
                return this.message.trim().split('').reverse().join('')
            }
        }
    })
    const vm = app.mount('#app')
```

上述代码声明了一个计算属性 newMessage，尝试更改应用程序 data 中 message 的值，则计算属性 newMessage 也相应地更改。由于计算属性具有缓存性，如果在有的情况下不希望有缓存存在，则可以用 method 来替代 computed。

除了上例的简单用法，计算属性还可以依赖多个 Vue 实例的数据，它能根据依赖的不同属性进行运算得到结果，当其依赖的属性发生改变时，该计算属性也会相应地重新实时计算，即只要其中任一数据变化，计算属性就会重新执行，视图也会相应地更新。

4.4.3　监听器

通过监听属性 watch 可以实时监听响应数据的变化，比如可以通过全局的$watch 属性实现一个计数器监听 counter 值的改变，代码如下：

```
    <div id="app">
        <h3>监听器</h3>
        <p style="font-size:25px;">计数器: {{ counter }}</p>
        <button @click="addCounter" style="font-size:25px;">点我加一</button>
    </div>

    <script>
        const { ref,watch } = Vue
        const App = Vue.createApp({
            setup() {
                const counter = ref(0);
                const addCounter = () => {
                    counter.value += 1
                }
                // 监听器，监听 counter 的变化
                const newCounter = watch(counter, (newval, oldval) => {
                    console.log('监听计数器值的变化 :counter 值从' + oldval + ' 变为
' + newval + '!');
                })
                return {
                    counter,
```

```
                addCounter,
                newCounter
            }
        }
    });
    App.mount('#app');
</script>
```

在上述代码中首先引入 Vue 中的 watch 方法，然后在 setup 函数中定义一个 newCounter 用于监听 counter 的变化。watch 方法传入两个参数，第一个参数是需要监听的变量，第二个参数为一个函数，该函数中两个参数分别代表 counter 上一次变化前的旧值和变化后的新值，只要 counter 发生改变，就会执行该函数。所以上述代码中，只要单击一次按钮，counter 的值就发生改变，也会立马执行监听函数，从而打印出变化内容，如图 4.2 所示。

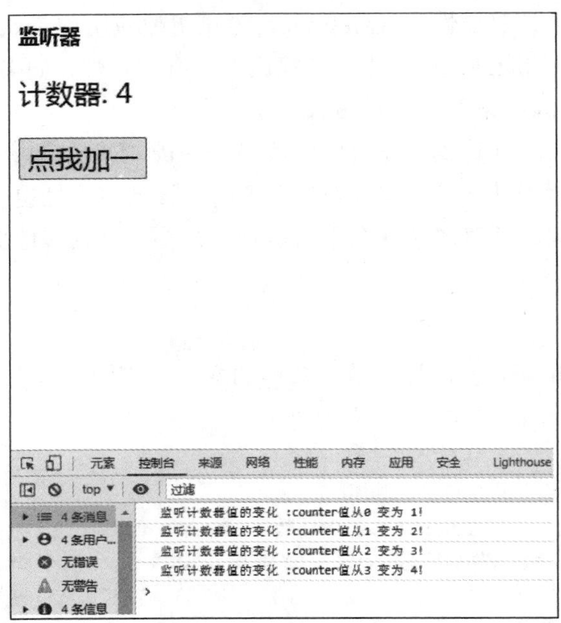

图 4.2　监听器监听结果

watch 也可以同时监听多个属性，代码如下：

```
<div id="app">
    <h3>监听多个属性</h3>
    <input v-model="firstname" placeholder="请输入姓" />
    <input v-model="lastname" placeholder="请输入名"/>
</div>

<script>
    const { reactive,toRefs,watch } = Vue
    const App = Vue.createApp({
        setup() {
            const data = reactive({
                firstname: '',
```

```
                lastname: ''
            });
            // 监听器，监听 firstname 和 lastname 的变化
            const newName = watch(() => [data.firstname, data.lastname],
([newFirstname, newLastname],[oldFirstname, oldLastname]) => {
                console.log('旧名字为: '+ oldFirstname + oldLastname + '; 新名
字为: ' + newFirstname + newLastname);
            })
            return {
                ...toRefs(data),
                newName
            }
        }
    });
    App.mount('#app');
```

上述代码通过 watch 方法同时监听 firstname 和 lastname 两个变量，只要其中一个发生变化，就会触发监听函数，即打印出变化的提示内容。当 watch 同时监听多个属性时，第一个参数需要传入一个箭头函数，该箭头函数返回需要监听的对象数组；第二个参数仍然是一个函数，单击时，需要以数组的形式分别表示对应变量的新值与旧值。实现效果如图 4.3 所示，在两个输入框中分别输入改变 firstname 和 lastname 的值，从而实现监听。

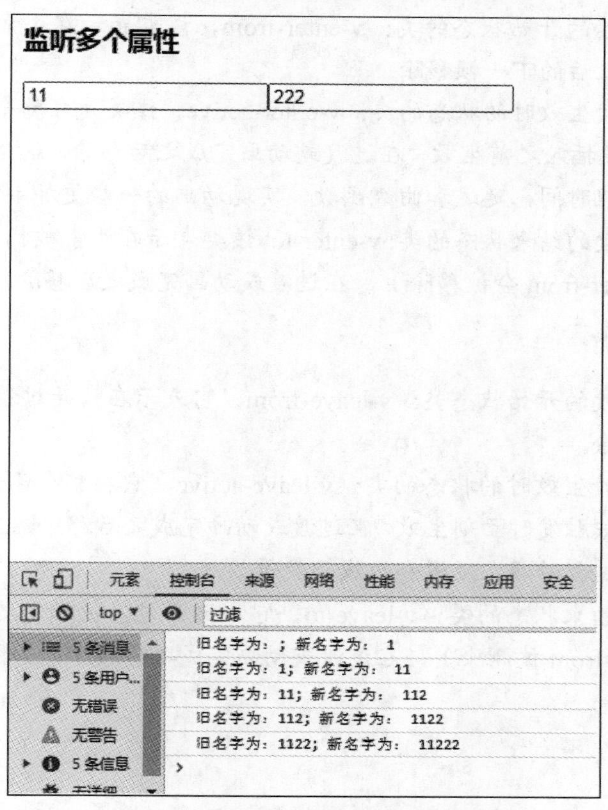

图 4.3　监听器监听两个变量的实现效果

4.5 动 画

在 Vue 项目开发中，Vue 本身提供了一些内置组件和对应的 API 来完成和处理过渡和动画效果。通过它们，可以避免内容显示和隐藏生硬等缺点，能够给一个组件的显示和消失添加某种过渡动画，这样可以更好地提高用户体验。

1. <transition>组件

在 Vue 中是通过<transition>内置组件让单元素或者组件实现过渡动画效果。<transition>组件通常与 CSS 3（Cascading Style Sheets Level 3，层叠样式表 3 级）结合实现丰富的动画效果。CSS 3 有三个属性：transition（过渡）、transform（转换）、animation（动画）。

（1）<transition>组件与 CSS 3 的 transition 属性相结合

在介绍如何使用 transition 组件结合 CSS 3 的 transition 属性来实现过渡动画之前，首先介绍进入过渡和离开过渡所使用的 class（类）。在组件元素进入（Enter）、离开（Leave）的过渡中，会涉及 6 个 class 之间的切换。

进入过渡涉及的类：

- 定义进入过渡的开始状态的类：v-enter-from，该类表示在元素被插入之前生效，在元素被插入之后的下一帧移除。
- 定义进入过渡生效时的状态的类：v-enter-active，该类是在整个进入过渡的阶段中应用，在元素被插入之前生效，在过渡或动画完成之后移除，这个类可以被用来定义进入过渡的过程时间、延迟和曲线函数，实现动画的一些更加丰富的效果。
- 定义进入过渡的结束状态的类：v-enter-to，该类表示在元素被插入之后下一帧生效（与此同时 v-enter-from 会被移除），在过渡或动画完成之后移除。

离开过渡涉及的类：

- 定义离开过渡的开始状态类：v-leave-from，它表示在离开过渡被触发时立刻生效，下一帧被移除。
- 定义离开过渡生效时的状态的类：v-leave-active，它在整个离开过渡的阶段中应用，在离开过渡被触发时立刻生效，在过渡或动画完成之后移除。这个类可以被用来定义离开过渡的过程时间、延迟和曲线函数等。
- 离开过渡的结束状态的类：v-leave-to，它在离开过渡被触发之后下一帧生效（与此同时 v-leave-from 被删除），在过渡或动画完成之后移除，如图 4.4 所示。

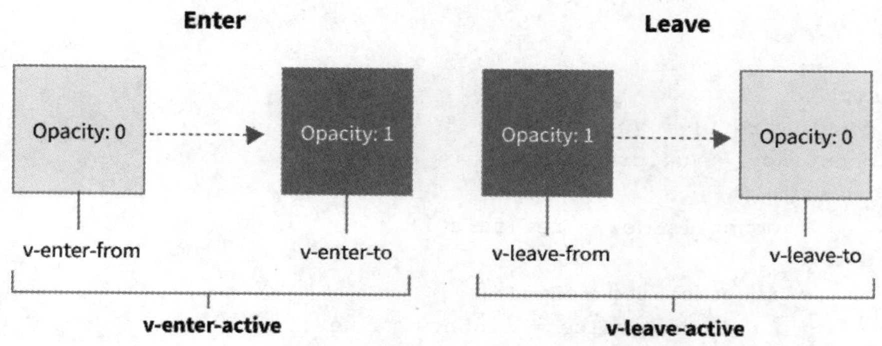

图 4.4　进入、离开过渡的类

图 4.4 中给透明度 Opacity 添加了过渡效果：在进入过渡阶段，Opacity 从 0 逐渐变为 1；在离开过渡阶段，Opacity 从 1 变为 0。对于这些在过渡中切换的类名来说，如果直接使用一个没有名字的<transition>来包裹其他元素，则 v-是这些 class 名的默认前缀；如果使用了一个带有 name 属性的<transition>，比如<transition name="my-transition">，那么 v-enter-from 等以 v-开头的类都会被替换为类似 my-transition-enter-from 的，即把 v-变为以 name-开头的类名。如下两个例子，分别展示了不带 name 属性的 transition 和带有 name 属性的 transition 实现的元素显示与隐藏的过渡效果。

【例 4.5】直接使用 transition 实现单元素的显示与隐藏过渡动画效果。

```
<head>
    <script src="./vue3.js"></script>
    <style>
        .v-enter-from,
        .v-leave-to {
            opacity: 0;
        }
        /* 可以设置不同的进入和离开动画    */
        /* 设置持续时间和动画函数          */
        .v-enter-active,
        .v-leave-active{
            transition: all 1s ease;
        }
    </style>
</head>

<body>
    <div id="app">
        <h3>单元素过渡相</h3>
        <button @click="toggleBtn">切换</button>
        <transition>
            <div v-show="isShow">显示元素</div>
        </transition>
```

```
    </div>

    <script>
      const { ref } = Vue;
      const App = Vue.createApp({
        setup(){
          const isShow = ref(false);

          function toggleBtn(){
            isShow.value = !isShow.value
          }
          return {
            isShow,
            toggleBtn
          }
        }
      });
      App.mount('#app');
    </script>
</body>
```

上述代码通过给按钮绑定一个单击事件来切换 isShow 的值，从而通过 v-show 绑定 isShow 来控制 div 元素的显示与隐藏，同时通过<transition>将该 div 元素包裹住；设置.v-enter-from 进入开始和.v-leave-to 离开结束的状态类都为 opacity:0，然后在.v-enter-active 整个进入过渡阶段和.v-leave-active 离开过渡阶段中设置过渡的属性为 opacity，过渡时长为 1s，过渡动画为 ease，这样就能实现单元素隐藏与显示的过渡效果了。

<transition>组件除了对单个元素或者单个组件实现过渡动画，还可以用于多个组件和多个元素之间的过渡，主要通过 v-if、v-else-if、v-else 来实现。如下代码正常情况下显示列表，当列表为空时，显示一个其他的提示元素：

```
<transition>
  <ul v-if="items.length > 0">
    <li v-for=" item in items>{{item.content}}</li>
    <!-- ... -->
  </ul>
  <p v-else>列表为空，请添加数据</p>
</transition>
```

【例 4.6】使用带 name 属性的<transition>实现动态组件的切换过渡动画效果。

```
<head>
  <style>
      .fade-enter-from,
      .fade-leave-to {
        opacity: 0;
      }
```

```
        .fade-enter-to,
        .fade-leave-from {
            opacity: 1;
        }

        /* 可以设置不同的进入和离开动画    */
        /* 设置持续时间和动画函数          */
        .fade-enter-active,
        .fade-leave-active {
            transition: all 1s ease;
        }
    </style>
</head>

<body>
    <div id="app">
        <h3>动态组件切换过渡动画</h3>
        <button @click="toggleBtn">切换组件</button>
        <transition name="fade">
            <component :is="isShow ? 'home' : 'about'"></component>
        </transition>
    </div>

    <script>
        const { ref } = Vue;
        const Home = {
            name: 'Home',
            template: `<div>Home 页面</div>`
        }
        const About = {
            name: 'About',
            template: `<div>About 页面</div>`
        }
        const App = Vue.createApp({
            components: {
                Home,
                About
            },
            setup() {
                const isShow = ref(false);

                function toggleBtn() {
                    isShow.value = !isShow.value
                }
                return {
                    isShow,
```

```
                toggleBtn
            }
        }
    });

    App.mount('#app');
  </script>

</body>
```

上述代码首先定义了两个组件 Home 和 About，通过<component></component>中的 is 属性根据 isShow 的值来动态切换两个组件的显示与隐藏，同时通过提供的 transition 组件将其包裹住，传入 name 属性值为 fade，因此所有进入过渡、离开过渡的类名都将变为以 fade-开头，这样也可以实现动态组件的切换过渡效果。

（2）<transition>组件与 CSS 3 的 animation 属性相结合

<transition></transition>组件除了结合 CSS 3 中的 transition 属性，也可以结合 CSS 3 中的 animation 属性来实现更加丰富的效果。animation 主要通过@keyframes 来实现，如下代码就是通过@keyframes 定义一个名为 my-anim 的动画，分别在 0%、50%、100%三个阶段设置 scale 变化值，然后在.v-enter-active 类和.v-leave-active 中定义 animation 属性，传入动画名（my-anim）和动画时长（0.5s）以及动画函数（reverse）。

```
.v-enter-active {
  animation: my-anim 0.5s;
}
.v-leave-active {
  animation: my-anim 0.5s reverse;
}
@keyframes my-anim {
  0% {
    transform: scale(0);
  }
  50% {
    transform: scale(1.25);
  }
  100% {
    transform: scale(1);
  }
}
```

也可以同时使用 transition 和 animation 属性共同实现动画效果。

（3）其他属性

除了在 animation、transition 属性中定义动画持续时间，也可以在<transition>组件上通过 duration 属性定义一个显性的过渡持续时间，其单位为毫秒，如下代码定义持续时长为 1000ms：

```
<transition :duration="1000">...</transition>
```

也可以分别定义进入过渡和离开过渡的持续时间：

```
<transition :duration="{ enter: 500, leave: 800 }">...</transition>
```

以上提到过<transition>组件的 name 和 duration 属性，还可以通过 appear 属性去定义节点在初始渲染的过渡。因为在默认情况下，页面元素或组件首次渲染的时候是没有动画的，如果希望有，则可以通过设置内置组件<transition>组件的 appear 属性值为 true：

```
<transition appear>
  <!-- ... -->
</transition>

// 例如
<!-- 默认情况下，首次渲染的时候是没有动画的，如果希望有，设置内置组件 transition 组件的
appear 属性值为 true -->
<transition name="fade" appear>
  <component :is="isShow ? 'home' : 'about'"></component>
</transition>
```

（4）过渡模式

mode 属性为<transition>组件提供过渡模式，因为同时生效的进入和离开的过渡不能满足所有要求，所以 Vue 提供了过渡模式。过渡模式主要有两种：in-out 表示新元素先进行过渡，完成之后当前元素过渡离开；out-in 表示当前元素先进行过渡，完成之后新元素过渡进入。

```
<transition name="fade" mode="out-in">
  <!-- ...  ... -->
</transition>
```

【例 4.7】过渡模式例子。

```
<div id="app">
    <h3>transition 组件的过渡模式</h3>
    <transition name="mode-fade" mode="out-in">
        <button v-if="on" key="on" @click="on = false">
            on
        </button>
        <button v-else key="off" @click="on = true">
            off
        </button>
    </transition>
</div>
<script>
    const { ref } = Vue;
    const App = Vue.createApp({
        setup() {
            const on = ref(true);
```

```
            const off = ref(false);

            function toggleBtn() {
              isShow.value = !isShow.value
            }
            return {
              on,
              off
            }
          }
        });
        App.mount('#app');
    </script>
```

上述代码表示：切换按钮时，在 on 按钮和 off 按钮的过渡中，两个按钮都被重绘了，一个离开过渡的时候另一个开始进入过渡。如果不添加过渡模式，单击按钮就会出现 on 和 off 按钮的闪动切换，体验效果不好，这是由于<transition>的默认行为（进入和离开同时发生）导致的。所以通过添加一个过渡模式，能够避免这种情况的出现，修复原来的切换 bug。

总结说来，哪些元素或者哪些组件适合在哪些条件下实现动画效果，就是这一节所学的知识了。<transition>组件与以下内容搭配使用：

- 条件渲染（使用 v-if）。
- 条件展示（使用 v-show）。
- 动态组件。
- 组件根节点。
- CSS 3animation、transform、transition 等。

2. animate.css 库

除了使用 Vue 的<transition>组件结合 CSS 3 来实现动画之外，还可以通过引用第三方库来实现这效果，常用的第三方动画效果库就是 Animate.css，其地址为 https://cdnjs.cloudflare.com/ajax/libs/animate.css/3.7.0/animate.min.css，可以将其下载下来通过 link 标签引入：

```
   <head>
    <link
   rel="stylesheet"
href="https://cdnjs.cloudflare.com/ajax/libs/animate.css/3.7.0/animate.min.css
">
   </head>
```

或者直接 npm 安装：

```
npm i animate.css@3.7.2
```

Animate.css 是一款强大的预设 CSS 3 动画库，它内置了很多典型的 CSS 3 动画，兼容性好、使用方便。其中主要包括 attention（晃动效果）、fade（透明度变化效果）、slide（滑动效果）、zoom（变焦效果）、bounce（弹性缓冲效果）、flip（翻转效果）、rotate（旋转效果）和 special（特殊效果）等类样式。

安装之后要使元素产生动画效果，只需将动画类样式名添加到元素中，也可以在无限循环中包含类 infinite。比如给一个 h1 元素添加动画效果，各个类名直接填入即可实现想要的效果：

```
<h1 class="animated infinite bounce delay-2s">Example</h1>
```

也可以结合 JavaScript 做很多其他事情。如果说想给某个元素动态添加动画样式，可以通过 jQuery 来实现：

```
$('#yourElement').addClass('animated bounceOutLeft');
```

也可以通过 JavaScript 或 jQuery 元素添加 class，比如：

```
$(function(){
    $('#yourElement').addClass('animated bounce');
});
```

有些动画效果最后会让元素不可见，比如淡出、向左滑动等，可能又需要将 class 删除，比如：

```
$(function(){
    $('#yourElement').addClass('animated bounce');
    setTimeout(function(){
        $('#yourElement').removeClass('bounce');
    }, 1000);
});
```

animate.css 的默认设置有些时候在项目中并不需要，所以可以重新设置，比如：

```
#yourElement{
    animate-duration: 2s;          // 动画持续时间
    animate-delay: 1s;             // 动画延迟时间
    animate-iteration-count: 2;  // 动画执行次数
}
```

【例 4.8】animate.css 实现方块不断闪动效果。

主要通过两个类实现：animated 和 flash 动画样式类。

```
<head>
    <title>animate.css 动画</title>
    <link rel="stylesheet" href="./animate.min.css">
    <style>
        .box {
            height: 100px;
            width: 100px;
            background-color: lightblue
        }
```

```
    </style>
</head>

<body>
    <div class="box animated flash"></div>
</body>
```

【例 4.9】动态绑定动画名实现左右滑入过渡动画。

通过定义一个滑动方向的变量名 transitionName，动态绑定到<transition>组件的 name 属性上，默认为从左滑入（slide-left），单击按钮将 transitionName 变为 slide-right。

```
    <style>
        .slide-right-enter-active,
        .slide-right-leave-active,
        .slide-left-enter-active,
        .slide-left-leave-active {
            transition: all 500ms;
            position: absolute;
        }

        .slide-right-enter {
            opacity: 0;
            transform: translate3d(-100%, 0, 0);
        }

        .slide-right-leave-active {
            opacity: 0;
            transform: translate3d(100%, 0, 0);
        }

        .slide-left-enter {
            opacity: 0;
            transform: translate3d(100%, 0, 0);
        }

        .slide-left-leave-active {
            opacity: 0;
            transform: translate3d(-100%, 0, 0);
        }
        .home{
margin: 10px auto;
            width: 300px;
            height: 300px;
            background-color: lightblue;
        }
        .about{
```

```
margin: 10px auto;
            width: 300px;
            height: 300px;
            background-color: yellow;
        }
</style>
<div id="app">
        <h3>页面切换过渡动画</h3>
        <button @click="toggleBtn">单击切换滑动方向</button>
        <transition :name="transitionName">
            <component :is="isShow ? 'home' : 'about'"></component>
        </transition>
    </div>

    <script>
        const { ref } = Vue;
        const Home = {
            name: 'Home',
            template: `<div class="home">Home 页面</div>`
        }
        const About = {
            name: 'About',
            template: `<div class="about">About 页面</div>`
        }
        const App = Vue.createApp({
            components: {
                Home,
                About
            },
            setup() {
                const transitionName = ref('slide-left');
                const isShow = ref(false);

                function toggleBtn() {
                    if(transitionName.value === 'slide-left'){
                        transitionName.value = 'slide-right'
                        isShow.value = true;
                    }else{
                        transitionName.value = 'slide-left'
                        isShow.value = false;
                    }
                }
                return {
                    isShow,
                    transitionName,
                    toggleBtn
                }
```

```
    }
});
```

4.6 插 槽

插槽（slot）通常指在一个组件内部留出一个“空位”，以便于显示外部设置 DOM，而这个“空位”就是插槽。更形象地说，插槽就是一个插座，留个空位可以自定义填写一些东西，这些东西一般是放在组件里面的。

4.6.1 插槽内容

比如一个组件<my-comp></my-comp>，组件内部一个 p 标签和一个 button 按钮，按钮中写入插槽<slot></slot>，这个表示默认插槽。在使用该组件时向组件内部传入了具体的内容“这是插入的文本内容”，最终该内容就会被渲染到<slot></slot>的位置处，代码如下：

```
<div id="app">
    <h3>插槽内容</h3>
    <my-comp>
        这是插入的文本内容
    </my-comp>
</div>

    const MyComp = {
        name: 'my-comp',
        template:'
        <p>my-comp 组件</P>
        <button>
            <slot></slot>
        </button>
        '
    }
    const App = Vue.createApp({
        components: {
            'my-comp': MyComp
        }
    });
```

效果如图 4.5 所示。

插槽内容

my-comp组件

这是插入的文本内容

图 4.5　插槽内容

上述代码只是传入了一个字符串，插槽还可以包含任何模板代码，包括 HTML，比如：

```
<my-comp>
    <!-- 添加一个 Font Awesome 图标 -->
    <i class="fas fa-plus"></i>
    这是插入的文本内容
</my-comp>
```

或者传入一个其他组件：

```
<my-comp>
     <!-- 添加一个图标的组件 -->
    <font-awesome-icon name="plus"></font-awesome-icon>
    这是插入的文本内容
</my-comp>
```

如果<my-comp>的 template 中没有包含一个<slot>元素，则该组件起始标签和结束标签之间的所有内容都会被抛弃，比如<my-comp>组件为：

```
const MyComp = {
        name: 'my-comp',
        template:'
        <p>my-comp 组件</P>
        <button>
            默认内容
        </button>
        '
    }
```

则以下传入的内容“这是插入的文本内容”这个字符串不会被渲染将被忽略，即使传入其他 HTML 标签或者其他组件也都会被丢弃：

```
<my-comp>
这是插入的文本内容
<font-awesome-icon name="plus"></font-awesome-icon>
</my-comp>
```

所以要想渲染出传入的内容，必须存在一个插槽。

4.6.2 插槽的渲染作用域

插槽的渲染作用域有如下特点：

（1）在使用组件的过程中，如果想要在插槽中使用数据，则此时作用域与父级作用域相同。

（2）插槽中不能够访问子组件的作用域。

（3）父级模板内容和子模板内容都是在各自的作用域中编译的。当要想在一个插槽中使用数据时，该插槽可以访问与模板其余部分相同的实例 property（即相同的“作用域”）。插槽不能访问<my-comp>的作用域，所以如下代码中在使用<my-comp>组件中传入的内容是访问不到 compData.name 这个数据的，但在定义 my-comp 组件时可以访问到 compData.name。

```
        <my-comp>
            <!-- 访问该作用域中的某个数据 compData.name----{{compData.name}} -->
            访问该作用域中的某个数据 fatherData----{{fatherData}}
        </my-comp>

    const { ref } = Vue
        const MyComp = {
            name: 'my-comp',
            template:'
            <p>my-comp 组件</P>
            <p>访问该作用域中的某个数据 compData.name----{{compData.name}}</p>
            <button>
                <slot></slot>
            </button>'
            ,
            data(){
                return{
                    compData: {
                        name: '插槽所在作用域的数据 CompData 的 name 属性值'
                    }
                }
            }
        }
        const App = Vue.createApp({
            components: {
                'my-comp': MyComp
            },
            setup(){
                const fatherData = ref('test');
                return {
                    fatherData
                }
            }
        });
```

4.6.3　插槽的备用内容

默认传入<slot></slot>时，在使用组件时不传入内容，那么该插槽处不会渲染任何东西，但是有时候希望一个插槽设置的具体的备用（也就是默认的）内容是有用的，它只会在没有提供内容的时候被渲染。例如在一个<my-comp>组件中：

```
<button type="submit">
   <slot></slot>
</button>
```

如果该组件中大多数情况下是希望能够渲染出文本 submit，则可以将 submit 作为备用内容，即可以将它放入<slot></slot>标签内部：

```
<button type="submit">
   <slot>submit</slot>
</button>
```

那么此时使用<my-comp></my-comp>组件时，不给插槽提供任何内容，也会渲染 submit，如果提供一个文本内容 hello，则该提供的内容将会被渲染出来从而替代备用内容 submit：

```
<my-comp>
   hello
</my-comp>
```

4.6.4　具名插槽

具名插槽就要为每个插槽都提供一个名字，从而在使用时能够对不同的插槽提供不同的需要内容。比如如下组件模板内需要多个插槽，将不同的内容放在对应的位置：

```
template: '
          <div class="container">
              <header>
              <!-- 希望把页头内容放这里 -->
              </header>
              <main>
              <!-- 希望把主要内容放这里 -->
              </main>
              <footer>
              <!-- 希望把页脚内容放这里 -->
              </footer>
          </div>
          '
```

对于这样需要多个插槽的，可以使用<slot>元素的一个特殊属性，即 name 属性，来为不同的插槽提供名称，以便于区分不同的插槽，没有提供 name 属性的就表示默认插槽，其会隐式地带有一个 default 名称：

```
<div class="container">
```

```
        <header name="header">
          <slot name="header"></slot>
        </header>
        <main>
          <slot ></slot>
        </main>
        <footer>
          <slot name="footer"></slot>
        </footer>
</div>
```

在使用的时候，可以通过<template>的 v-slot 指令，以参数的形式为其提供名称，那么<template>元素中的所有内容都将被传入相应的插槽：

```
<my-comp>
    <template v-slot:header>
      <h1>头部内容</h1>
    </template>

    <template v-slot:default>
      <p>主要内容</p>
      <p>其他内容</p>
    </template>

    <template v-slot:footer>
      <p>页脚内容</p>
    </template>
</my-comp>
```

所以最终渲染后的 HTML 如下：

```
<my-comp>
    <header>
      <h1>头部内容</h1>
    </header>

    <main>
      <p>主要内容</p>
      <p>其他内容</p>
    </main>

    <footer>
      <p>页脚内容</p>
    </footer>
</my-comp>
```

4.6.5 作用域插槽

作用域插槽是一种特殊类型的插槽，其作用就是让插槽内容能够访问子组件中才有的数据。因为正常情况下，插槽内容是无法访问到子组件内部的数据的。比如如下场景：自定义一个组件<my-list>，该组件是用于渲染一个列表项目的数组。

```
const MyList = {
        name: 'my-list',
        template: '
        <ul>
            <li v-for="(list,index) in lists">
                {{list}}
            </li>
        </ul>
        '
    }
    const App = Vue.createApp({
        components: {
            'my-list': MyList
        }
    });

data(){
    return {
      lists: ['list1','list2','list3']
    }
}
```

这样可以直接访问到 lists 渲染每个 list，但是如果想要自定义每个列表项的渲染方式时，直接将{{list}}改为<slot></slot>，然后在父组件中使用该组件直接向插槽中访问 list 是不行的：

```
    <my-list>
        <i class="fas fa-check"></i>
        <span class="green">{{ list }}</span>
    </my-list>
```

因为父组件中不存在 list 数据，只有<my-list>组件本身可以访问 list，所以要想达到这个效果就需要将 list 提供给父组件，这可以通过作用域插槽实现，即要使 list 可用于父级提供的插槽内容，可以添加一个<slot>元素并将 list 作为一个属性绑定在 slot 标签上：

```
<ul>
   <li v-for="(list,index) in lists">
      <slot :list="list"></slot>
   </li>
</ul>
```

一个 slot 标签上可以绑定许多属性：

```
<ul>
     <li v-for="(list,index) in lists">
        <slot :list="list" :idx="index"></slot>
     </li>
</ul>
```

这些属性被称为插槽 prop，通常将包含所有插槽 prop 的对象命名为 slotProps，但也可以使用任意其他的名称来表示包含所有插槽 prop 的对象，然后在父级作用域中，使用 template 带值的 v-slot 属性来定义提供的插槽 prop 的名字。所以作用域插槽的关键在于给 slot 标签绑定想要访问子组件的数据和使用 v-slot 来实现在父组件作用域中通过插槽内容来访问子组件的数据：

```
<my-list>
   <template v-slot:default="slotProps">
     <span>{{ slotProps.idx }}</span></br>
     <span class="green">{{ slotProps.list }}</span>
   </template>
</my-list>
```

上述代码中 v-slot:default="slotProps"的 v-slot 有一个默认参数 default，表示默认插槽，相当于直接使用 v-slot="slotProps"，这就是默认插槽的缩写形式，表示当被提供的内容只有默认插槽时，组件的标签才可以被当作插槽的模板来使用。

作用域插槽完整代码如下：

```
<body>
   <div id="app">
       <h3>作用域插槽</h3>
       <my-list>
           <template v-slot:default="slotProps">
               <span>{{ slotProps.idx }}</span></br>
               <span class="green">{{ slotProps.list }}</span>
           </template>
       </my-list>
   </div>

   <script>
       const MyList = {
           name: 'my-list',
           template: '
           <ul>
               <li v-for="(list,index) in lists">
                   <slot :list="list" :idx="index"></slot>
               </li>
           </ul>'
           ,
           data(){
```

```
                return {
                    lists: ['list1','list2','list3']
                }
            }
        }
        const App = Vue.createApp({
            components: {
                'my-list': MyList
            }
        });
        App.mount('#app');
    </script>
</body>
```

有一个需要特别注意的地方，就是当使用默认插槽的缩写语法时，不能够与具名插槽一起使用，因为它会导致作用域不明确，所以如下形式的代码是不会生效的：

```
<my-list>
        <!-- 不会生效，导致警告 -->
        <template v-slot="slotProps">
            <span>{{ slotProps.idx }}</span></br>
            <span class="green">{{ slotProps.list }}</span>
        </template>

        <template v-slot:other="otherSlotProps">
            具名插槽other默认内容
          </template>
</my-list>
```

只要出现多个插槽，就应该使用具名插槽的完整template语法，代码如下：

```
        <template v-slot:default="slotProps">
            <span>{{ slotProps.idx }}</span></br>
            <span class="green">{{ slotProps.list }}</span>
        </template>

        <template v-slot:other="otherSlotProps">
            具名插槽other默认内容
          </template>
    </my-list>
```

4.6.6 解构插槽 props

由于作用域插槽 props 其实是一个对象，所以可以使用 ES6 中的解构赋值语法来将slotProps中的属性解构出来直接使用：

```
    <my-list>
        <template v-slot="{list, idx}">
```

```
        <span>{{ idx }}</span></br>
        <span class="green">{{ list }}</span>
    </template>
</my-list>
```

上述代码将 slot 中绑定的 list 和 idx 属性从 slotProps 中解构出来，这样就可以直接使用了。这样可以使模板更简洁，尤其是在该插槽提供了多个 prop 的时候。同样也可以为插槽属性 prop 进行重命名等操作，例如将 list 重命名为 item，idx 重命名为 i：

```
<my-list>
    <template v-slot="{list: item, idx: i}">
        <span>{{ item }}</span></br>
        <span class="green">{{ i }}</span>
    </template>
</my-list>
```

4.6.7 动态插槽与具名插槽的缩写

动态指令参数也可以用在 v-slot 上来定义动态的插槽名，比如有一个变量 dynamicSlotName，要将该变量对应的值当作插槽名，则可以使用[]将该变量传入：

```
<template v-slot:[dynamicSlotName]>
    <!-- ... -->
</template>
```

和 Vue 中 v-on、v-bind 等指令含有缩写形式一样，v-slot 也有缩写，即把参数之前的所有内容（v-slot:）替换为字符#。例如 v-slot:header 可以被重写为#header，v-slot:main 可以被重写为#main，代码如下：

```
<my-comp>
    <template #header>
        <h1>头部内容</h1>
      </template>

      <template #default>
        <p>主要内容</p>
        <p>其他内容</p>
      </template>

      <template #footer>
        <p>页脚内容</p>
      </template>
</my-comp>
```

但是因为是通过 v-slot:的形式转换成#的，所以该缩写只在其有参数的时候才可以使用，下述形式是无效的：

```
<my-comp #="{item}">
```

```
    <span class="green">{{ item }}</span>
</my-comp>
```

所以如果希望使用缩写形式的话，必须始终有明确的插槽名，即只能使用以下形式才有效：

```
<my-comp #default="{item}">
    <span class="green">{{ item }}</span>
</my-comp>
```

4.7 本章小结

本章主要介绍了 Vue 的基础语法，包括实例与组件的创建、模板语法的使用、Vue 实例中的方法、计算属性与监听器的应用，也介绍了在 Vue 中如何实现动画效果及 Vue 的插槽的用法。

第 5 章 Vuex 快速入门

在 Vue 项目开发中，特别是大型项目，总会涉及在多个多层级组件之间进行传值或者多个组件共享一个状态的问题，所以本章将介绍解决状态共享与状态管理问题的、Vue 官方提供的插件 Vuex，它是一个状态管理工具。本章将详细介绍 Vuex 的核心知识点、安装步骤及其使用方法。

本章主要涉及的知识点有：

- Vuex 核心概念
- Vuex 的安装与使用
- Vuex 适用场景

5.1 什么是状态管理模式

Vuex 的官方解释是一个专为 Vue.js 应用程序开发的状态管理模式，采用集中式存储管理应用的所有组件的状态，并以相应的规则保证以一种可预测的方式发生变化。简单来说，Vuex 其实就是一个存放多个组件共用的数据的一个容器，存放的数据一变，各个组件都会自动更新，即存放的数据是响应式的。

比如一个简单的计数器组件，其代码如下：

```
<!-- view 视图部分 -->
<div id='add-app'>
    <button @click='addNum'>加 1</button>
    <div>结果为<span>{{result}}</span></div>
</div>
<script>
    const AddApp = {
        // state 状态
        data: function(){
            return {
                result:0
            }
```

```
            },
            // actions
            methods: {
                addNum(){
                    this.result+=1;
                }
            }
        }
        const app = Vue.createApp(AddApp).mount('#add-app')
    </script>
```

该组件就是一个 Vue 实例，它通过 data 对象管理状态数据，这一部分可以看作 state 部分。通过 view 视图（即<template></template>部分）来实现将数据绑定到视图上，用户通过与视图进行交互，即通过 methods 方法触发 Actions（行为）来改变当前组件的状态。它可以看作一个简单的状态管理，如图 5.1 所示，其中整个数据的流向是单向的，简单清楚。但是当有多个组件需要共享同一个状态时就会打乱这种结构，比如多个视图依赖于同一状态或者来自不同视图的行为需要变更同一状态，这两种情况就需要 Vuex 来解决了，通过 Vuex 能把组件的共享状态抽取出来，以一个全局单例模式来进行状态管理。

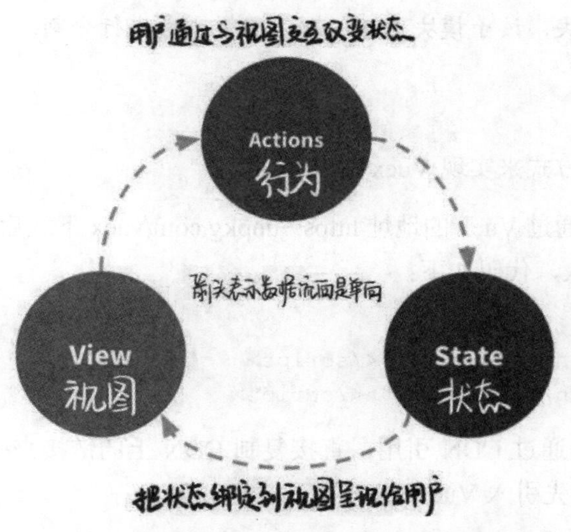

图 5.1　简单状态管理的单向数据流

5.2　Vuex 概述

每一个 Vuex 应用的核心就是 store。store 基本上就是一个容器，它包含着应用中大部分的状态。Vuex 的状态存储是响应式的，当 Vue 组件从 store 中读取状态的时候，若 store 中的状态发生变化，那么相应的组件也会自动更新。不能直接改变 store 中的状态，改变的唯一途径就是显式地提交 mutation。

5.2.1 Vuex 的组成

在 Vuex 中有默认的五个核心概念，分别是 state、Getter、Mutation、Action、Module。

- state 是 Vuex 中的数据源，所有需要的数据就保存在 state 对象中，可以在页面通过 this.$store.state 来获取定义的数据与改变相应的状态变量值。
- Getter 类似于 Vue 中的 computed 计算属性，可以用于监听 state 中的值的变化，返回计算后的结果。Getter 的返回值也会根据它的依赖被缓存起来，且只有当它的依赖值发生了改变才会被重新计算。通过属性访问 Getter 会暴露为 store.getters 对象，可以以属性的形式访问这些值，比如 this.$store.getters.xxx。
- Mutation 对象是用于更改 Vuex 的 store 中的状态，其更改的唯一方法是显式提交 mutation，即通过 this$store.commit()来提交 mutation，并且 Mutation 中的函数必须是同步函数。
- Action 是通过提交 mutation 来间接地变更状态，而不是直接修改状态，Action 对象中的函数可以包含任何异步的操作。
- Module 是 Vuex 为了防止由于项目过于复杂造成 store 对象变得臃肿，允许开发人员将 store 分割成模块，每个模块拥有自己独立的 state、mutation、action、getter，甚至是嵌套子模块，该子模块也可以利用同样方式进行分割。

5.2.2 安装 Vuex

我们可以通过三种方式来实现 Vuex 的安装。

（1）第一种方式是通过 Vuex 的地址 https://unpkg.com/vuex 下载后存放在一个文件夹中，然后通过 script 标签引入，代码如下：

```
// 直接下载引入
<script src="/path/to/vue.js"></script>
<script src="/path/to/vuex.js"></script>
```

（2）第二种方式是通过 CDN 引用，直接复制 CDN 上的链接来引入。但需要注意的是，要想使用 Vuex，必须首先引入 Vue。代码如下：

```
// CDN 方式引入
<script
src="https://cdn.bootcdn.net/ajax/libs/vuex/4.0.2/vuex.cjs.js"></script>
```

（3）第三种方式是通过 npm 来安装 Vuex：

```
npm install vuex --save

// Vue 3
npm install vuex@next --save-dev
```

在一个模块化的打包系统中，即使已经通过 npm 安装了 Vuex，也还必须显式地通过

Vue.use()来使用 Vuex：

```
import Vue from 'vue'
import Vuex from 'vuex'

Vue.use(Vuex)
```

5.2.3　一个简单的 store

新建一个.html 文件，头部引入 Vue 文件，创建两个组件实例 AppOne 和 AppTwo，再创建一个 store 对象，该对象表示将所有共享的状态以及改变状态的方法都存储在此处。其中包含一个 state 对象，里面存储着一个响应式 result 结果状态变量，初始为 0；addResultAction 方法，该方法会使得 result 状态变量增加 1；subResultAction 方法会使得 result 状态变量减 1。然后组件 AppOne 的 data 中会返回 store.state 并绑定单击事件来调用 store.addResultAction()方法从而将结果显示出来。同样地，组件 AppTwo 的 data 中会返回 store.state 并绑定单击事件来调用 store.subResultAction()方法从而将结果显示出来。结果发现，两个组件中的 sharesState.result 结果会一同变化。这就说明通过一个简单的 store 来存储共享状态，能够实现不同组件之间共享该状态，同时在某个组件内对其 state 进行修改也会相应地在其他使用该状态的组件中实时地进行修改并显示出来。

```
<script src="./js/vue3.js"></script>

<body>
      <div id='app-one'>
         <p @click="addNum">我是{{msg}}，点击我加一</p>
         <p>{{sharesState.result}}</p>
      </div>
      <div id='app-two'>
         <p @click="subNum">我是{{msg}}，点击我减一</p>
         <p>{{sharesState.result}}</p>
      </div>
   <script>
      const { createApp, reactive } = Vue;
      const store = {
         state: reactive({
            result: 0
         }),
         addResultAction() {
            this.state.result += 1
         },
         subResultAction() {
            this.state.result -= 1
         }
      }
      // 加一组件实例
      const AppOne = createApp(
         {
```

```
                // state 状态
                data: function () {
                    return {
                        msg: '我是 AppOne',
                        sharesState: store.state
                    }
                },
                methods: {
                    addNum() {
                        console.log(1)
                        store.addResultAction();
                    }
                }
            }
        ).mount('#app-one');

        // 减一组件实例
        const AppTwo = createApp(
            {
                // state 状态
                data: function () {
                    return {
                        msg: '我是 AppTwo',
                        sharesState: store.state
                    }
                },
                methods: {
                    subNum() {
                        console.log(2)
                        store.subResultAction();
                    }
                }
            }
        ).mount('#app-two');
    </script>
</body>
```

store 实例效果如图 5.2 所示。

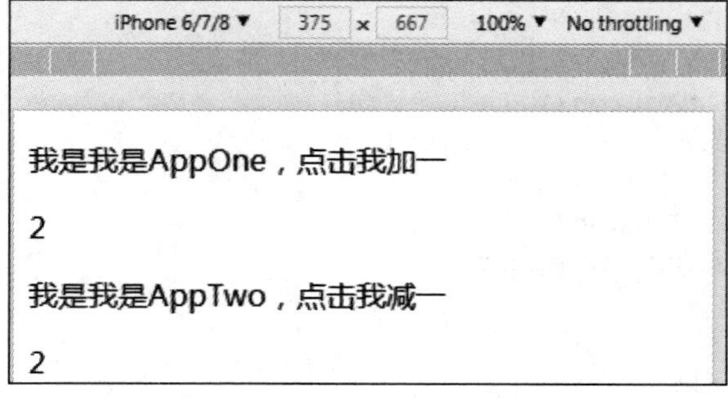

图 5.2　store 实例效果

Vuex 是通过 store 选项提供了一种机制将状态从根组件“注入”到每一个子组件中，需调用 Vue.use(Vuex)。一般是在根实例中注册 store 选项，该 store 实例会注入到根组件下的所有子组件中，且子组件能通过 this.$store 访问到。如下代码所示：

```
import { createApp } from 'vue'
import App from './App.vue'
import store from './store'

createApp(App).use(store).mount('#app')
```

通过在 main.js 入口文件中引入 store 文件，并通过 use()来使用 store 实例。这样在全局任何地方都可以使用 store 中的内容了。

一个 store 实例具体包括的内容有 state、mutations、actions 和 modules 等。如下代码所示：

```
import { createStore } from 'vuex'

export default createStore({
  state: {
  },
  mutations: {
  },
  actions: {
  },
  modules: {
  }
})
```

5.3 state

state 是 Vuex 中最重要的一个概念，表示状态，保存在 store 中，因为 store 是唯一的，所以相应的 state 也是唯一的，通常将 state 称为单一状态树，state 中的状态是响应式的。

1. 普通用法

比如在 state 中定义一个 count 状态变量初始值为 0，则在其他组件中可以通过 this.$store.state.count 来访问该 count 变量。如下代码所示：

```
state: {
  count: 0
},

<div>count 值为:{{ this.$store.state.count }}</div>
```

页面上展示效果如图 5.3 所示。

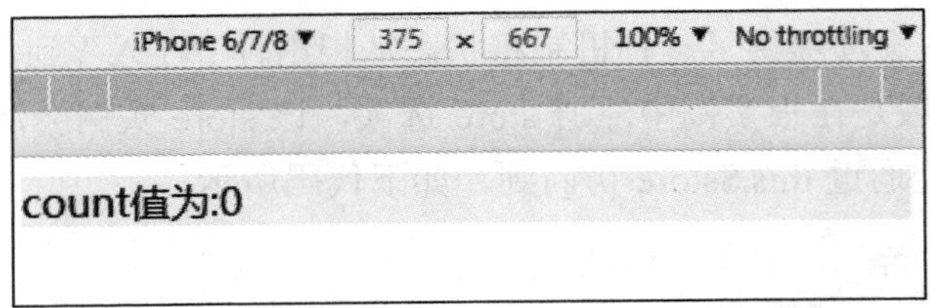

图 5.3　访问 count 变量

也可以将状态变量通过 computed 计算属性来返回，这样每当 store.state.count 发生变化的时候都会重新求取计算属性，并且触发更新相关联的 DOM。

```
<div>count 值为:{{ count }}</div>

computed: {
  count () {
    return this.$store.state.count
  }
}
```

2. mapState 辅助函数用法

当一个组件需要获取多个 state 状态的时候，如果将这些状态都声明为计算属性，那么看起来会有些重复和冗余。为了解决这个问题，可以使用 mapState 这个辅助函数来生成计算属性，不仅能简化代码的书写，而且能够达到同样的作用，如下代码所示：

```
<div>
  <div>count 值为:{{ count }}</div>
  <div>countAlias 值为:{{ countAlias }}</div>
</div>

import { mapState } from 'vuex'

computed: mapState({
  // 箭头函数可使代码更简练
  count: state => state.count,
  // 传字符串参数 'count' 等同于 'state => state.count'
  countAlias: 'count',
})
```

要使用 mapState 辅助函数必须显示地通过 Vuex 来引入该方法，然后可以在 mapState 函数中传入一个对象，里面的属性为要使用的状态。可以通过箭头函数来简化代码的书写，并且可以给状态变量起别名，但是别名所对应的状态变量名必须用字符串来表示，如上代码中的 countAlias: 'count'。页面显示效果如图 5.4 所示。

count值为:0
countAlias值为:0

图 5.4　使用 mapState

当映射的计算属性的名称与 state 的子节点名称相同时，也可以给 mapState 传入一个字符串数组。如下代码，声明两个 state 变量 count:0 和 name: 'hello'，通过给 mapState 传入一个字符串数组，里面每一项对应一个同名的 state 状态变量名，这样即可对应地映射。

```
  <div>
    <div>count 值为:{{ count }}</div>
    <div>name 值为:{{ name }}</div>
  </div>

 state: {
   count: 0,
   name: 'hello'
  },

computed: mapState([
   // 映射 this.count 为 store.state.count
   'count',
   // 映射 this.name 为 store.state.name
   'name'
  ])
```

由于 mapState 函数返回的是一个对象，所以可以利用 ES6 提供的对象展开运算符来取出各项，从而极大地简化代码的书写。如下代码，使用对象展开运算符，会默认传递参数 state，在函数中直接使用就可以了，mapState 的上面几种书写方式可以混合使用。

```
  computed: {
    // 展开运算符
    ...mapState({
      count: state => state.count,
      name: state => state.name
    })
  }
// 或者
  computed: {
    // 展开运算符
    ...mapState([
      'count',
      'name'
    ])
  }
```

5.4 Getters

上一小节中介绍了 Vuex 的第一个核心概念 State，它是用来存放数据的，那如果要对数据进行一系列处理然后再输出，比如数据要过滤，一般我们可以写到 computed 中。但是如果很多组件都要使用这个过滤后的数据，比如组件 A 和组件 B 都需要使用该过滤后的数据，此时可以用 Getters 来实现，可以将 Getters 认为是 store 的计算属性。和 Vue 中的计算属性一样，Getters 的返回值会根据它相关的依赖被缓存起来，且只有当它的依赖值发生了改变才会被重新计算。

1. 基本用法

首先 Getters 可以接受一个 state 作为第一个参数。例如有一个学生信息列表数据 studentInfo，里面存储了每个学生的信息，包括姓名、年龄、性别和分数，要求获取分数在 90 分及以上的同学的信息，并将它们显示在页面上。可以通过在 Getters 属性中定义一个过滤后的函数 filterStudent，其中传入 state 作为第一个参数来获得过滤后的数据，代码如下：

```
export default createStore({
  state: {
    // count: 0,
    // name: 'hello'
    studentInfo: [
      { name: 'zhangsan', age: 18, sex: 'male', score: 90 },
      { name: 'lis', age: 19, sex: 'female', score: 85 },
      { name: 'wangwu', age: 19, sex: 'male', score: 93 },
      { name: 'qiyi', age: 17, sex: 'female', score: 88 }
    ]
  },
  getters: {
    filterStudent: state => {
      return state.studentInfo.filter(student => student.score>=90)
    }
  },
})
```

相应地，Getters 会将 store.getters 这个对象给暴露出去，可以以属性的形式在页面中访问这些在 Getters 中定义的值。

```
<div>过滤后的学生信息为:{{$store.getters.filterStudent}}</div>
```

页面显示效果如图 5.5 所示。

```
过滤后的学生信息为:[ { "name": "zhangsan", "age": 18, "sex": "male", "score": 90 }, { "name": "wangwu", "age": 19, "sex": "male", "score": 93 } ]
```

图 5.5　Getters 过滤

为了更加直观地展示过滤后的数据，可以用 v-for 循环通过 ul 和 li 标签来渲染，如图 5.6 所示。

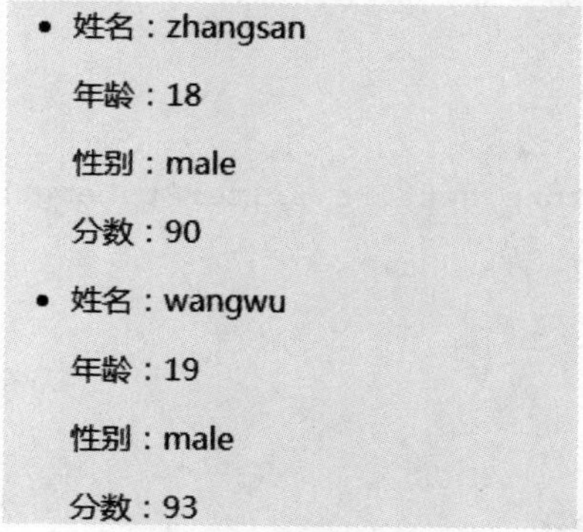

- 姓名：zhangsan

  年龄：18

  性别：male

  分数：90

- 姓名：wangwu

  年龄：19

  性别：male

  分数：93

图 5.6　展示过滤后的数据

Getters 也可以接受其他 getters 作为第二个参数，即第一个参数 state 是取相应的数据，第二个参数 getters 是可以调用 getters 对象中的方法。比如要获取该过滤后的学生信息列表的长度，就可以传入 getters 作为第二个参数，然后得到滤后的数据的长度。上例过滤后学生数据有 2 条：

```
  getters: {
    filterStudent: state => {
      return state.studentInfo.filter(student => student.score>=90)
    },
    filterStuLength: (state, getters) => {
      return getters.filterStudent.length
    }
  },

<div>过滤后的学生有{{$store.getters.filterStuLength}}个</div>
```

这样通过 Getters 可以更加方便地进行重复使用，比如想在子组件 Child 中使用 filterStuLength，直接通过 store.getters.filterStuLength 获取即可。

```
// Child.vue
<template>
  <div class="child">
    <div>我是子组件，我使用 getters 中的内容 filterStuLength 为:{{filterStuLength}}
</div>
  </div>
</template>

<script>
export default {
  name: 'Child',
  props: {
```

```
  },
  computed: {
      filterStuLength(){
          return this.$store.getters.filterStuLength
      }
  }
}
</script>

// 父组件
<template>
  <div>
    <child />
  </div>
</template>

<script>
import Child from './components/Child.vue'
export default {
  name: 'App',

  components: {
    Child
  },
}
</script>

<style lang="less">
#app {
  background-color: yellow;
}
</style>
```

2. mapGetters 辅助函数

mapGetters 辅助函数同 mapState 辅助函数用法类似，它仅仅是将 store 中的 getters 映射到局部计算属性中去。比如使用 mapGetters 来获取之前定义的 filterStudent 和 filterStuLength，可以表示为如下两种方式。

（1）使用对象展开运算符将 getters 混入 computed 对象中，首先可以传入数组：

```
import { mapGetters } from 'vuex'

  computed: {
    // 使用对象展开运算符将 getter 混入 computed 对象中
```

```
    ...mapGetters([
      'filterStudent',
      'filterStuLength'
    ])
  }
```

然后直接调用即可获得同样的效果：

```
<template>
   <div>过滤后的学生信息为:{{filterStudent}}</div>
   <ul>
     <li v-for="item in filterStudent" :key="item.name">
     <p>姓名：{{item.name}}</p>
     <p>年龄：{{item.age}}</p>
     <p>性别：{{item.sex}}</p>
     <p>分数：{{item.score}}</p>
     </li>
   </ul>
   <div>过滤后的学生有{{filterStuLength}}个</div>
  </div>
</template>
```

（2）也可以传入对象，重新取一个别名：

```
computed: {
  ...mapGetters({
    // 把 'this.filterStu' 映射为 'this.$store.getters.filterStudent'
    // 把 'this.filterStuLen' 映射为 'this.$store.getters.filterStuLength'
    filterStu: 'filterStudent',
    filterStuLen: 'filterStuLength'
  })
}
```

5.5 Mutations

Vuex 官方提供的周期图如图 5.7 所示，在 Vue 组件（绿色部分）中如果要想修改 state（紫色部分），紫色部分的上一级就只有 Mutations，所以，要是想要修改 state 中的值，就只能通过提交 Mutations 这一个方法来实现。所以更改 Vuex 的 store 中的状态的唯一方法是通过提交 Mutations。

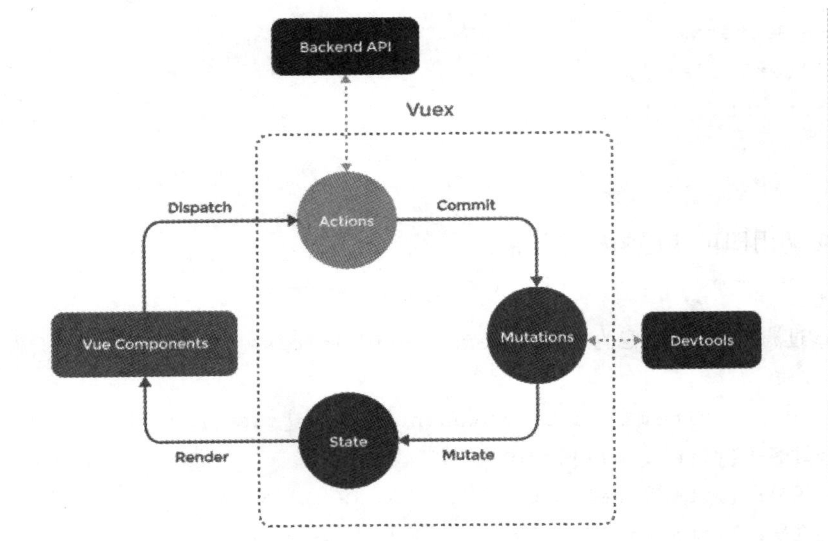

图 5.7 Vuex 周期图

1. 基本用法

那如何通过 Mutations 来修改状态呢？首先 Mutations 其实是类似于事件的：每个 Mutation 都有一个字符串的事件类型（type）和一个回调函数（handler）。这个回调函数就是进行状态更改的地方，并且它会接受 state 作为第一个参数。比如 state 中有一个 count 初始为 0，要想实现每次单击按钮使 count 增加 1 这个效果，其实就是修改 state，即在 mutations 属性中定义一个使 count 增加 1 的方法 add()。

```
mutations: {
  add(state){
    // 修改 count 状态
    state.count++;
  }
},
```

由于不能直接通过 store.mutations.add()来调用，必须使用 store.commit 来触发对应类型的方法，所以只能通过 store.commit('add')的方式来提交 Mutation，从而修改 count 状态变量的值。

```
<button @click="add">点击加一</button>
<p>count 结果为{{$store.state.count}}</p>

 methods: {
   add(){
     this.$store.commit('add')
   }
 }
```

通过给按钮绑定单击事件从而在事件方法内部通过 this.$store.commit('add')传入要提交的 add 给这个 Mutation，效果如图 5.8 所示。

点击加一

count结果为4

图 5.8 提交 Mutation

2. 提交荷载

提交荷载（payload）即所谓的向函数中传入参数，不过在 Vuex 中通过 store.commit()来传入额外的参数通常被称为提交荷载。可以简单地将荷载看作一个对象。比如现在修改需求，单击按钮不再加 1 而是增加 n，这个 n 是通过参数传入给提交方法的。如下代码表示每单击一次按钮，增加 10，通过 this.$store.commit('add', 10)提交对应的 type（为'add'）和参数 n（为 10）即可达到目的：

```
mutations: {
  add(state, n){
    // 修改 count 状态
    state.count += n;
  }
},

methods: {
  add(){
    this.$store.commit('add', 10)
  }
}
```

而 payload 为对象的情况如下：

```
mutations: {
  add(state, payload) {
    state.count += payload.count
  }
}
```

在这种情况下，提交的方式有两种：把载荷和 type 分开提交或者把整个对象（直接使用包含 type 属性的对象）都作为载荷传给 commit 函数。

```
// 1. 把载荷和 type 分开提交
store.commit('add', {
  count: 10
})

// 2. 整个对象都作为载荷传给 mutation 函数
store.commit({
  type: 'add',
  count: 10
})
```

3. Mutations 的使用规则

第一点为增添属性规则。既然 Vuex 的 store 中的状态是响应式的，当改变状态时，绑定该状态的 Vue 组件也会自动更新。这也就表示 Vuex 中的 Mutations 也需要与 Vue 一样，遵守一些注意事项，比如简单基本数据类型的修改没什么限制，但是如果修改的是对象类型，就必须遵守一定规则。由于 Vue 的响应式是无法检测到是否给对象添加了属性，必须使用 Vue.set(obj, 'newProp',newValue)的方式来实现，所以在 Mutations 中如果要给一个对象添加一个属性也要使用 Vue.set()的方式，或者通过扩展运算符以新对象替换老对象的方式来实现。如下 state 有一个 student 对象，它有属性 name、age 和 sex，现在要给该对象添加一个新的 address 属性，可通过如下方式来添加：

```
export default createStore({
  state: {
    student: {
      name: 'xiaohua',
      age: 17,
      sex: '女'
    }
  },
  mutations: {
    addAddress(state, address){
      Vue.set(state.student, 'address', address)
      // 或者
      // state.student = { ...state.student, address: address }
    }
  },
})
```

然后通过 this.$store.commit('addAdress','北京')来提交，最后的 student 属性值就多了一个 address 属性。

第二点为需要使用常量来替代 Mutations 事件类型的名字。如下两段代码，首先使用一个常量来定义一个 Mutations 事件，叫作 SOME_MUTATION，并将其导出。然后在要使用的文件中引入该事件类型常量，使用 ES6 风格的计算属性命名功能（即中括号）来使该常量作为函数名。

```
// mutation-types.js
export const SOME_MUTATION = 'SOME_MUTATION'

// store.js
import Vuex from 'vuex'
import { SOME_MUTATION } from './mutation-types'

const store = new Vuex.Store({
  state: { ... },
  mutations: {
```

```
    // 使用 ES2015 风格的计算属性命名功能来使用一个常量作为函数名
    [SOME_MUTATION] (state) {
      // mutate state
    }
  }
})
```

这样做看起来比较烦琐，那为什么还要这么做呢？Vuex 是通过 store.commit('add')的方式来提交 Mutations 的，此处提交的事件类型名为 add，是以字符串的形式传入的。如果项目比较大，设计的页面非常多，使用的事件类型名也特别多，这时候因为需要提交的方法很多，会显得特别混乱，而且以字符串形式传入，一旦出错，很难排查到出错的原因和地方。而通过常量的形式，对于调试排错是非常友好的。当然较小的项目，完全可以不使用常量的方式。

第三点也是非常重要的一点，就是 Mutations 必须是同步函数。通过提交 Mutations 的方式来改变状态数据，可以更明确地追踪到状态的变化。但是如果 Mutations 是一段异步函数，通过接口方法请求服务器的数据：

```
mutations: {
  someMutation (state) {
    api.callAsyncMethod(() => {
      state.count++
    })
  }
}
```

由于该 Mutations 是异步操作，无法确定该状态会在什么时候发生改变，所以也就无法追踪到该状态的变化。这与设计 Mutations 的目的相反，所以 Vuex 规定 Mutations 必须是同步函数，当提交的时候，任何由该 Mutations 触发的状态变更都将在此刻完成。

比如 state 中有一个记录信息 logInfo，它是一个对象，有 id、message 和 type 三个属性，初始化为如下：

```
state: {
  logInfo: {
    id: 1,
    message: '我是未被修改的 msg',
    type: 'warn'
  }
}
```

如果直接在 Mutations 中通过异步的方式修改 message，使用 setTimeout 延迟一秒改变 message 内容，如下：

```
mutations: {
  changeMessage(state){
    // 异步修改
    setTimeout(()=>{
      state.logInfo.message = '我是修改后的 message'
```

```
        },1000)
      }
    }
```

通过在 Mutations 中执行异步函数得到的结果如图 5.9 所示，虽然界面上内容相应改变了，但是使用 Devtool 查看 logInfo，可以看见 message 是未被修改的。这是因为当在 Mutations 中进行异步操作时，Devtool 在跟踪时无法实时跟踪到记录，就导致记录了错误的信息。

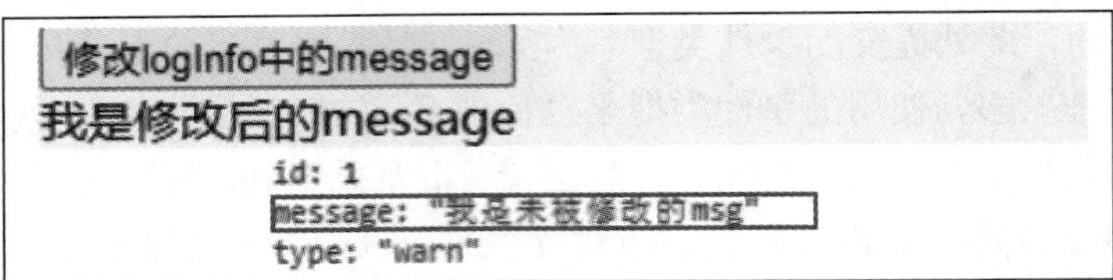

图 5.9　Devtool 无法追踪

4. mapMutations 辅助函数

mapMutations 辅助函数同之前的 mapState 和 mapGetters 的使用方法都是类似的，有了 mapMutations 辅助函数，除了可以在组件中使用 this.$store.commit('xxx')方式来提交 mutation，还多了一种方式，就是使用 mapMutations 辅助函数将组件中的 methods 映射为 store.commit 调用，将上一小节中的 mutation：'add'和'addAddress'通过辅助函数结合展开运算符来进行使用，代码如下：

```
  methods: {
    ...mapMutations([
      'add', // 将 'this.add()' 映射为 'this.$store.commit('add')'

      // 'mapMutations' 也支持载荷
      'addAddress' // 将 'this.addAddress(address) ' 映射为 'this.$store.commit
('addAddress', address)'
    ]),
    ...mapMutations({
      up: 'add' // 将 'this.up()' 映射为 'this.$store.commit('add')'
    })
  }
```

5.6 Actions

由于在 Mutations 中不能使用异步操作，因此 Vuex 提供 Actions 来执行异步代码，即在 store 实例中添加一个 actions 的属性，在其内部可以存放异步函数。Actions 类似于 Mutations，但是与 Mutation 不同之处在于：① Actions 提交的是 Mutations，而不是直接变更状态；② Actions 可以包含任意异步操作。

1. 基本使用

Actions 使用方式和 Mutations 类似，但是有两点不同:

（1）首先是传入的参数不同：Actions 传入的参数只有一个，是 context。该 context 参数是一个对象，它是一个与 store 实例有相同属性和方法的对象，所以 context 也有 commit 等方法，可以通过 context.commit 提交一个 mutation，或者通过 context.state 和 context.getters 来获取 state 和 getters。比如可以使用 context.commit('add')来提交 Mutations 中的 add 方法。

```
import { createStore } from 'vuex'

export default createStore({
  state: {
    count: 0,
    mutations: {
    add(state){
      state.count += 1;
    },
  },
  actions: {
    add (context) {
      context.commit('add')
    }
  },
})
```

由于 context 是一个对象，所以可以使用 ES6 的参数解构来简化代码，特别是当需要调用 commit 很多次的时候，可以大大简化代码。

```
add ({commit}) {
  commit('add')
}
```

（2）第二个不同的地方在于 Actions 的调用方式，它是使用 dispatch 调用，而不是使用 commit，也将它称作分发 Actions，即 Actions 通过 store.dispatch 方法触发。

```
store.dispatch('add')
```

例如要将之前的 logInfo 中的 message 进行异步改变，则可以先在 mutations 属性中定义修改 message 的方法 changeMessage，然后在 actions 中通过 context.commit 来异步提交 changeMessage 这个 Mutation。

```
export default createStore({
  state: {
    logInfo: {
      id: 1,
      message: '我是未被修改的msg',
      type: 'warn'
```

```
    }
  },
  mutations: {
    changeMessage (state) {
      state.logInfo.message = '我是修改后的 message'
    }
  },
  actions: {
    changeInfo (contetx) {
      setTimeout(() => {
        contetx.commit('changeMessage')
      }, 1000)
    }
  },
})
```

然后通过使用 store.dispacth('changeMessage')来分发 Action，即可实现页面中 message 改变并且 Devtool 中也能检测到 message 的改变，从而记录正确的值。

```
  methods: {
    change () {
      this.$store.dispatch('changeInfo')
    }
  },

<button @click="change">修改 logInfo 中的 message</button>
<div>{{$store.state.logInfo.message}}</div>
```

2. action 传递参数（载荷）

与 Mutation 类似，Actions 也可以传递参数。首先如下进行简单的字符串参数传递：

```
    changeInfo (contetx, payload) {
      setTimeout(() => {
        contetx.commit('changeMessage')
        console.log(payload)
      }, 1000)
}
// 分发，传递字符串参数
this.$store.dispatch('changeInfo', '我是传递的参数 payload')
```

Actions 支持同样的载荷方式和对象方式进行分发，并且成功在控制台中打印出来了。

```
  actions: {
    changeInfo (contetx, payload) {
      setTimeout(() => {
        contetx.commit('changeMessage')
        console.log(payload)
      }, 1000)
```

```
    }
  },

// 以载荷的形式分发
    this.$store.dispatch('changeInfo', '我是传递的参数 payload')
    // 或者以对象的方式分发
    this.$store.dispatch({
      type: 'changeInfo',
      payload: '我是传递的参数 payload'
    })
```

3. 组合 Actions（在 Actions 内部使用 Promise）

Actions 内部都是异步操作，如何知道某个异步操作执行后，什么时候执行完毕呢？更重要的是，如何才能组合多个 Actions 来处理更加复杂的异步流程？这就必须使用到组合 Actions 了。简单来说就是当数据 commit 之后就意味着修改成功了，此时想要告诉外界数据已经修改成功了，并且还可以做别的操作以便于组合多个 Actions，该需求的实现可以用 Promise 来解决。因为 store.dispatch 可以处理被触发的 Actions 的处理函数返回的 Promise，并且 store.dispatch 仍旧返回 Promise，如下代码所示：

```
  actions: {
    changeInfo (contetx, payload) {
      return new Promise((resolve, reject) => {
        setTimeout(() => {
          contetx.commit('changeMessage')
          console.log(payload)
          resolve('promise~')
        }, 1000)
      })
    }
  }

    this.$store.dispatch('changeInfo', '我是传递的参数 payload')
      .then(res => {
        console.log(res)
      })
```

上述代码的主要作用是当数据修改成功之后，就在控制台上打印 promise~。它是首先在 Actions 中返回一个 Promise，当 Actions 运行到 commit 方法时，就会执行 changeInfo 函数，然后再回调 changeInfo 函数，当成功时 resolve('promise~')，然后通过 this.$store.dispatch().then() 来获取成功后的结果，即打印 promise~。最终在控制台中可以看见的确打印了 promise~，如图 5.10 所示。

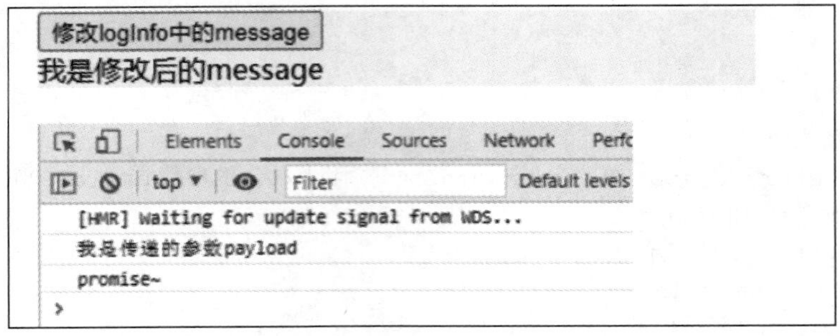

图 5.10　打印 Promise 结果

所以可以直接通过以下代码来获取 actionA 结束后的结果，即能知道 actionA 什么时候结束，此时可以在其结束时执行一些其他操作：

```
store.dispatch('actionA').then(() => {
  // ...
})
```

在另一个 actionB 中也可以直接使用 actionA 的结果来提交其他的 Mutations，从而达到组合多个 Actions 的目的：

```
actions: {
  // ...
  actionB ({ dispatch, commit }) {
    return dispatch('actionA').then(() => {
      commit('someOtherMutation')
    })
  }
}
```

并且还可以通过使用 async 和 aswait 来进一步简化代码的书写：

```
// 假设 getData()和 getOtherData()返回的是 Promise

actions: {
  async actionA ({ commit }) {
    commit('gotData', await getData())
  },
  async actionB ({ dispatch, commit }) {
    await dispatch('actionA') // 等待 actionA 完成
    commit('gotOtherData', await getOtherData())
  }
}
```

注意：一个 store.dispatch 在不同模块中可以触发多个 action 函数，但是在这种情况下，只有当所有触发函数完成后，返回的 Promise 才会执行。

5.7 Modules

modules 可以让每一个模块拥有自己的 state、mutations、actions、getters，使得结构清晰、方便管理；如果所有的状态或者方法都写在一个 store 里面，将会变得非常臃肿，难以维护。如下代码所示，将功能不同的分别放置于不同的模块，每个模块都负责自己的那部分，如下将有多个不同的模块：

```
const moduleA = {
  state: () => ({ ... }),
  mutations: { ... },
  actions: { ... },
  getters: { ... }
}

const moduleB = {
  state: () => ({ ... }),
  mutations: { ... },
  actions: { ... }
}

import { createStore } from 'vuex'
const store = createStore({
  modules: {
    a: moduleA,
    b: moduleB
  }
})
// 访问不同模块的 state
store.state.a // -> moduleA 的状态
store.state.b // -> moduleB 的状态
```

1. 基本用法

比如项目中对于登录功能，需要一个模块来存储与登录相关的状态，还有一个商品购买部分，需要一个模块来存储与商品相关的状态，则分别定义两个文件 loginStore.js 和 productStore.js，这两个文件中分别都有自己的 state、mutations、actions、getters，然后分别导出各自对应的对象。在 store.js 文件中引入 loginStore.js 和 productStore.js，然后在 store 的 modules 属性中使用即可。

```
// loginStore.js
const loginStore = {
    state: {},
    getters: {},
    mutations: {},
```

```
    actions: {}
  }
  export default loginStore;

  // productStore.js
  const productStore = {
    state: {},
    getters: {},
    mutations: {},
    actions: {}
  }
  export default productStore;

  // store.js
  import { createStore } from 'vuex'
  import loginModule from './loginStore.js';
  import productModule from './productStore.js';
  export default createStore({
    state: {},
    getters: {},
    mutations: {},
    actions: {},
    // 通过 modules 属性引入对应的模块
    modules: {
      loginModule: loginModule,
      productModule: productModule
    }
  })
```

执行上述代码后，在页面中可以通过 store.state.模块名.属性名来获取对应模块中的 state。由于以模块形式存在，就有了自己的命名空间，所以必须加上模块名来寻找。

2. 命名空间

默认情况下，模块内部的 actions、mutations 和 getters 是注册在全局命名空间的——这样使得多个模块能够对同一 mutations 或 actions 做出响应，但是如果希望该模块只能够通过模块自己来访问，使其具有更高的封装度和复用性，这时就需要命名空间，即通过添加 namespaced: true 的方式，使其成为带命名空间的模块。当模块被注册后，它的所有 getters、actions 及 mutations 都会自动根据模块注册的路径调整命名。

```
  // loginStore.js
  const loginStore = {
    namespaced: true,
    state: {},
    getters: {},
    mutations: {},
    actions: {}
```

```
}
export default loginStore;

// productStore.js
const productStore = {
    namespaced: true,
    state: {},
    getters: {},
    mutations: {},
    actions: {}
}
export default productStore ;
```

3．模块动态注册

在 store 创建之后，之前是直接通过 modules 属性来注册相应的模块的，现在也可以使用 store.registerModule 这个方法来动态注册模块，同样也可以注册嵌套模块。

```
import { createStore } from 'vuex'
import loginModule from './loginStore.js';

const store = createStore({})

// 注册模块 loginModule
store.registerModule('loginModule', loginModule)
// 注册嵌套模块 nested/myModule
store.registerModule(['nested', 'myModule'], {
  // ...
})
```

如上代码动态注册了当前路径下的 loginModule 这个模块和嵌套的模块 nested/myModule。

5.8 Vuex 适用的场合

Vuex 是一个应用状态管理库，当涉及大量状态需要多个组件共享时，可以采用 Vuex。那在什么情况下使用 Vuex 是比较推荐的呢？首先在进行一些小项目开发，不涉及大量兄弟组件或跨级组件之间的传值时，或者项目非常小、组件间共享状态不多的情况下，是完全可以不使用 Vuex 的，因为这个时候使用 Vuex 带来的益处并没有付出的时间多，此时使用简单的 store 模式或者其他方式就能满足需求了。

在一些中大型单页应用程序中，需要解决多个视图依赖同一状态、来自不同视图的行为需要变更同一状态的问题，所有满足这两个条件的项目和业务，建议使用 Vuex 进行状态管理，这样会给项目或业务本身提供更好的处理组件的状态，带来的收益也会更好些。例如比较典型的购物车案例，可能会较多地涉及多个子组件依赖同一个状态和来自不同视图的一些行为需要改变同一个状态值的情况，可以利用 Vuex 使业务逻辑更加清晰易懂，状态管理更加容易。

【例 5.1】Vuex 实现购物车案例。

该案例主要实现商品列表的显示，可以对每个商品进行添加到购物车操作，添加后会在购物车组件中显示该商品，并且可以对已经添加到购物车的商品进行数量的增加与减少操作，也会实时显示购物车里面总的商品数量和总价格。

下面分别将商品列表组件 Product.vue 和购物车列表组件 Cart.vue 在 App.vue 中引入，并在 Vuex 的 store 文件夹下的 cart.js 中定义好商品数据 all_products 和已添加到购物车的商品数据 selected，然后将该模块放入 index.js 文件的 modules 对象中，将数据通过 getters 导出，将方法通过 actions 和 mutations 导出，各个文件代码如下所示。

```
// store/cart.js
// 所有购物车共享数据
const state = {
    // 商品数据
    all_products: [
        { id: 1, name: '电视', price: 5000 },
        { id: 2, name: '冰箱', price: 8000 },
        { id: 3, name: '平板', price: 6000 },
        { id: 4, name: '手机', price: 1500 },
        { id: 5, name: '耳机', price: 120 }
    ],
    // 已选的商品数据
    selected: []
}

// 将数据导出去
const getters = {
    // 商品数据
    products: state => state.all_products,
    // 购物车中数据
    cartProducts: state => {
        return state.selected.map(item => {
            let curProducts = state.all_products.find(i => i.id === item.id);
            let count = item.count;
            return {
                ...curProducts,
                count
            }
        })
    },
    // 总价
    totalPrice:(state, getters) => {
        let total = 0;
        getters.cartProducts.forEach(item=>{
```

```
            total+=item.price*item.count;
        });
        return total;
    },
    // 已选商品总数量
    totalCount:(state, getters)=>{
        let total = 0;
        getters.cartProducts.forEach(item=>{
            total += item.count;
        });
        return total;
    }
}

const mutations = {
    // 添加商品操作
    addTo (state, {id}) {
        // 判断是否添加过该商品
        let curProduct = state.selected.find(item => item.id === id);
        if (!curProduct) {
            // 未添加过，直接加入已选商品数组中
            state.selected.push({
                id,
                count: 1
            });
        } else {
            // 已经添加过,直接将数量加一
            curProduct.count++;
        }
    },
    // 清空操作
    clear(state){
        state.selected = []
    },
    // 减去一个商品
    delOne(state, {id}){
        let curIndex = state.selected.findIndex(item=>item.id === id);
        if(state.selected[curIndex].count>0){
            state.selected[curIndex].count--;
        }else if(state.selected[curIndex].count=0){
            // 商品数量为 0 直接删除
            state.selected.splice(curIndex,1);
        }
        else{
            return;
        }
    },
```

```
    // 添加一个商品
    addOne(state, {id}){
        let curIndex = state.selected.findIndex(item=>item.id === id);
        state.selected[curIndex].count++;
    }
};

// 处理异步操作
const actions = {
    // 添加商品进入购物车
    addCart ({ commit }, product) {
        // 添加时传入商品的 id
        commit('addTo', { id: product.id })
    },
    // 清空购物车
    clearCart({commit}){
        commit('clear')
    },
    // 减去一个商品
    delOne({commit}, product){
        commit('delOne',{id: product.id});
    },
    // 增加一个商品
    addOne({commit}, product){
        commit('addOne', {id: product.id})
    }
};

// 导出各个对象
export default {
    state,
    getters,
    mutations,
    actions
}
```

上述代码表示，在 cart.js 文件中分别定义了商品数据 all_products、添加到购物车的数据 selected、getters 中导出的 products 和 cartProducts 数据，以及定义了添加到购物车的方法 addCart、清空购物车的方法 clearCart、减去一个商品的方法 delOne 以及增加一个商品的方法 addOne。

以下是商品列表组件代码：

```
// Product.vue
<template>
  <div class="product">
    <h3>商品展览</h3>
    <table class="table" border>
      <thead>
```

```
      <tr>
        <td>id</td>
        <td>名称</td>
        <td>价格</td>
        <td>操作</td>
      </tr>
    </thead>
    <tbody>
      <tr v-for="item in products" :key="item.id">
        <td>{{item.id}}</td>
        <td>{{item.name}}</td>
        <td>{{item.price}}</td>
        <td>
          <button @click="addCart(item)">添加</button>
        </td>
      </tr>
    </tbody>
  </table>
 </div>
</template>

<script>
import { mapGetters, mapActions } from 'vuex'
export default {
 name: 'Product',
 data () {
   return {

   }
 },
 computed:{
   // 从 store 中取出数据
   ...mapGetters(['products'])
 },
 methods: {
   ...mapActions(['addCart'])
 }
}
</script>
```

以下是购物车列表 cart.vue 组件代码：

```
<template>
  <div class="cart">
    <h3>已选商品</h3>
    <div v-if="cartProducts.length">
      <table class="table" border>
        <thead>
```

```
        <tr>
          <td>id</td>
          <td>名称</td>
          <td>价格</td>
          <td>数量</td>
          <td>操作</td>
        </tr>
      </thead>
      <tbody>
        <tr v-for="item in cartProducts" :key="item.id">
          <td>{{item.id}}</td>
          <td>{{item.name}}</td>
          <td>{{item.price}}</td>
          <td>{{item.count}}</td>
          <td>
            <div>
              <button @click="addOne(item)">+</button>
              <button @click="delOne(item)">-</button>
            </div>
          </td>
        </tr>
      </tbody>
    </table>
    <div @click="clearCart">清空购物车</div>
    <div>
    <p>您已经选择{{totalCount}}件商品，总计{{totalPrice}}元</p>
    </div>
   </div>

   <div v-else>您暂未选取任何商品~</div>
  </div>
</template>

<script>
import { mapActions, mapGetters } from 'vuex'
export default {
  name: 'Cart',
  props: {

  },
  data () {
    return {
    }
  },
  methods: {
     ...mapActions(['clearCart','delOne','addOne']),
  },
  computed: {
     ...mapGetters(['cartProducts','totalPrice', 'totalCount'])
  }
}
```

```
</script>
```

最后在 App.vue 中引入两个组件即可使用代码，代码如下：

```
<template>
<div>
  <Product></Product>
  <Cart></Cart>
</div>
</template>

<script>
import Product from './components/Product.vue'
import Cart from './components/Cart.vue'

export default {
  name: 'App',
  components: {
    Product,
    Cart
  }
}
</script>
```

上述代码主要通过 mapGetters 方法和 mapActions 方法将 store 中的方法提取出来，在 vue 文件中使用，最终购物车项目运行效果如图 5.11 所示。

当单击“清空购物车”按钮时出现的效果如图 5.12 所示。

商品展览

id	名称	价格	操作
1	电视	5000	添加
2	冰箱	8000	添加
3	平板	6000	添加
4	手机	1500	添加
5	耳机	120	添加

已选商品

id	名称	价格	数量	操作
1	电视	5000	3	+ -
4	手机	1500	2	+ -
3	平板	6000	1	+ -
5	耳机	120	4	+ -

清空购物车

您已经选择10件商品，总计24480元

图 5.11　购物车案例效果

商品展览

id	名称	价格	操作
1	电视	5000	添加
2	冰箱	8000	添加
3	平板	6000	添加
4	手机	1500	添加
5	耳机	120	添加

已选商品

您暂未选取任何商品~

图 5.12　清空购物车效果

至此，使用 Vuex 进行购物车页面开发的所有功能已完成，读者可以在此基础上进行样式、界面等的美化，也可以在此基础上增加更多的功能。

5.9 本章小结

本章主要介绍了 Vuex 是什么，详细讲解了 Vuex 的五个核心概念：State 是 Vuex 中的数据源；Getter 可以将 State 进行过滤后输出；Mutaions 是改变 State 的唯一途径，并且它里面只能是同步操作；Actions 里面是一些对 State 进行的异步操作，并通过在 Actions 提交 Mutaions 来变更状态；还有 Modules，当 Store 对象过于庞大时，可根据具体的业务需求分为多个 Modules，以此来使结构更加清晰。最后还介绍了在什么场景下使用 Vuex 较好。

第6章 Vue Router 快速入门

在 Vue 开发的单页面应用中，离不开路由的使用，而 Vue Router 就是 Vue 官方开发的路由插件，用来切换路径展示不同的组件，并且都是局部刷新的，非常利于用户体验。本章将详细介绍 Vue Router 的概念和使用，在项目开发中结合 Vue Router 能够更加容易地开发大型单页面应用。

本章主要涉及的知识点有：

- 单页应用
- Vue Router 安装与使用
- 动态路由、嵌套路由
- 导航守卫
- 路由懒加载

6.1 什么是单页应用

单页应用的全称是 Single-Page Application，简称 SPA，它是一种网站应用的模型，可以动态重写当前的页面来与用户交互，而不需要重新加载整个页面。

SPA 顾名思义，就是整个应用只有一个主页面，其余的“页面”，实际上是一个个的“组件”。单页应用中的“页面跳转”，实际上是组件之间的相互切换，在这个过程中，只会局部更新资源和内容，不会刷新整个页面。也正是因为这个原因，当前端代码有更改且重新部署之后，如果用户不主动刷新，就会有“资源缓存”。

单页应用相对于传统的 Web 应用的优势在于：

- 单页应用做到了前后端分离，后端只负责处理数据提供接口，页面逻辑和页面渲染都交给前端。目前常见的 React、Vue、Angular 等前端框架均采用了 SPA 原则。
- 它是局部刷新，用户操作体验好，用户不用刷新整个页面，整个交互过程都是通过 Ajax 来操作。

但是 SPA 也存在一些缺点，比如当项目很大、首页需要加载很多资源时，会使得首页加载变慢。因为单页面应用会将 js、css 打包成一个文件，在加载页面显示的时候加载打包文件，如果打包文件较大或者网速较慢则用户体验不好。其次 SPA 对搜索引擎优化（Search Engine Optimization，SEO）不友好。表 6.1 为单页应用与多页应用的对比表格。

表 6.1 单页应用与多页应用的比较

比较项	单页应用	多页应用
应用构成	一个页面和多个组件	多个页面构成
跳转方式	路由对应的组件内容展示出来	从一个页面跳转到另一个页面
跳转后公共资源是否重新加载	否	是
URL 模式	http://xxx/shell.html#page1 http://xxx/shell.html#page2	http://xxx/page1.html http://xxx/page2.html
用户体验	用户体验好	用户体验差
搜索引擎优化	需要单独方案做	可以直接做

6.2 Vue Router 概述

Vue Router 是 Vue.js 官方的路由插件，它和 vue.js 是深度集成的，适合用于构建单页面应用。Vue 的单页面应用是基于路由和组件，路由用于设定用户的访问路径，并将路径和组件一一映射起来。所以它可以很好地管理组件和 URL 的映射关系。传统的页面应用，是用一些超链接来实现页面切换和跳转。在 Vue Router 单页面应用中，则是路径之间的切换，也就是组件之间的切换，不涉及多个页面的跳转。

6.2.1 安装 Vue Router

Vue Router 同样也有多种安装方式：

（1）方式一：直接通过链接 https://unpkg.com/vue-router@4.0.12/dist/vue-router.global.js 将 Vue Router 文件下载保存到本地，通过 script 标签引入即可。

```
// 通过本地下载文件引入
<script src="/path/to/vue-router.global.js"></script>
```

（2）方式二：通过 CDN 直接引入。

```
// 通过 CDN 引入
<script
src="https://cdn.bootcdn.net/ajax/libs/vue-router/4.0.10/vue-router.cjs.js"></
script>
```

（3）方式三：通过 npm 安装。

```
npm install vue-router
```

如果在一个模块化的工程中使用Vue Router必须要通过Vue.use()来注册。

```
import Vue from 'vue'
import VueRouter from 'vue-router'

Vue.use(VueRouter)
```

说明：假如已经通过Vue-cli构建了一个项目，但是起初没有勾选Vue Router，此时想要使用路由，则可以在命令行通过vue add router添加vue-router。

6.2.2 一个简单的组件路由

首先介绍router-view，<router-view></router-view>是一个功能性组件，用于渲染路由路径匹配到的视图组件，如果<router-view>组件中含有name属性，则表示设置了需要渲染的组件的名称，即会渲染对应的路由配置中components下的相应组件。

```
<router-view>[text]</router-view>
<!--或-->
<router-view name="nameOfComp"></router-view>
```

第二个是router-link，<router-link>标签支持用户在具有路由功能的应用中通过单击实现导航。该标签默认会被渲染成一个带有链接的a标签，通过to属性指定链接地址。例如在<router-link>标签中有to属性，该属性表示将要跳转到的路由地址，下面代码表示通过单击则可以实现跳转到/login路径所对应的路由组件。

```
<router-link :to="{ path: '/login'}">单击我跳转</router-link>
```

注意：被选中的router-link将自动添加一个class属性值.router-link-active。

<router-link>标签还有其他一些属性，如表6.2所示。

表6.2 <router-link>标签属性

属　性	类　型	解　释
to	String/Object	目标路由/目标位置的对象
replace	Boolean	不留下导航记录
append	Boolean	在当前路径后加路径
tag	String	指定渲染成何种标签
active	String	激活时使用的Class

下面代码表示跳转到/main路径所对应的组件，并且历史记录中不会记录这次跳转，最终渲染成span标签，当它激活时给该标签添加activeClass这个类名所对应的样式。

```
<router-link :to="/main" replace tag="span" active="activeClass"></router-link>
```

【例6.1】一个简单的路由组件实例。

以一个简单的路由组件为例，新建一个html文件，引入Vue和Vue Router文件，然后通过 router-link 组件来导航，用户单击导航链接后切换到相关视图，通过 router-view 组件来设置切换的视图在哪里渲染。在此之前还必须将要渲染的组件定义好，并且为组件定义好对应的路径，即需要将路由映射配置好。

实现一个简单的路由组件的主要步骤为：

步骤01 定义路由组件并引入。

步骤02 配置路由，即定义路由与组件的映射关系，通常定义为 routes，是一个数组。

步骤03 创建 router 实例，然后传递 routes 配置。

步骤04 创建和挂载根实例。

上述流程代码如下：

```
<head>
    <script src="../vue3.js"></script>
    <script src="../vue-router.js"></script>
</head>

<body>
    <div id="app">
        <h1>Hello App!</h1>
        <p>
          <!-- 使用 router-link 组件来导航. -->
          <!-- 通过传入'to'属性指定链接. -->
          <!-- <router-link>默认会被渲染成一个'<a>'标签 -->
          <router-link to="/foo">Go to Foo</router-link>
          <router-link to="/bar">Go to Bar</router-link>
        </p>
        <!-- 路由出口 -->
        <!-- 路由匹配到的组件将渲染在这里 -->
        <router-view></router-view>
      </div>
<script>
        // 1. 定义路由组件
        // 可以从其他文件 import 进来
        const Foo = { template: '<div>foo</div>' }
        const Bar = { template: '<div>bar</div>' }

        // 2. 定义路由
        // 每个路由应该映射一个组件
        const routes = [
          { path: '/foo', component: Foo },
          { path: '/bar', component: Bar }
        ]

        // 3. 创建 router 实例，然后传递 routes 配置
        const router = VueRouter.createRouter({
```

```
        // 4. 内部提供了 history 模式的实现。在这里可以使用 hash 模式
        history: VueRouter.createWebHashHistory(),
        routes, // 'routes: routes' 的缩写
    })
    // 5. 创建和挂载根实例
    const app = Vue.createApp({})
    app.use(router)
    app.mount('#app')
  </script>
</body>
```

以上代码就创建了一个简单的路由组件，能够通过单击实现跳转。上述代码首先引入VueheVue-router文件，然后创建了两个路由组件Foo和Bar，并设置它们对应的路径分别为/foo和/bar，然后定义路由映射规则 routes，以便于通过 router-link 标签来设置路由导航，通过router-view占位符来表示将组件渲染到的位置。然后再通过VueRouter.createRouter({})创建路由实例，其参数是一个对象，通过routers属性传入路由配置，最后创建并挂载根实例。

为了确保整个应用都支持路由，所以通过 app.use(router)来全局注册一下。这样就完成了一个路由组件例子，现在在浏览器中打开该页面，单击 Go to Foo 文案，将会看到浏览器地址栏变为#/foo，页面也会展现 foo 这个内容。相反，单击 Go to Bar 文案，将会渲染 Bar 组件，地址栏也会相应变为#/bar。由于代码中通过 VueRouter.createWebHashHistory()这段代码将路由模式转为 hash 模式，所以地址路径都会带上#，如图 6.1 所示。

图 6.1 路由导航切换效果

6.3 动态路由

相信读者都比较熟悉正则表达式，给定一个正则表达式表示规则，符合该规则的字符串可能存在多个，这些多个字符串都满足这一个正则表达式，动态路由的概念也类似于正则表达式。动态路由是指当存在多个路由都需要映射到同一个组件时，可以通过动态路由来实现。

6.3.1 动态路由匹配

动态路由即表示把某种模式匹配到的所有路由全都映射到同个组件。比如有一个学生 Student 组件，对于所有学号 id 各不相同的学生来说，都需要使用 Student 这个组件来渲染。那么，可以在 vue-router 的路由路径中使用“动态路径参数”（Dynamic Segment）来达到这个效果，动态路径参数一般用冒号开头，如下所示。

```
const Student = { template:`<div>name:---lucy</div>` }

const routes = [
  // 动态路径参数以冒号开头
  { path: '/student/:id', component: Student },
 ]
```

不同的 id 所对应的路径都将使用同一个 Student 组件，比如像/student/2001 和/student/2002 都将映射到相同的路由。动态路径的路径参数使用冒号标记，当匹配到一个路由时，传入的路径参数值会被相应地设置到 this.$route.params 中，所以可以通过 this.$route.params 获取参数值，然后在每个组件内使用。即在组件中，可以通过 this.$route.params.参数名拿到动态参数值；在组件的模板中可以通过$route.params.参数名拿到动态参数值。比如传入一个 id，在 Student 组件模板中输出当前学生的 id，代码如下：

```
        const Student = {
            template: `
            <div>name:---lucy</div>
            <div>id:---{{$route.params.id}}</div>
            `

        }
```

动态路由不仅可以只写一个，还可以在一个路由中设置多段路径参数，即多个动态参数，对应的值都会被设置到$route.params 中，代码如下：

```
const routes = [
           // 动态路径参数以冒号开头
           { path: '/student/:id', component: Student },
           { path: '/student/:id/homework/:work_id', component: HomeWrok },
        ]
```

上述代码中第一个路由规则只传入了一个动态参数 id，表示学生学号，其匹配到路径结果为/student/2001，其对应的$route.params 值为{id:'2001'}。第二个路由规则传入了两个动态参数，分别是 id 和 work_id，表示学生学号和作业编号，如果匹配路径为/student/'001'，则其$route.params 值为{id:'2001',work_id:'001'}。

除了$route.params 外，$route 对象还提供了其他有用的信息，例如$route.query（如果 URL 中有查询参数）、$route.hash、$route.path 等。如图 6.2 所示，访问页面，单击 HomeWork 组件跳转到#/student/2001/homework/001 路由所匹配的组件，打印出$route.params 对象结果。

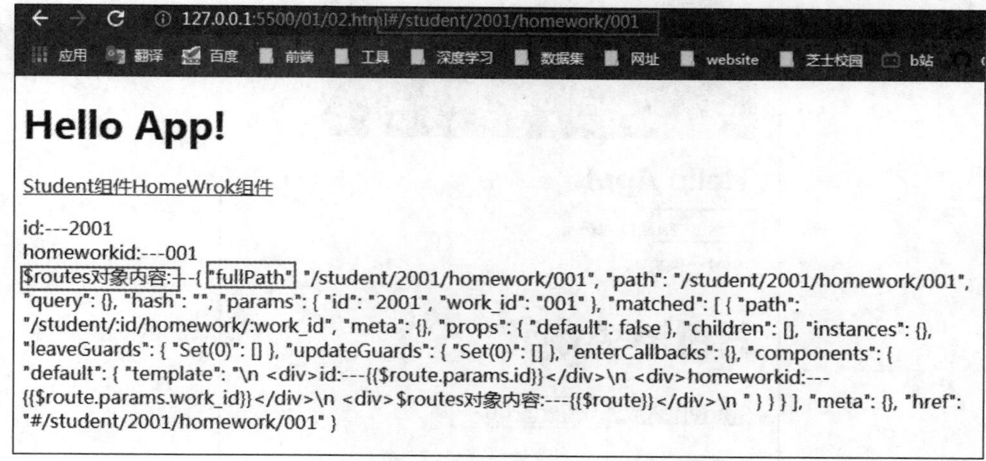

图 6.2　动态路由匹配和$route 对象

6.3.2　响应路由变化

在利用 Vue 做项目的时候，有时候在同一个路由下只改变路由后面的动态参数值，当发生跳转的时候网址导航栏地址路径中的参数确实改变了，但是页面数据却没有根据路由的参数发生改变，这主要是因为使用 Vue Router 的路由参数时，原来的组件实例会被复用。比如从/student/2001 跳转到/student/2002，两个路由都将渲染同一个组件，比起销毁再创建，复用则显得更加高效。不过，这也意味着组件的生命周期钩子函数不会再被调用，所以会导致上述情况的出现。代码如下：

```
<div id="app">
        <h1>Hello App!</h1>
        <p>
            <router-link to="/student/2001">Student2001</router-link>
            <router-link to="/student/2002">Student2002</router-link>
        </p>

        <router-view></router-view>
    </div>

        const Student = {
            template: `
            <div>name:---lucy</div>
            `
        }

        const routes = [
            // 动态路径参数以冒号开头
            { path: '/student/:id', component: Student },
        ]
```

如图 6.3 所示，单击“Student2002”文字与单击“Student2001”文字的内容完全一样。

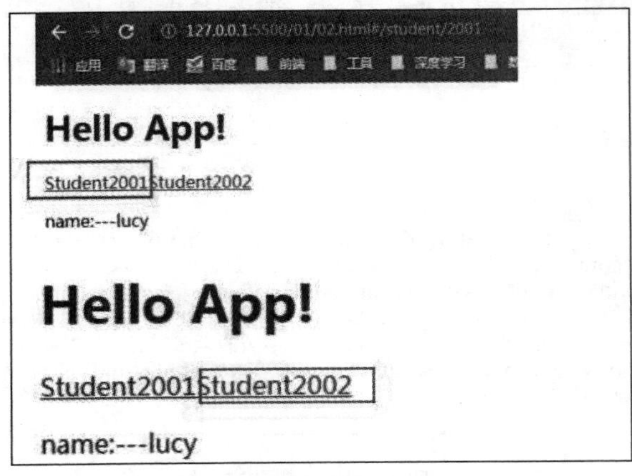

图 6.3　组件实例被复用

但是，当复用组件时，想对路由参数的变化做出响应的话，可以直接简单地 watch（监测变化）$route 对象，代码如下：

```
const Student = {
        template: `
        <div>name:---lucy</div>
        `
          ,
        watch: {
           $route(to, from) {
              // 对路由变化做出响应……
              console.log(to.path)
              console.log(to.params)
              console.log(from.path)
              console.log(from.params)
           }
        }
     }
```

通过在定义组件时配置 watch 属性，监听$route，传入 to 和 from 两个参数，分别代表上一个访问路径和即将要跳转的路径。比如首先单击“Student2001”文字，然后再单击“Student2002”文字，此时由于路径发生了变化，就会在控制台打印出跳转前后的路径和路径参数，如图 6.4 所示。

```
/student/2002
▸{id: "2002"}
/student/2001
▸{id: "2001"}
```

图 6.4　watch 监听$route 的变化

或者也可以通过 beforeRouteUpdate 导航守卫来监听路由的变化，本章后续会介绍。

```
const Student = {
    template: `
    <div>name:---lucy</div>
`
    beforeRouteUpdate(to, from, next) {
        console.log(to.path)
        console.log(to.params)
        console.log(from.path)
        console.log(from.params)
        next()
    }
}
```

如果想匹配任意路径，可以使用通配符（*），但是必须注意的是含有通配符的路由应该放在最后。

```
const routes = [
    { path: '/student/:id', component: Student },
    { path: '/student/:id/homework/:work_id', component: HomeWrok },
    {
        // 会匹配所有路径
        path: '*'
    },
    {
        // 会匹配以 `/student-` 开头的任意路径
        path: '/student-*'
    }
]
```

6.4 导航守卫

官方对导航守卫的解释为：主要用来通过跳转或取消的方式守卫导航。其实导航表示路由正则发生改变，从一个路由跳转到另一个路由这个阶段就称作导航，而导航守卫即是在这些路由发生改变之前或者发生改变之后立马添加一些操作来执行，以确保避免导航完成之前和之后的一些安全问题。

比如有一个网站，部分涉及个人隐私的页面需要在用户登录之后才能访问，这时候如果没有导航守卫，当攻击者获取到该隐私页面路径时就能直接访问该页面，从而进行一些非法操作。为了确保有登录账户的用户在登录后才能访问这些页面，就可以利用导航守卫在页面跳转之前进行登录状态的验证，从而防止未登录的用户访问到隐私页面。

导航守卫也叫作路由守卫，可以在全局注册导航守卫，也可以在单个路由中注册，还可以在单个组件中注册，即有多种方式植入路由导航过程中：全局的、单个路由独享的或者组件级的，分别代表全局导航守卫、路由独享导航守卫和组件内导航守卫。守卫也可分为两大类，分别是前置守卫和后置守卫，分别表示在拦截路由跳转前的操作和路由跳转后的操作。

前置守卫包括：

- 全局的前置守卫：beforeEach、beforeResolve。
- 路由独享的守卫：beforeEnter。
- 组件内的守卫：beforeRouterEnter、beforeRouterUpdate、beforeRouteLeave。

后置守卫包括：

- 全局的后置守卫：afterEach。

6.4.1 全局前置守卫

全局前置守卫表示用于在路由配置生效（路由发生改变）之前进行一些动作，可以使用 router.beforeEach 注册一个全局前置守卫，代码如下：

```
const router = VueRouter.createRouter({
        // ...
    })
router.beforeEach((to, from, next) => {
        // ...
    })
```

在 router.beforeEach()守卫方法中传入一个参数，该参数为一个回调函数，该函数中也传入三个参数，分别是 to、from、next。

- to：是一个路由对象，表示即将要进入的目标路由对象。
- from：是一个路由，表示当前导航正要离开的路由。
- next：是一个方法，如果想接着执行则必须要调用 next 方法，否则路由将不会跳转。

直接调用 next()方法表示直接进入下一个钩子，调用 next(false)表示中断当前的导航，如果浏览器的 URL 地址改变了（可以是用户手动或者浏览器后退按钮导致的改变），那么 URL 地址会重置到 from 路由对应的地址。调用 next('/')或者 next({path:'/'})，当传入一个 URL，表示跳转到传入 URL 所对应的地址，当前的导航被中断，然后进行一个新的导航。

【例 6.2】打印导航守卫中的参数。

```
<div id="app">
    <h1>Hello App!</h1>
    <p>
        <router-link to="/foo">Go to Foo</router-link>
        <router-link to="/bar">Go to Bar</router-link>
    </p>
    <router-view></router-view>
</div>

<script>
    const Foo = { template: '<div>foo</div>' }
```

```
    const Bar = { template: '<div>bar</div>' }

    const routes = [
      { path: '/foo', component: Foo },
      { path: '/bar', component: Bar }
    ]

    const router = VueRouter.createRouter({
      history: VueRouter.createWebHashHistory(),
      routes,
    })

    router.beforeEach((to, from, next) => {
      console.log(from);
      console.log(to);
      console.log(next);
      next();
    })

    const app = Vue.createApp({})
    app.use(router)
    app.mount('#app')
  </script>
```

将三个参数分别打印出来，结果如图 6.5 所示，from 和 to 都是路由对象，里面包含 path、name、params 等属性，next 是一个 function。首次打开页面未单击路由，所以进行跳转时 from 和 to 的路径都为“/”。

```
▸{path: "/", name: undefined, params: {…}, query: {…}, hash: "", …}
▸{fullPath: "/", path: "/", query: {…}, hash: "", name: undefined, …}
f () {
        if (called++ === 1)
            warn(`The "next" callback was called more than once in one navigation gu
"${to.fullPath}". It should be cal…
```

图 6.5　初始 from 和 to 的值

然后先单击 Go to Foo 链接，跳转到 Foo 组件所对应的路由，结果如图 6.6 所示，to 所对应的路由对象的 path 已经变为“/foo”了。

```
▸{fullPath: "/", path: "/", query: {…}, hash: "", name: undefined, …}
▸{fullPath: "/foo", path: "/foo", query: {…}, hash: "", name: undefined, …}
f () {
        if (called++ === 1)
            warn(`The "next" callback was called more than once in one navigation
"${to.fullPath}". It should be cal…
>
```

图 6.6　跳转后 from 和 to 的值

再接着单击 Go to Bar 链接跳转到 Bar 组件对应的路由页面，结果如图 6.7 所示，to 和 from 的 path 都发生了改变。

```
▸{fullPath: "/foo", path: "/foo", query: {…}, hash: "", name: undefined, …}
▸{fullPath: "/bar", path: "/bar", query: {…}, hash: "", name: undefined, …}
f () {
        if (called++ === 1)
            warn(`The "next" callback was called more than once in one navigation guard
"${to.fullPath}". It should be cal…
```

图 6.7　再次跳转后 from 和 to 的值

利用全局前置守卫在用户未能验证身份时重新定向到/Login 页面。如下代码表示当要访问的页面不是 Login 页面并且没有登录时，就会被拦截，并让它自动跳转访问 Login 页面，然后继续 next()。第一种方式会首先调用 next({ name: 'Login' })方法，然后调用 next()，即会调用两次 next；第二种方式要么调用 next({ name: 'Login' })，要么调用 next()，只会调用一次 next。一般采用第二种方式较好。

```
// 未登录时进行路由的跳转
// 不推荐
router.beforeEach((to, from, next) => {
  if (to.name !== 'Login' && !isAuthenticated) next({ name: 'Login' })
  // 如果用户未能验证身份，则'next'会被调用两次
  next()
})
// 推荐
router.beforeEach((to, from, next) => {
  if (to.name !== 'Login' && !isAuthenticated) next({ name: 'Login' })
  else next()
})
```

6.4.2　全局解析守卫

全局解析守卫和全局前置守卫作用和用法都是类似的，通常在 2.5.0+版本中可以用 router.beforeResolve 注册一个全局解析守卫。router.beforeResolve 和 router.beforeEach 的区别在于：router.beforeResolve 会在导航被确认之前，或同时在所有的组件内的导航守卫和异步路由组件都被解析之后，该全局解析守卫就被调用。

6.4.3　全局后置钩子函数

在路由改变之前做一些操作，或者在路由改变之后做一些操作，这就需要用到全局后置钩子函数，通过 router.afterEach((to, from) => {})来注册全局后置钩子函数，它与守卫类似，但是不用传入 next 函数这个参数，它也不会改变导航本身。

```
router.afterEach((to, from) => {
    console.log(from);
    console.log(to);
})
```

6.4.4　组件内的守卫

在各个组件内部也可以有导航守卫，有三个组件内导航守卫，分别是 beforeRouteEnter、

beforeRouteUpdate（2.2 版本新增的）、beforeRouteLeave。

- beforeRouteEnter 组件守卫在渲染该组件的对应路由被确认前就会被调用，因为当守卫执行前，该组件实例还没被创建，所以在该钩子函数中无法获取 this。
- beforeRouteUpdate 是在当前路由改变、但是该组件被复用时调用，比如对于一个带有动态参数的路由路径/foo/:id，当用户在/foo/1 和/foo/2 两个路径之间进行跳转的时候，由于会渲染相同的 Foo 组件，因此该 Foo 组件实例会被复用，而这个钩子函数就会在这个情况下被调用。
- beforeRouteLeave 钩子函数会在导航离开该组件的对应路由时调用。

代码举例如下：

```
const Foo = {
   template: '<div>foo</div>',
   },
   beforeRouteUpdate(to, from, next) {
   },
   beforeRouteLeave(to, from, next) {
   }
}
```

6.4.5 路由配置守卫

路由配置守卫即为路由独享守卫，可以直接在路由配置上定义 beforeEnter 守卫，表示该路由才能使用的守卫。

```
const routes = [
         { path: '/foo', component: Foo },
         {
            path: '/bar', component: Bar, beforeEnter: (to, from, next) => {
               // ...
            }
         }
      ]
```

到此就已经将所有的导航守卫讲解完毕。整个路由导航发生时，导航守卫被触发的全过程为：

（1）首先导航被触发。

（2）在失活的组件里调用 beforeRouteLeave 守卫。

（3）调用全局的 beforeEach 守卫。

（4）在复用的组件里调用 beforeRouteUpdate 守卫（2.2+）。

（5）在路由配置里调用 beforeEnter。

（6）解析异步路由组件。

（7）在被激活的组件里调用 beforeRouteEnter。

（8）调用全局的 beforeResolve 守卫（2.5+）。

（9）导航被确认。

（10）调用全局的 afterEach 钩子函数。

（11）触发 DOM 更新。

（12）调用 beforeRouteEnter 守卫中传给 next 的回调函数，创建好的组件实例会作为回调函数的参数传入。

至此，整个完整的导航守卫被触发的流程结束，流程图如图 6.8 所示。

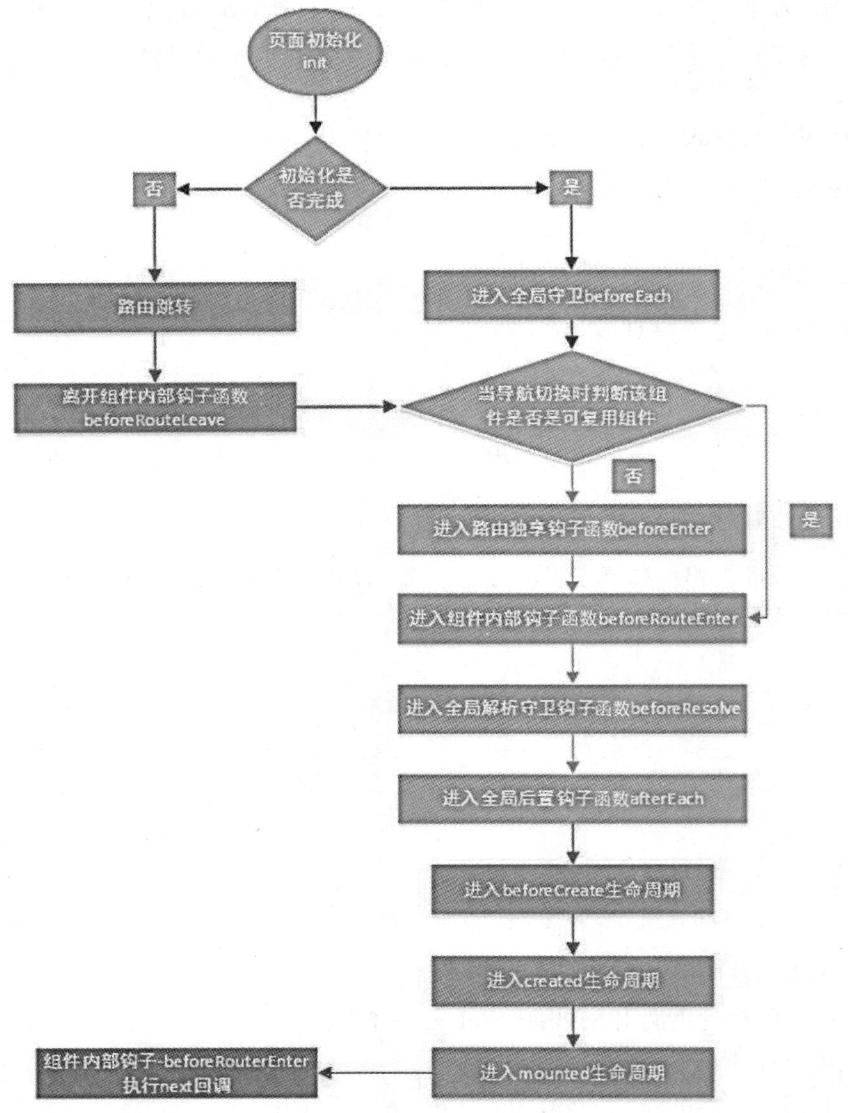

图 6.8　导航守卫完整流程

【例 6.3】导航守卫实现路由跳转前验证登录。

该案例中包含首页 Home、登录页 Login、商品列表页 productsList、商品详情页 productsDetail、购物车页 Cart 和个人中心页 Profile，只有首页和登录页面是不需要登录即可访问的，其他页面都需要登录后才能访问，即使直接在地址栏输入对应的路由地址也无法访问，这是利用全局路由守卫来实现的。

```
<body>
    <div id="app">
        <h1>路由跳转前验证是否登录</h1>
        <router-link to="/"></router-link>
        <router-view></router-view>
    </div>

    <script>
        const Home = { template: '<div>--home 首页---' }
        const Login = { template: '<div>login 登录页
            <button @click="logined">单击即可登录</button>
            </div>',
            methods: {
                logined(){
                    localStorage.setItem('isLogin','true');
                }
            }
        }
        const productsList = { template: '<div>--productsList 商品列表页---' }
        const  productsDetail  =  {  template:  '<div>productsDetail  商 品 详 情 页
</div>' }
        const Cart = { template: '<div>--Cart 购物车页---' }
        const Profile = { template: '<div>Profile 个人中心页</div>' }

        const routes = [
            {
                path: '/', // 默认进入路由
                redirect: '/home'  //重定向
            },
            {
                path: '/login',
                name: 'login',
                component: Login
            },
            {
                path: '/home',
                name: 'home',
                component: Home
            },
            {
                path: '/product-list',
                name: 'product-list',
                component: productsList
            },
            {
```

```
        path: '/product-detail',
        name: 'product-detail',
        component: productsDetail
      },
      {
        path: '/cart',
        name: 'cart',
        component: Cart
      },
      {
        path: '/profile',
        name: 'profile',
        component: Profile
      }
    ]


    const router = VueRouter.createRouter({
      history: VueRouter.createWebHashHistory(),
      routes
    })

    // 全局路由守卫
    router.beforeEach((to, from, next) => {
      console.log('全局导航守卫');
      // 以下路由页面需要在登录以后才能访问
      const nextRoute = ['home', 'product-list', 'product-detail', 'cart',
'profile'];
      let isLogin = localStorage.getItem('isLogin'); // 是否登录
      // 未登录状态；当路由到 nextRoute 指定页时，跳转至 login
      if (nextRoute.indexOf(to.name) >= 0) {
        if (isLogin!='true') {
          console.log('这些路由页面需要登录之后才能访问，请先登录');
          router.push({ name: 'login' })
        }
      }
      // 已登录状态；当路由到 login 时，跳转至 home
      if (to.name === 'login') {
        if (isLogin==='true') {
          router.push({ name: 'home' });
        }
      }
      next();
```

```
        });

        const app = Vue.createApp({
            setup(){
                localStorage.setItem('isLogin', 'false');
            }
        })
        app.use(router)
        app.mount('#app')
    </script>
</body>
```

上述代码，首先利用本地持久存储（localstorage）存储登录状态 isLogin 为 false：

```
localStorage.setItem('isLogin', 'false');
```

访问路由根地址会直接进入首页，然后通过在登录页单击按钮实现登录，将 isLogin 修改为 true。再访问其他页面时，会通过全局路由守卫 router.beforeEach 判断是否登录。先将所有需要登录之后才能访问的页面路由存储到 nextRoute 中：

```
const nextRoute = ['home', 'product-list', 'product-detail', 'cart',
'profile'];
```

然后以本地获取登录态：

```
let isLogin = localStorage.getItem('isLogin'); // 是否登录
```

如果下一个将要访问的路由在 nextRoute 中并且未登录，则直接跳转到登录页面：

```
// 未登录状态；当路由到 nextRoute 指定页时，跳转至 login
 if (nextRoute.indexOf(to.name) >= 0) {
  if (isLogin!='true') {
   console.log('这些路由页面需要登录之后才能访问，请先登录');
   router.push({ name: 'login' })
  }
}
```

否则登录态为 true 即可访问该页面。

6.5 嵌套路由

在一个 Vue 项目中会存在许多组件，组件之间也会存在多层嵌套，类似地，路由路径中的各段路径之间也按照某种结构一一对应这些嵌套的组件，从而形成嵌套路由，如图 6.9 所示，/user/foo/profile 路由对应 user 组件下的 foo 组件下的 profile 组件，/user/foo/posts 路由对应 user 组件下的 foo 组件下的 posts 组件。

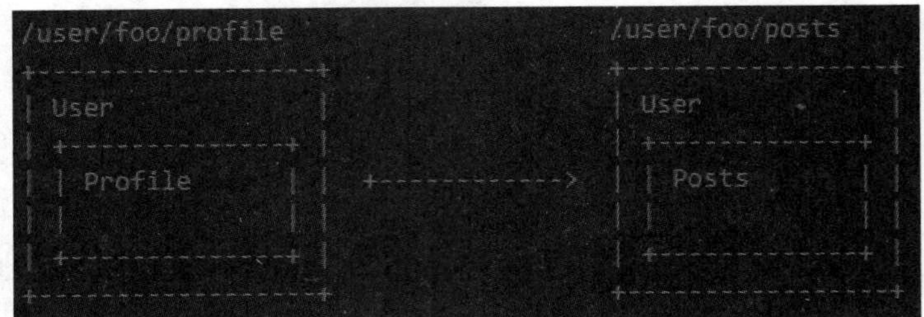

图 6.9　路由路径与组件的对应结构

嵌套路由简单来说就是在一个被路由跳转过来的页面下可以继续使用另一个路由。比如在 Vue 中，不使用嵌套路由就只有全局页面中一个<router-view>来渲染，但是如果使用嵌套路由，那么在其他组件中就还有<router-view>来渲染该部分对应的子路由，这也就构成了嵌套。

【例 6.4】嵌套路由案例。

在 App 节点中的<router-view>是最顶层的出口，可以渲染动态路由/student:id 的组件，在该组件内部嵌套了两个子路由/student:id/homework 和/student:id/article，并在 Student 组件中也设置了<router-view>，这样就可以把嵌套子路由对应的组件 Homework 和 Article 渲染到 Student 中对应位置处，代码如下：

```
<body>
    <div id="app">
        <h1>嵌套路由案例</h1>
        <router-view></router-view>
    </div>

    <script>
        const Student = {
            template: `
            <div>Student</div>
            <h2>Student {{ $route.params.id }}</h2>
            <router-view></router-view>
            ` }
        const StudentHomework = { template: `<div>---StudentHomework---</div>` }
        const StudentArticle = { template: `<div>---StudentArticle---</div>` }

        const routes = [
            {
                path: '/student:id',
                component: Student,
                children: [
                    {
                        // 当 /student/:id/homework 匹配成功
                        // StudentHomework 会被渲染在 Student 的 <router-view> 中
                        path: 'homework',
                        component: StudentHomework
```

```
                },
                {
                    // 当 /user/:id/article 匹配成功
                    // StudentArticle 会被渲染在 Student 的 <router-view> 中
                    path: 'article',
                    component: StudentArticle
                }
            ]
        }
    ]

    const router = VueRouter.createRouter({
        history: VueRouter.createWebHashHistory(),
        routes,
    })

    const app = Vue.createApp({})
    app.use(router)
    app.mount('#app')
  </script>
</body>
```

如图 6.10~图 6.12 分别为访问路径/student:2001、/student:2001/homework 和/student:2001/article 所展示的页面效果。

图 6.10　访问路径/student:2001

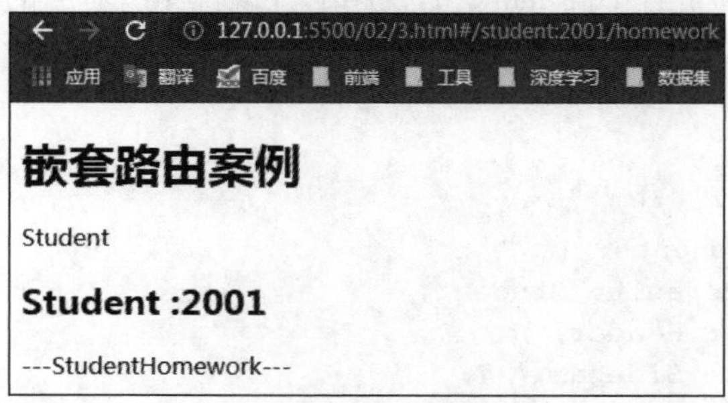

图 6.11　访问路径/student:2001/homework

图 6.12　访问路径/student:2001/article

6.6 命名视图

组件中有同层级的组件，类似地，视图中也有同层级的多个视图。当不想要通过嵌套路由的方式嵌套视图，而是想同时（同级）则展示多个视图，例如一个后台管理系统页面中有侧边栏、主内容区域、头部导航栏和底部区域等多个视图，此时利用命名视图即可做到多个视图同层级展示。可以在页面中通过在<view-router>标签中添加 name 属性来为视图命名，从而增加多个带有名字的<view-router>。

```
<router-view name="a"></router-view>
```

一个视图使用一个组件渲染，因此对于同个路由，多个视图就需要多个组件。确保正确使用 components 配置（带上 s），即不再使用 component 来设置对应的组件了，而是使用 components 属性来设置多个组件。

```
<router-view class="view header" name="a"></router-view>
<router-view class="view sidebar" name="b"></router-view>
<router-view class="view content"></router-view>
<router-view class="view footer" name="c"></router-view>
```

上述代码则表示在同一个页面显示多个视图，未传递 name 属性的则为默认视图，其默认值为 default。然后通过为带有不同 name 的视图配置该视图所对应的组件，在 components 中配置即可：

```
const routes = [
        {
            path: '/',
            components: {
               default: Student,
               a: Header,
               b: Sidebar,
               c: Footer
            }
        }
    ]
```

【例 6.5】命名视图布局案例。

用命名视图实现一个左侧栏、导航栏、主内容区域和底部栏的布局，首先设置 4 个组件 Student、Sidebar、Header、Footer，通过<view-router>来渲染不同的视图，其中 Student 组件对应的视图未命名，则默认为 default，其余 3 个组件分别命名为 a、b、c。

```
<head>
   <style>
      * {
         padding: 0;
         margin: 0;
      }
      .con {
         display: flex;
      }
      .content {
         width: 80%;
         height: 80vh;
         background-color: yellow;
      }
      .footer {
         width: 100%;
         background-color: gray;
         height: 10vh;
      }
      .sidebar {
         width: 20%;
         height: 80vh;
         background-color: pink;
      }
      .header {
         width: 100%;
         height: 10vh;
         background-color: skyblue;
      }
   </style>
</head>

<body>
   <div id="app">
      <!-- <h1>命名视图</h1> -->
      <router-view class="view header" name="a"></router-view>
      <div class="con">
         <router-view class="view sidebar" name="b"></router-view>
         <router-view class="view content"></router-view>
      </div>
      <router-view class="view footer" name="c"></router-view>
   </div>

   <script>
```

```
        const Student = { template: `<div>--Student---</div>` }
        const Sidebar = { template: `<div>---Sidebar---</div>` }
        const Header = { template: `<div>---Header---</div>` }
        const Footer = { template: `<div>---Footer---</div>` }

        const routes = [
            {
                path: '/',
                components: {
                    default: Student,
                    a: Header,
                    b: Sidebar,
                    c: Footer
                }
            }
        ]

        const router = VueRouter.createRouter({
            history: VueRouter.createWebHashHistory(),
            routes,
        })

        const app = Vue.createApp({})
        app.use(router)
        app.mount('#app')
    </script>
</body>
```

最终渲染的页面如图 6.13 所示。

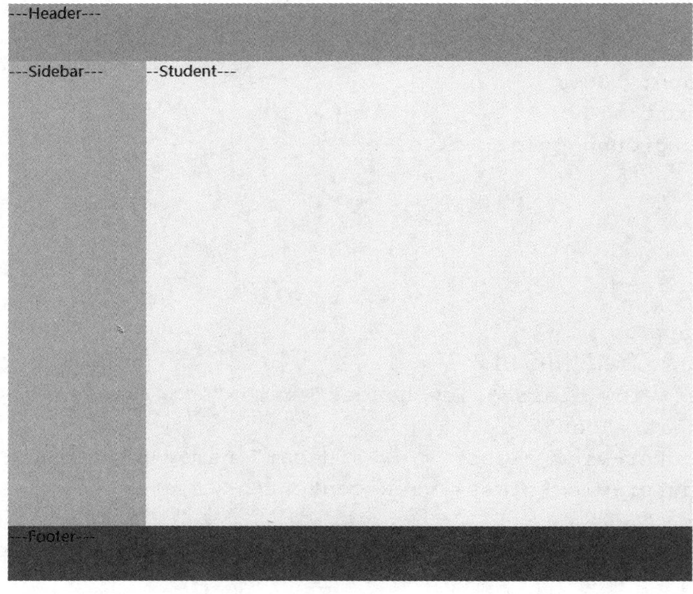

图 6.13 命名视图布局案例

6.7 编程式导航

可以通过<router-link :to=>的方式来进行路由跳转，这种方式是通过创建一个 a 标签来跳转，因此被称为命令式导航。除了这种导航方式，还有另一种通过 router 的实例方法来编写代码进行跳转，这种方式就是编程式导航，代码如下：

```
router.push(location, onComplete?, onAbort?)
```

在 Vue Router 2.2.0 以上的版本，router.push 中提供 onComplete 和 onAbort 回调作为第二个和第三个参数。onComplete 回调将会在导航成功时调用，onAbort 回调会在导航到相同的路由或在当前导航完成之前导航到另一个不同的路由等导航完成后进行调用。在 Vue Router 3.1.0 版本以上，可以省略第二个和第三个参数，支持返回一个 Promise，后续可以用 Promise 的 then 方法来调用处理。

在 Vue 实例内部，可以通过$router 访问路由实例，因此可以调用 this.$router.push 方法来传入一个 URL 路径实现跳转，该方法的参数可以是一个字符串路径，或者是一个对象，该对象用于描述一个地址的信息，常包含 path、params、query 等属性。代码如下：

```
// 字符串
router.push('home')

// 对象
router.push({ path: 'home' })

// 命名的路由
router.push({ name: 'student', params: { studentId: '123' }})

// 带查询参数，变成 /register?plan=private
router.push({ path: 'register', query: { plan: 'private' }})
```

但是有一点必须注意，就是当 path 和 params 属性同时存在时，params 属性将失效，会被忽略。如下代码中，当传入的路径对象中既存在 path:'/student'，又存在 params:{studentId}时，params 属性将失效，所以最终解析的路径为/student。这种情况同样也适用于 router-link 组件的 to 属性。

```
const studentId = '123'
router.push({ name: student, params: { studentId }}) // -> /student/123
router.push({ path: `/student/${studentId }` }) // -> /student/123
// 这里的 params 不生效
router.push({ path: '/student', params: { studentId }}) // -> /student
```

路由实例除了 push 方法之外，还有一些其他的方法，比如 replace 方法：

```
router.replace(location, onComplete?, onAbort?)
```

和 router.push 类似，唯一不同的就是它不会向历史记录栈中添加新记录，而是直接替换掉当前的历史记录。编程式写法可以通过 router.replace()调用，声明式写法则可以通过<router-link :to="..." replace>来直接添加 replace 属性实现。

路由实例还有 go 方法，通过传入一个整数参数来表示跳转到前面第几个页面或者后退到哪一页，比如传入 n 则表示在浏览器记录中前进 n 步，传入-n 则表示在浏览器记录中退后 n 步。类似 HTML 5 中的 window.history.go(n)。

```
router.go(n)
// 在浏览器记录中前进一步，等同于 history.forward()
router.go(1)

// 后退一步记录，等同于 history.back()
router.go(-1)

// 前进 3 步记录
router.go(3)

// 如果 history 记录不够用，则失败
router.go(-100)
router.go(100)
```

6.8 路由组件传参

在开发单页面应用时，有时需要在进入到某个路由后，基于路由中的参数向服务器发送请求，然后从服务器获取数据，所以首先需要获取路由传递过来的参数，这就涉及路由组件传参。路由直接映射的组件是路由组件，也只有路由组件才能直接调用路由有关对象，比如$route，$route 会使之与其对应路由形成高度耦合，从而使组件只能在某些特定的 URL 上使用，限制了其灵活性。比如如下代码只能在 Student 组件中通过$route.params.studentId 来获取'/:studentId'路由上对应传入的参数 studentId，这样将导致组件与路由过于耦合。

```
    const Student = { template: '<div>--Student---{{$route.params.studentId}}
</div>' }
    const routes = [
            {
                path: '/:studentId',
                component: Student
            }
        ]

        const router = VueRouter.createRouter({
            history: VueRouter.createWebHashHistory(),
            routes,
        })
```

为了降低耦合增强灵活性，使用 props 将组件和路由进行解耦，这样可以不用再通过$routes.params.参数名的方式来获取参数了，而可以直接通过参数名来获取。

下面代码首先在定义路由时增加 props 属性并设置其为 true，然后在该组件内添加 props 属性，并传入参数名，这样就能方便地获取参数值了。

注意：对于包含多个命名视图的路由，必须分别为每个命名视图添加 props 选项。

```
const Student = {
    props: ['studentId'],
    template: '<div>--Student---{{studentId}}</div>'
   }

const routes = [
   {
   path: '/student/:studentId',
   component: Student,
   props: true
  },
  // 对于包含命名视图的路由，必须分别为每个命名视图添加 props 选项
  {
   path: '/student/:studentId',
   components: { default: User, sidebar: Sidebar },
   props: { default: true, sidebar: false }
   }
  ]
]
```

上述代码将 props 设置为 true，为一个布尔值，则 route.params 也将被设置为组件属性的属性。其实 props 属性除了可以为布尔类型，还可以是对象类型，如果 props 是一个对象，它会被按原样设置为组件属性，代码如下：

```
const routes = [
  {
    path: '/promotion/from-newsletter',
    component: Promotion,
    props: { newsletterPopup: false }
  }
]
```

还可以创建一个函数返回 props，比如 props: route => ({ query: route.query.q })这段代码将把一个 URL 为/search?q=vue 的路径中传入的查询参数部分（q=vue）解析为{query:'vue'}，然后将其作为属性传递给 SearchUser 组件，代码如下：

```
const routes = [
  {
    path: '/search',
    component: SearchUser,
```

```
    props: route => ({ query: route.query.q })
  }
]
```

6.9 路由重定向、别名及元信息

6.9.1 路由重定向

Vue Router 的路由重定向是指重定向到另外一个地址。比如，当用户访问'/a'时，URL 将会被替换成'/b'。然后匹配路由为/b，通过在 routes 配置项中添加 redirect 属性，可传入一个路径字符串，即可开启重定向，比如从'/a'重定向到'/newa'。代码如下：

```
const routes = [
    {
    path: '/a',
    redirect: '/newa'
    }
]
```

也可以通过 redirect 重定向到具名路由（即有名字的路由），给其传入一个带有 name 属性的对象。代码如下：

```
const routes = [
  {
    path: '/a',
    redirect: { name: 'newa' }
  }
]
```

或者为 redirect 传入一个方法，动态地返回重定向目标，该方法中掺入一个 to 参数，表示将要重定向的目标路由地址，再通过 return 返回重定向的字符串路径或路径对象。代码如下：

```
const routes = [
  {
    path: '/a', redirect: to => {
    // 方法接收目标路由作为参数
    // return 重定向的字符串路径/路径对象
    }
  }
]
```

6.9.2 路由的别名

别名即表示路由的另一个名字，它们虽然名字不同，但是代表同一个路由，通过 alias 属性来设置别名，比如将'/student'的别名设置为'/new'，这样当用户访问'/student'时，URL 会保持为'/new'，但是路由匹配到的还是'/student'，与用户访问'/student'是一样的效果。代码如下：

```
const routes = [
   { path: '/student', component: Student, alias: '/new' }
]
```

【例 6.6】路由重定向与别名例子。

编写两个组件 Home 和 Article，分别对应路由'/home'和'/article'，并通过 alias: '/myhome'为路由'/home'设置别名，访问'/home'和'/myhome'都将匹配到 Home 组件；而通过为根路径'/'设置重定向，使其当随机值大于 0.5 时重定向到'/home'路由，当小于 0.5 时则重定向名为'/article'路由。

```
<body>
   <div id="app">
      <router-view></router-view>
   </div>

   <script>
      const Home = {
         template: `<div>Hello，欢迎到首页！</div>`,
      }

      const Article = {
         template: `<ul><li>1. 重定向</li><li>2. 别名</li><li>3. 元信息
</li></ul>`,
      }

      const routes = [
         {
            path: '/', redirect: to => {
               if (Math.random() > 0.5) {
                  return '/home'
               } else {
                  return {
                     name: 'article'
                  }
               }
            }
         },
         { path: '/home', name: 'home', component: Home, alias: '/myhome' },
         { path: '/article', name: 'article', component: Article }
      ]

      const router = VueRouter.createRouter({
         history: VueRouter.createWebHashHistory(),
```

```
        routes,
      })

      const app = Vue.createApp({})
      app.use(router)
      app.mount('#app')
    </script>
  </body>
```

6.9.3 路由元信息

定义路由的时候可以为其添加 path、component、name、alias、redirect 等属性，除此之外，还可以配置 meta 属性，该属性即表示路由元信息。代码如下：

```
const routes = [
    {
    path: '/article',
    component: Article,
    children: [
    {
      path: 'post',
      component: Post,
      meta: { requiresAuth: true }
    }
   ]
  }
]
```

该 meta 即为路由元信息，其中把 routes 配置中的每一个路由对象都称为路由记录，即上述每一个{}对象中的路由都为路由记录。路由记录的特点是它可以嵌套，如果一个路由匹配成功，它可以匹配多个路由，比如上述代码中路由'/article'匹配成功后，由于该路由记录有 children 属性，所以它有嵌套的子路由，所以可以匹配到其下的子路由'/article/post'。而$route.matched 可以获得一个路由匹配到所有路由的路由记录，所以通过 some 方法能够将路由记录遍历出来。代码如下：

```
const routes = [
   { path: '/login', component: Login, },
   {
    path: '/article',
    component: Article,
    children: [
             {
                path: 'post',
                component: Post,
                meta: { requiresAuth: true }
             }
```

```
        ]
      },
      { path: '/home', component: Home, redirect: '/home' },
    ]

      const router = VueRouter.createRouter({
        history: VueRouter.createWebHashHistory(),
        routes,
      })

    router.beforeEach((to, from, next) => {
      if (to.matched.some(record => record.meta.requiresAuth)) {
        // to.matched 表示匹配路由的所有路由记录的数组
        // record.meta.requiresAuth 表示路由记录中的 meta 中的 requiresAuth 属性
        if (!auth.loggedIn()) {
          next({
            path: '/login',
            query: { redirect: to.fullPath }
          })
        } else {
          next()
        }
      } else {
        next() // 确保一定要调用 next()
      }
    })
```

通过上述代码中的 to.matched 获取到所有路由记录，然后通过 some 方法遍历判断是否含有路由元信息 requiresAuth，若含有且为真，则可进行后续判断。

6.10 Vue Router 的路由模式

Vue Router 提供两种路由模式，一种是 hash 模式，另一种是 history 模式。在 Vue Router 项目中默认是 hash 模式。这两种前端路由模式可以使得切换页面时不会重新刷新整个页面，而是局部刷新，也不会重新发送请求，即更新视图但不重新请求页面。

6.10.1 hash 模式

hash 模式的路由是基于 location.hash 来实现的，其表现就是地址栏里面带一个#号，#号后面的部分则为 hash 值。其实这是为了实现网页内快速定位用的，#号后面的内容发生变化不会引起提交，而是直接滚动页面，所以不会导致重新发送请求。比如一个网站地址为 https://www.mytext.com#search，其 location.hash 就为#search。再例如 vue-router 默认的启动页面地址为 http://localhost:8080#，也是 hash 模式。使用 URL 的 hash 来模拟一个完整的 URL，当 URL 改变时，页面不会重新加载。

它的特点是：

（1）hash 虽然出现在 URL 中，但不会被包括在 HTTP 请求中，即 hash 不会向服务端发送，因此，改变 hash 不会重新加载页面。

（2）可以为 hash 的改变添加监听事件，通过 hashChange 事件监听 hash 的改变，从而对页面进行跳转（渲染）：

```
window.addEventListener("hashchange", funcRef, false)
```

（3）每一次改变 hash（window.location.hash），都会在浏览器的访问历史中增加一个记录。因此可以通过浏览器的前进后退按钮切换 hash。

（4）可以通过单击 a 标签或对 JavaScript 的 location.hash 进行赋值来改变 hash 的值。Hash 模式的原理即是 onhashchange 事件。

【例 6.7】监听 hashchange 事件。

通过监听 hashchange 事件来监听 hash 的改变，从而将字体的颜色改为传入的 hash 值所对应的颜色，并且打印出旧的路径和新的路径。

```
<body>
    <div>监听 hash 改变字体颜色</div>
    <script type="text/javascript">
        window.onhashchange = function(event){
            console.log(event.oldURL,event.newURL)
            let hash = location.hash.slice(1);
            document.body.style.color = hash;
        }
    </script>
</body>
```

首先在地址栏输入 hash 为 blue，可以看见字体颜色变为蓝色，然后改为 yellow，字体颜色变为黄色，并且打印出新、旧两个地址，如图 6.14 所示。

图 6.14　监听 hash 值的改变

6.10.2　history 模式

HTML 5 提供了 History API 来实现 URL 的变化，如果不想在地址栏上带上 hash 的#，可以用路由的 history 模式，该模式就不会有#符号。它主要通过 history.pushState()和 history.replaceState()两个 API 来完成 URL 跳转而无须重新加载页面。前者是新增一个历史记录，后者是直接替换当前的历史记录。

```
window.history.pushState(null, null, path)
window.history.replaceState(null, null, path)
```

pushState 和 replaceState 两个方法用于改变 URL，再通过使用 popstate 事件监听 URL 的变化，从而对页面进行跳转（渲染）。但是 history.pushState()和 history.replaceState()不会触发 popstate 事件，所以需要手动触发页面跳转。对浏览器的前进、后退等操作可以通过以下几个方法实现：

```
history.go(-2);          // 后退两次
history.go(2);           // 前进两次
history.back();          // 后退
hsitory.forward();       // 前进
```

使用 history 模式需要后端支持。因为如果没有正确的后台配置，当访问不存在的页面时会出现 404，所以需要后台在服务端增加一个覆盖所有情况的候选资源。如果 URL 匹配不到任何静态资源，则应该返回同一个 index.html 页面，这个页面就是 App 所依赖的页面。

6.11 滚动行为

如果一个页面特别长，用户已经进行了页面滚动，这时候跳转到了下一个页面，页面滚动应该怎么处理？是直接让下一个页面滚到顶部，还是保持原先的滚动位置，就像重新加载页面那样？可以利用 Vue Router 中提供的 scrollBehavior 来处理这个问题。但是这个功能只在支持 history.pushState 的浏览器中可用，不过现代浏览器基本上都支持 history.pushState。

1. 基本用法

这个方法返回滚动位置的对象信息，形如{ x: number, y: number }：

```
scrollBehavior (to, from, savedPosition) {
 return { x: 0, y: 0 }
}
```

scrollBehavior 是在 createRouter 时传入的一个方法，比如我们在跳转页面时，页面总是滚到顶部，可以使用如下代码来实现：

```
const router = createRouter({
 history: createWebHashHistory(),
 routes: [...],
 scrollBehavior (to, from, savedPosition) {
  return { top: 0 } // 表示页面滚到顶部
```

```
  }
})
```

scrollBehavior 这个方法是 router 实例上的一个方法，它传入三个参数，分别是 to、form 和 savedPosition。to 表示新进入的页面路由，from 表示前一个页面的路由，savedPosition 表示要滚动到的位置，如果是浏览器的后退/前进按钮触发的页面切换，这个值是之前这个页面滚动到的位置。当要返回一个页面并且滚动到这个页面原来滚动的位置时，可以通过以下方式：

```
const router = createRouter({
  scrollBehavior(to, from, savedPosition) {
    if (savedPosition) {
      return savedPosition
    } else {
      return { top: 0 }
    }
  },
})
```

如果想要模拟“滚动到锚点”的行为，可以通过如下方式来实现：

```
const router = createRouter({
   scrollBehavior(to, from, savedPosition) {
      if (to.hash) {
          return {
            selector: to.hash
          }
      }
   },
 })
```

2. 异步滚动

也可以通过返回一个 Promise 延迟执行，来得出预期的位置描述，这样可以实现异步滚动：

```
const router = createRouter({
   scrollBehavior (to, from, savedPosition) {
      return new Promise((resolve, reject) => {
        setTimeout(() => {
          resolve({ x: 0, y: 0 })
        }, 500)
      })
   }
 })
```

3. 平滑滚动

要实现平滑滚动效果，只需将 behavior 选项添加到 scrollBehavior 内部返回的对象中，通过 behavior: 'smooth'就可以为支持它的浏览器启用原生的平滑滚动，使得页面的滚动效果更加流畅。

```
const router = createRouter({
    scrollBehavior (to, from, savedPosition) {
        if (to.hash) {
          return {
            selector: to.hash,
            behavior: 'smooth',
          }
        }
    }
})
```

【例 6.8】Vue Router 实现页面跳转后的滚动效果。

```
<style>
    * {
        padding: 0;
        margin: 0;
    }

    li {
        height: 200px;
        width: 100%;
        background-color: skyblue;
        margin-bottom: 10px;
    }
</style>

<body>
    <div id="app">
        <h1>滚动行为</h1>
        <router-view></router-view>
    </div>

    <script>
        const Home = { template: `<div>--首页---</div><router-view>
</router-view>` }
        const ProductList = {
            template: `<div>
            <p>---ProductList---</p>
            <ul>
                <li>product1</li>
                <li>product2</li>
                <li>product3</li>
                <li>product4</li>
                <li>product5</li>
                <li>product6</li>
                <li>product7</li>
```

```
          <li>product8</li>
        </ul>
        </div>` }

    const scrollBehavior = (to, from, savedPosition) => {
        let returnData = {}
        if (savedPosition) {
            returnData = savedPosition
        }
        else {
            returnData.x = 0
            returnData.y = 0
        }
        return returnData
    }

    const routes = [
        {
            path: '/',
            name: 'Home',
            component: Home, /* 首页 */
            children: [
                {
                    path: '/productList',
                    name: 'ProductList',
                    component: ProductList, /* 产品列表 */
                },
            ]
        }
    ]

    const router = VueRouter.createRouter({
        history: VueRouter.createWebHashHistory(),
        routes,
        scrollBehavior
    })

    const app = Vue.createApp({})
    app.use(router)
    app.mount('#app')
  </script>
</body>
```

该案例中有 Home 主页和 ProductList 产品页总共两个页面。首先访问主页，再通过地址栏/productList 访问 ProductList 产品页，并将产品页通过鼠标滚轮滚动到 product4 的位置，然后通过浏览器地址的回退按钮返回到主页，再次通过前进按钮访问产品页时可以看见产品页仍在 product4 的位置处，如图 6.15 从左到右所示。

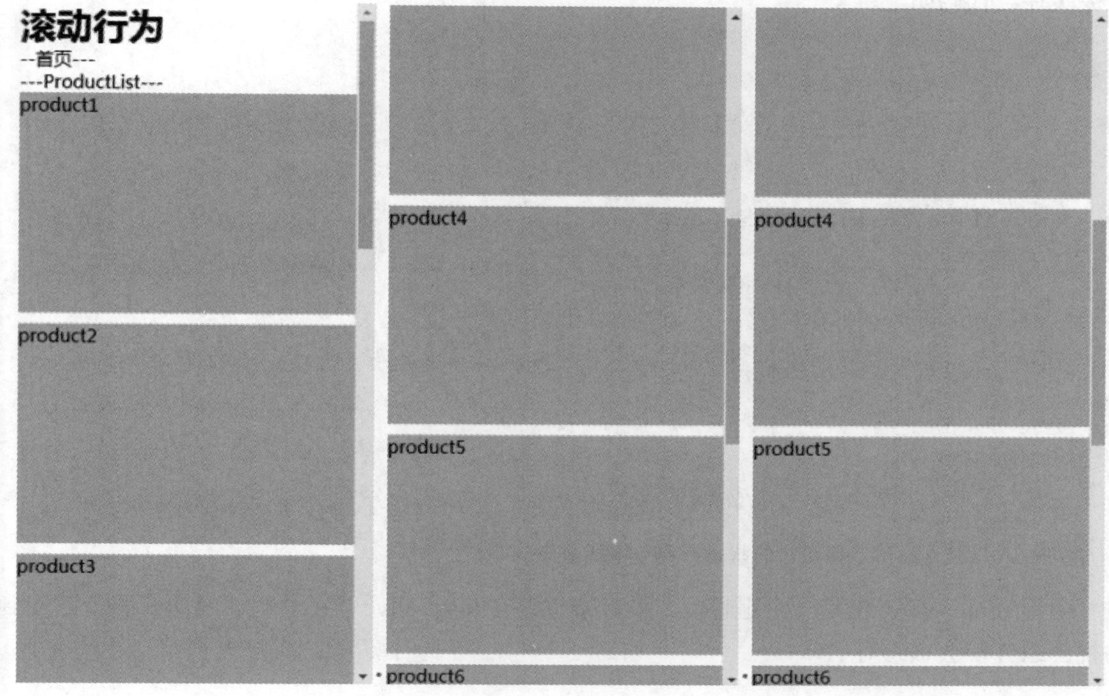

图 6.15　滚动行为案例

6.12 keep-alive

Vue 提供的<keep-alive></keep-alive>组件是 Vue 的内置组件，具有缓存功能，能够缓存不活动的组件，保存组件的状态，防止重复渲染，也能够结合<view-router></view-router>使用。一般情况下，组件进行切换的时候，默认会进行销毁，如果需要将某个组件切换后不进行销毁，而是保存之前的状态，那么就可以利用 keep-alive 来实现。

6.12.1　keep-alive 缓存状态

keep-alive 用法如下：

```
<keep-alive>
  <component>
    <!-- 该组件将被缓存！ -->
  </component>
</keep-alive>
```

它有两个属性，分别是 include 和 exclude：include 接收一个字符串或正则表达式，表示只有匹配的组件才会被缓存；exclude 也是传入字符串或正则表达式，表示任何匹配的组件都不会被缓存。代码如下：

```
const comp = {
        name: 'a',
        template: '<div>-----comp 组件----</div>'
    }

<keep-alive include="a">
  <component>
    <!-- name 为 a 的组件将被缓存！ -->
  </component>
</keep-alive>可以保留它的状态或避免重新渲染

<keep-alive exclude="a">
  <component>
    <!-- 除了 name 为 a 的组件都将被缓存！ -->
  </component>
</keep-alive>可以保留它的状态或避免重新渲染
```

由于 router-view 也是一个组件，如果直接包裹在 keep-alive 里面，则表示所有路径匹配到的视图组件都会被缓存。

```
<keep-alive>
   <router-view>
      <!-- 所有路径匹配到的视图组件都会被缓存！ -->
   </router-view>
</keep-alive>
```

如果只想 router-view 里面某个组件被缓存，就可以使用上面提到的 include 属性或者通过增加 router.meta 属性。代码如下：

```
<keep-alive include="a">
   <router-view>
      <!-- 只有路径匹配到的视图 a 组件会被缓存！ -->
   </router-view>
</keep-alive>

// router.meta 属性中增加 keepAlive 属性
const routes = [
      {
         path: '/',
         name: 'Home',
         component: Home,
         meta: {
            keepAlive: true // 需要被缓存
         }
      },
```

```
        {
            path: '/about',
            name: 'About',
            component: About,
            meta: {
                keepAlive: false // 不需要被缓存
            }
        }
    ]
```

所以 keep-alive 可以缓存组件的状态，在组件切换过程中将状态保存在内存中，防止重复渲染 DOM。有两个独立的生命周期钩子函数 actived 和 deactived，使用 keep-alive 包裹的组件在切换时不会被销毁，而是缓存到内存中并执行 deactived 钩子函数，在缓存渲染后执行 actived 钩子函数。

比如有 Home 和 About 两个组件，分别对应'/'和'/about'两个路由，每个组件内都有一个输入框可以输入内容。一般情况下，在 home 页面输入了内容之后直接切换到 about 页面，再返回 home 页面，会发现 home 页面中输入框原先输入的内容被清空了，这是由于切换后，Home 组件会被销毁，所以输入框的内容自然也就被清空了。如果想要 Home 组件内输入框的内容在切换页面之后返回去时不被清空，则可以使用 keep-alive 组件将 Home 组件包裹起来。

6.12.2　keep-alive 实现原理浅析

要想了解 keep-alive 的实现原理，就要从源代码角度看一下 keep-alive 组件究竟是如何实现组件的缓存的。在源代码中实现 keep-alive 组件时会在 setup 中创建一个 cache 对象，用来作为缓存容器，保存 vnode 节点：

```
const cache: Cache = new Map()
```

在组件被卸载的时候清除 cache 缓存中的所有组件实例。

```
function unmount(vnode: VNode) {
      // reset the shapeFlag so it can be properly unmounted
      vnode.shapeFlag = ShapeFlags.STATEFUL_COMPONENT
      _unmount(vnode, instance, parentSuspense)
    }

onBeforeUnmount(() => {
  cache.forEach(unmount)
})
```

组件挂载主要调用 render 函数，包括以下几个内容：① 确认需要渲染的 slot；② 将其状态置入缓存或读取已存在的缓存；③ 返回 slot 对应的 vnode；④ 紧接着调用 setupRenderEffect，渲染出 DOM。代码如下：

```
return () => {
    const children = slots.default()
```

```
    let vnode = children[0]
    cache.set(key, vnode)

    if (cached) {
      vnode.el = cached.el
      vnode.anchor = cached.anchor
      vnode.component = cached.component
      vnode.shapeFlag |= ShapeFlags.COMPONENT_KEPT_ALIVE
      keys.delete(key)
      keys.add(key)
    } else {
      keys.add(key)
    }
    return vnode
  }
```

当组件更新（即 slot 变化）时：首先会调用 keep-alive 组件的 render，即 setup 的返回函数，紧接着当某个 slot 卸载时会调用 deactivate 函数，将其移入缓存的 dom 节点中，当某个 slot 重新挂载时，则会调用 activate 函数，将其移入至挂载的 dom 节点中。在源代码中对应的代码为：

```
const storageContainer = createElement('div')
sink.activate = (vnode, container, anchor) => {
    move(vnode, container, anchor, MoveType.ENTER, parentSuspense)
    queuePostRenderEffect(() => {
      const component = vnode.component!
      component.isDeactivated = false
      if (component.a !== null) {
        invokeHooks(component.a)
      }
    }, parentSuspense)
  }

  sink.deactivate = (vnode: VNode) => {
    move(vnode, storageContainer, null, MoveType.LEAVE, parentSuspense)
    queuePostRenderEffect(() => {
      const component = vnode.component!
      if (component.da !== null) {
        invokeHooks(component.da)
      }
      component.isDeactivated = true
    }, parentSuspense)
  }
```

所以简单概况，其实现原理就是将对应的状态放入一个 cache 对象中，对应的 dom 节点放入缓存 DOM 中，当下次再次需要渲染时，从对象中获取状态，从缓存 DOM 中移出至挂载的 dom 节点中。

6.13 路由懒加载

路由懒加载表示在需要用到某个组件时才加载该组件，也称为延迟加载。

通常一个项目中涉及的路由非常多，所以对应不同的路由会有许多不同的页面组件，在通过 Webpack 等构建工具 build 打包之后会生成一个打包文件。但是由于许多页面代码都放在同一个 js 文件中，导致打包文件非常大。因此请求该文件所需时间也会很长，使得用户体验不好，比如会造成页面白屏时间过长。但通过把不同路由对应的组件分割成不同的代码块，然后当路由被访问时才加载对应组件，这样就更加高效快速了。路由懒加载即是通过这样的方式来将页面组件划分按需加载。

结合 Vue 的异步组件和 Webpack 的代码分割功能，就能实现路由组件的懒加载。通过箭头函数定义一个异步组件，让其返回一个 Promise 并 resolve 该组件本身：

```
const Foo = () =>
  Promise.resolve({
    /* 组件定义对象 */
  })
```

使用动态 import 语法来定义代码分块点，引入各个组件：

```
import('./Foo.vue') // 返回 Promise
```

然后将上述两种方式组合，即可实现异步加载组件：

```
const Foo = () => import('./Foo.vue')
```

最后在路由配置中正常进行 routed 路由对象的配置即可。

如果想把某个路由下的所有组件都打包在同个异步块（chunk）中。只需要使用命名 chunk 来异步加载各个路由组件，命名 chunk 是用一个特殊的注释语法来提供 chunk name。代码如下：

```
const Foo = () => import(/* webpackChunkName: "group-foo" */ './Foo.vue')
const Bar = () => import(/* webpackChunkName: "group-foo" */ './Bar.vue')
const Baz = () => import(/* webpackChunkName: "group-foo" */ './Baz.vue')
```

最终打包后，Foo、Bar、Baz 组件内容都将被打包在名为 group-foo 的打包文件中。

6.14 本章小结

本章主要介绍了 Vue Router 的概念和用法，包括导航路由、动态路由、两种路由模式（hash 和 history 模式）、路由组件传参方式和路由懒加载等内容。读者学习本章后，知道了通过路由可以实现页面跳转且不需要重新加载页面，更加深入理解了路由模式的特点。

第 7 章

ES6/ES7 快速入门

本章将学习即 ES6 和其新版本 ES7 的基础知识。它们为 JavaScript 增加了许多新的特性，比如提供了 Class 类实现了继承，Promise 可以更加简便地进行异步操作，解决了回调地狱的问题，等等。正是 ES6、ES7 的出现，使得代码更加简洁优雅。

本章主要涉及的知识点有：

- 变量声明
- ES6 的模块化
- async 和 await

7.1 变量声明

在 JavaScript 中可以通过 var 来声明一个变量，ES6 中新增了 let 和 const 来进行变量的声明，它们之间声明变量有一定的相同点，也有不同的地方。并且在 JavaScript 中声明函数必须要使用 function，但是在 ES6 中可以直接通过箭头函数的形式来声明。ES6 中也提供了许多对象属性和方法的简写形式，使得代码开发更加简便、快速。

7.1.1 var、let、const 关键字

1．var

使用 var 可以声明一个变量，并且可以声明重复的变量名，但是 var 无法提供常量的声明，它声明的变量也只存在全局作用域或者局部作用域（函数作用域），因此对于用 var 声明的变量来说存在以下几个缺点。

（1）由于 var 可以声明重复的变量，导致当项目较大时，同一个团队中不同开发人员之间可能会出现重复命名的情况，造成代码冲突。比如，同时声明了两个不同场景下的变量名 num：

```
var num = 1;
var num = 2;
```

这样就会导致后声明的变量值覆盖掉先声明的变量。

（2）它没有常量的概念，且可以随意修改已经声明的变量，这对需要一个不能被任意修改的变量是无法满足的：

```
var a = 1;
a = 2;
a = 19;
```

（3）不支持块级作用域，属于函数级作用域：

```
if ( true ) {
   var a = 1;
}
alert(a);
```

上述代码，在 if 条件块语句内声明一个 a 变量，可以在该代码块之外访问到该变量 a，但是有时这种情况是不被允许的，所以 var 无法提供一个块级作用域。

2．let

let 命令也可以用来声明变量，它的用法类似于 var，但是所声明的变量只在 let 命令所在的代码块内有效。如下代码，在一个代码块（{}）内分别用 let 和 var 声明两个变量 a 和 b，在{}外访问 a 和 b，可以正确访问到 b，但是访问 a 时报错，所以 let 声明的变量具有块级作用域。

```
{
   let a = 100;
   var b = 10;
}

console.log(a); // ReferenceError: a is not defined
console.log(b); // 10
```

let 没有变量提升，而 var 有变量提升，所以下面代码中访问 a 时只是结果为 undefined 的未定义，但是访问 b 时直接报错。

```
// var 的情况
console.log(a); // 输出undefined
var a = 10;

// let 的情况
console.log(b); // 报错ReferenceError: Cannot access 'b' before initialization
let b = 10;
```

let 不能声明重复的变量，否则将报错：

```
let a = 10;
let a = 100; // SyntaxError: Identifier 'a' has already been declared
```

并且 let 还存在一个特点，会形成暂时性死区，即只要块级作用域内存在 let 命令，它所声明的变量就绑定了这个区域，不再受外部的影响。如下代码，在条件语句外部通过 var 声明了全局变量 a，但是在条件语句内部，用 let 声明了一个局部的同名变量 a，此时 let 命名将变量 a 与 if 条件语句的代码块（即该块级作用域）相绑定，形成一个暂时性死区，该区域中所有在 let 命令之前对 a 进行操作的都将报错，并且不受外部全局变量 a 的影响。

```
var a = 100;

if (true) {
  a = 'abc'; // ReferenceError: Cannot access 'a' before initialization
  let a;  // let 命名将变量 a 与 if 条件语句的代码块相绑定，形成一个暂时性死区
}
```

3．const

const 命令也是 ES6 新增的，用于声明一个只读的常量。一旦声明，常量的值就不能改变，并且在声明时必须为其赋初始值。比如用 const 声明一个 number 类型的常量 NUM，如果不赋值就会报语法错误，提示必须为 const 声明的变量赋初始值。

```
const NUM; // SyntaxError: Missing initializer in const declaration
```

在用 const 声明并赋值之后，就不能再对该常量进行修改操作了，否则会报类型错误。

```
const NUM = 10;
NUM = 100; // TypeError: Assignment to constant variable
```

虽然对于用 const 声明的基本类型数据无法进行修改，但是像数组、对象等引用类型，由于变量是指向一个引用地址的，所以可以对引用类型中的属性进行修改。

```
const Member = ['a','b','c','d']
console.log(Member);  // ['a','b','c','d']
Member[2] = 'mmm';
console.log(Member);  // ['a','b','mmm','d']

const TYPE = {
    name: 'subject',
    count: 10,
    color: 'yellow'
}
console.log(TYPE); // { name: 'subject', count: 10, color: 'yellow' }
TYPE.count = 20;
console.log(TYPE); // { name: 'subject', count: 20, color: 'yellow' }
```

const 的作用域与 let 命令相同：只在声明所在的块级作用域内有效。

```
if (true) {
    const MAX = 5;
}

console.log(MAX); // ReferenceError: MAX is not defined
```

const 也没有变量提升，所以不能在声明之前访问。

```
console.log(NAME);
const NAME = 'lucy'; // ReferenceError: Cannot access 'NAME' before initialization
```

const 声明的常量，也与 let 一样不可重复声明。

```
const a = 10;
const a = 100; // SyntaxError: Identifier 'a' has already been declared
```

7.1.2 箭头函数

一般函数是通过 function 来直接声明的，然后直接调用即可。如下声明一个名为 fn 的函数：

```
function fn (name, age = 17) {
    console.log("我的名字是" + name + "，我今年" + age + "岁");
}
fn('lucy', 20); // 我的名字是 lucy，我今年 20 岁
```

ES6 提供了一种更加简洁的函数书写方式，不再显式使用 function 来定义函数，直接通过=>的形式来定义。其基本定义语法为：

```
(参数) => {函数体}
参数 => 函数体
```

通过()包裹需要传入的参数，{}内部为函数体内容，如果参数只有一个，可以省略()，如果函数体只有一个简单的返回语句或者只有一行语句则可以省略{}。代码如下：

```
() => 5;

a => console.log(a);

(a, b) => {
    let res = a + b;
    return res;
}
```

如下两段代码是等价的：

```
var fn = v => v;
// 等价于
var fn = function(a){
 return a;
}
f(1);  // 1
```

箭头函数没有自己的 this，它的 this 继承自其外层作用域，所以在箭头函数内部打印 this 结果为外层的 this 对象。代码如下：

```
var fn = () => {
    // 箭头函数里面没有自己的 this 对象，
    // 此时的 this 是外层的 this 对象，即 Window
    console.log(this)
}
fn(10)  // Window
```

箭头函数体中的 this 对象，是定义函数时的对象，而不是使用函数时的对象。所以下面代码中 this 指向 fn 中的 this：

```
function fn () {
    setTimeout(() => {
        // 箭头函数在此处定义，所以 this 绑定的是 fn 中的 this 对象
        console.log(this.a);
    }, 0)
}
var a = 20;
// 将 fn 的 this 指向为 {a: 10}
fn.call({ a: 10 });  // 10
```

箭头函数因为没有自己的 this，所以不能像构造函数一样使用 new，也无法用作构造函数，也不能使用 call、apply、bind 方法来改变 this 指向，它也没有 arguments 对象，所以不能使用 arguments。

```
var fn = () => {
    console.log(arguments)
}
fn(100);  // Uncaught ReferenceError: arguments is not defined
```

7.1.3 对象属性和方法的简写

在 ES6 之前，对象中的属性名和属性值必须写完整，在 ES6 中则可以对属性进行简写。代码如下：

```
// ES6 之前的写法
let name = 'lucy';
let age = 18;
let sex = '女'
let obj1 = {
    name: name,
    age: age,
    sex: sex
}
// ES6 中属性的简写
let obj2 = {
    name, // 等同于 name:name
    age, // 等同于 age:age
    sex // 等同于 sex:sex
```

```
}
console.log(obj1); // { name: 'lucy', age: 18, sex: '女' }
console.log(obj2); // { name: 'lucy', age: 18, sex: '女' }
```

同样对象中的方法也可以进行简写，方法的简写则是不需要在为该方法定义一个同名的属性，而是直接将该方法定义出来。代码如下：

```
let obj1 = {
    test: function () {
        console.log("obj1 的 test 函数");
    }
}
obj1.test();
// ES6 简化方法定义
let obj2 = {
    test () {
        console.log("obj2 的 test 函数");
    }
}
obj2.test();
```

7.2 模 块 化

7.2.1 ES6 模块化概述

JavaScript 在 ES6 加入了模块体系的语法，在此之前我们编写代码时必须依靠 require.js 之类的工具来实现模块化加载。

常见的提供模块化功能的有 CommonJS 和 AMD 模块。ES6 也提供了模块化思想，其模块的设计思想是尽量地静态化，使得编译时就能确定模块的依赖关系以及输入和输出的变量。CommonJS 和 AMD 模块都只能在运行时确定这些东西。如下是一段 CommonJS 模块的代码：

```
// CommonJS 模块
let { stat, exists, readfile } = require('fs');

// 等同于
let _fs = require('fs');
let stat = _fs.stat;
let exists = _fs.exists;
let readfile = _fs.readfile;
```

上述代码通过 require 引入 node.js 中的文件模块 fs，并获得该 fs 对象中的 stat、exists 和 readfile 属性对应的内容。实质上是先加载整个 fs 模块，生成一个对象，然后从该对象中读取其中的方法，这是“运行时加载”，无法做到“编译时加载”。

7.2.2 import 和 export

ES6 的模块化通过 import 和 export 关键字来实现模块的导入和导出。

```
// ES6 模块
import { stat, exists, readFile } from 'fs';
```

可以用 export 命令输出变量，代码如下：

```
export var name= 'Lucy';
export var sex = 'sex';
// 等价于
var name= 'Lucy';
var sex = 'sex';
export { name, sex};
```

也可以导出函数，或者同时导出多个函数，使用 as 来重命名该导出的模块，代码如下：

```
export function multiply(x, y) {
  return x * y;
};
// 或
function v1() { ... }
function v2() { ... }

export {
  v1,
  v2 as moduleV2
};
```

然后可以通过 import 引入对应的文件，代码如下：

```
import {moduleName} from './xxx.js'
```

同样也可以在引入时使用 as 来重新命名变量。import 后面接的路径可以是相对路径，也可以是绝对路径：

```
import {method as newName} from './xxx.js';
```

import 引入采用的是单例模式，多次用 import 引入同一个模块时，只会引入一次该模块的实例：

```
import { foo } from 'my_module.js';
import { bar } from 'my_module.js';
// 等同于，并且只会引入一个 my_module 实例
import { foo, bar } from 'my_module.js';
```

也可以用 import * as XXX 来加载整个模块：

```
import * as all from './target_module.js'
console.log(all.a, all.b, all.c)
```

此外可以使用默认导出的方式（export default）来导出。export default 用于指定模块的默认输出，如果不指定 export default，那么其他模块在用 import 引用的时候就必须知道输出模块输出的变量名，并用大括号包裹起来。而用 export default 输出，就不需要用大括号了。如下代码：

```
// 比如用 export default 输出自身，其他地方再用 import 引入
export default {
  // 一些代码
}
// 路由文件
import target from './.target.js'
```

7.3 async 和 await

在 JavaScript 中，在 ES6 之前，要想在请求回数据之后利用请求的某个数据作为参数传入并请求另一个资源，如果其他资源也把该资源中的某个数据作为请求参数，这样就会造成函数内嵌套多个函数，形成回调地狱。为了解决回调地狱，ES6 提出了 Promise，通过 Promise 的 then 方法形成 then 链去处理。而 ES7 提出了 async 和 await 来进一步优化 Promise 的 then 链，使得代码的编写更接近同步代码。

1. Promise

promise 主要是为了解决 JavaScript 中多个异步回调难以维护和控制的问题，通过 new promise().then().then().then()...这样的 then 链处理返回的结果。Promise 有三个状态，pending（未完成）、fulfilled（完成）、rejected（失败），其状态只能从 pending 到 fulfilled 或 rejected，状态一旦改变则无法逆转。Promise 构造函数接受两个参数 resolve 和 reject，分别表示异步操作执行成功后的回调函数和异步操作执行失败后的回调函数。如下代码：

```
let p = new Promise((resolve, reject) => {
    setTimeout(() => {
        let a = "a1";
        if (a == "a") {
            resolve("成功");
        }
        else {
            reject("失败");
        }
    }, 1000)
}).then(res => {  // 成功的回调
    console.log(res);
    console.log('成功');
}, error => {  // 失败的回调
```

```
    console.log(error);
    console.log('失败');
  })
```

Promise 的出现解决了回调地狱的问题，即它跳出了异步嵌套的怪圈，转而用 then 链，表达更加清晰，如下代码：

```
const myDelay1 = (delay) => {
    return new Promise((resolve, reject) => {
        if (typeof delay != 'number') {
            reject(new Error('参数必须是 number 类型'));
        }
        setTimeout(() => {
            resolve(`我延迟了${delay}毫秒后输出的`)
        }, delay)
    })
}
const myDelay2 = (seconds) => {
    return new Promise((resolve, reject) => {
        if (typeof seconds != 'number' || seconds > 5000) {
            reject(new Error('参数必须是 number 类型，并且不能超过 5000 毫秒'));
        }
        setTimeout(() => {
            resolve(`我延迟了${seconds}秒后输出的是第二个函数`)
        }, seconds * 1000)
    })
}
myDelay1(2000)
    .then((result) => {
        console.log(result) // 我延迟了 2000 毫秒后输出的
        console.log('我到了第一个函数中');
        return myDelay1(3000)
    })
    .then((result) => {
        console.log('我到了第二个函数中');
        console.log(result); // 我延迟了 3000 毫秒后输出的
    }).catch((err) => {
        console.log(err);
    })
```

但是 Promise 也存在欠妥的地方，当存在大量的异步请求的时候，请求流程嵌套、复杂的情况下，会发现大量的 then 方法被链接使用，阅读起来非常不方便。而 ES7 的 async/await 的出现就是为了解决这种复杂的情况，它的出现使得异步的语法更加类似同步代码的形式，更加简洁明了。

2. async 和 await

async 和 await 也是为了处理异步操作的，它是一种基于 Promise 和 Generator 的语法糖，可以使得代码看起来像同步代码。async 用于申明一个函数 function 是异步的，而 await 可以认为是 async wait 的简写，它是等待一个异步方法执行完成。其基本语法如下：

```
async function test(params){
    const res = await test1();
}
async function test1(){
    // ...
}
test();
```

上述代码中 await test1()表示在此处等待 test1 返回 Promise 结果后再继续执行。代码如下：

```
async function demo() {
    let result = await Promise.resolve(123);
    console.log(result); // 123
}
demo();
```

如下形式的声明是错误的写法：

```
const async test =  function () {} // 错误
```

async 返回的是一个 Promise，必须在函数的开始加上 async 来表示该函数是一个 async 函数，而 await 只能用在这个 async 对应的函数内部，其他地方不能使用 await，否则就会报错。如下代码：

```
var data = '1123'
demo = async function () {
    const test = function () {
        await data
    }
}
```

该代码就会报错：SyntaxError: await is only valid in async function。await 必须是在对应的这个 async 声明的函数内部使用。

如下一段代码为 Promise 的 then 链调用，第一次传入 100 到 sleep 函数中得到结果，之后返回一个 Promise，再次利用该结果加上 100 当作参数传入 sleep 函数调用，然后再用上一次结果加上 100 传入 sleep 函数，最后返回结果，得到结果值 300。

```
function sleep (wait) {
    return new Promise((resolve, reject) => {
        setTimeout(() => {
            resolve(wait);
        }, wait);
```

```
    });
}

let p1 = sleep(100);

p1.then(res => {
    return sleep(res + 100);
}).then(res2 => {
    return sleep(res2 + 100);
}).then(res3 => {
    console.log(res3); // 300
})
```

这种形式虽然解决了回调地狱，但也存在 then 方法的多次调用。为了解决 Promise 冗长的 then 链，出现了 async、await，如下代码是使用 async 和 await 来改进上述代码，使其更加简洁、清晰。

```
async function test () {
    let res1 = await sleep(100);
    // 上一个 await 执行之后才会执行下一句
    let res2 = await sleep(res1 + 100);
    // 将结果直接传入下一次调用函数中
    let res3 = await sleep(res2 + 100);
    console.log(res3); // 300
    return res3;
}

test().then(res => {
    console.log(res); // 300
});
```

因为 async 函数返回的是一个 Promise，所以 async 和 await 对于错误的处理也更加方便，可以在外面 catch 住错误。如下代码，可以直接在最后使用 catch 方法捕获错误。

```
const test = async () => {
    const result = await test1();
    console.log(result);
    console.log(await test2());
    console.log(await test3());
    console.log('完成了');
}
test().catch(err => {
    console.log(err);
})
```

上述代码直接在 async 函数的 catch 中捕获错误，当作一个 Pormise 处理。如果想要在任何一步中，只要出现错误就捕获错误的话，可以使用 try...catch 语句，代码如下：

```
(async () => {
    try {
        const result = await test1();
        console.log(result);
        console.log(await test2());
        console.log(await test3());
        console.log('完成了');
    } catch (e) {
        console.log(e); // 这里捕获错误
    }
})()
```

除此之外，不同于 Promise 的链式写法，在 async/await 中，如果想要中断代码程序就比较容易。因为 Promise 本身是无法中止的，它只是一个状态机，存储三个状态（pending、resolved、rejected），并且状态一经改变就无法逆转，所以 Promise 是无法做到终止进行中的程序的。async 想要中断的时候，直接 return 一个值就行，这个值可以是 null、空值或 false。代码如下：

```
var count = 4;
const test = async () => {
    const res1 = await myDelay1(1000);
    console.log(res1);
    const res2 = await myDelay2(count);
    console.log(res2);
    if (count >= 4) {
        // 大于等于 4 就终止程序
        return '';
        // 以下写法都可以终止程序
        // return;
        // return false;
        // return null;
    }
    // 这之后的不会被执行
    console.log(await myDelay1(1000));
    console.log('完成了');
};
test().then(result => {
    console.log(result);
})
.catch(err => {
 console.log(err);
})
```

上述代码当 count>=4 时，就会直接 return，终止后面代码的运行，所以最终结果如下：

```
我延迟了 1000 毫秒后输出的
我延迟了 4 秒后输出的是第二个函数
```

7.4 本章小结

本章主要介绍了几种常见的 ES6 和 ES7 中提供的新特性，包括 let 和 const 用于变量声明时的特点，箭头函数与普通函数的区别及其使用方法，如何使用 import 和 export 来进行模块化的导入和导出。最后介绍了 ES7 中的 async 和 await 如何改进 Promise 处理异步操作时存在的问题。

第8章

axios 快速入门

本章将介绍 axios 相关的知识，axios 是一个可用于浏览器端和 Node 端的请求库，它是基于 Promise 封装而成的，是现代前端开发的重要工具，能够方便快捷地进行接口数据的请求。

本章主要涉及的知识点有：

- axios 与 vue-axios
- 利用 axios 实现一个 demo
- axios 相关 API
- axios 请求的响应数据的结构

8.1 什么是 axios

axios 是一个基于 Promise 的 HTTP 库，可以用在浏览器和 Node.js 中，即可以用于浏览器中或 Node 中的 get、post 等各种请求，并且 axios 已经将许多特性都封装好了，可以自动转换 JSON 数据、能够拦截请求和响应等，是现在 Vue 项目开发首选的一个库。

8.2 vue-axios 的使用

vue-axios 是基于 Vue.js 封装好的一个发送请求的 axios 小型插件，是一个整合 axios 和 Vue 的框架，更加适合于 Vue 项目的开发。

8.2.1 安装

axios 与 vue-axios 的区别就在于，axios 是一个库，并不是 Vue 中的第三方插件，使用时不能通过 Vue.use()安装插件，需要在原型上进行绑定。

步骤 01 首先需要安装 axios，可通过 npm 或者 script 形式引入，代码如下：

```
npm install axios
```

```
// 或者
<script src="https://unpkg.com/axios/dist/axios.min.js"></script>
```

步骤02 安装成功之后需要在 main.js 文件中引入 axios 并绑定到原型链上。Vue 2.x 版本按照如下方式挂载：

```
import Vue from 'vue'
import axios from 'axios'
Vue.prototype.$axios = axios;
```

Vue 3 版本则通过以下方式挂载：

```
import { createApp } from 'vue'
import App from './App.vue'
import axios from 'axios'

const app = createApp(App);

app.config.globalProperties.$axios = axios;
```

而 vue-axios 是将 axios 集成到 Vue.js 的小包装器，可以像插件一样进行安装。通过 npm 的方式来安装：

```
npm i vue-axios
```

步骤03 在 main.js 中按照顺序分别引入 vue、axios、vue-axios 这三个文件，并通过 Vue.use() 来注册 vue-axios，Vue 2.x 版本：

```
import Vue from 'vue'
import axios from 'axios'
import VueAxios from 'vue-axios'

Vue.use(VueAxios, axios)
```

Vue 3 版本：

```
import { createApp } from 'vue'
import App from './App.vue'
import axios from 'axios'
import VueAxios from 'vue-axios'

const app = createApp(App);

app.use(VueAxios, axios);
app.config.globalProperties.$axios = axios;

app.mount('#app')
```

8.2.2 第一个 Demo

步骤01 首先新建一个 demo 文件夹，然后进入 demo 文件夹，通过如下命令生成一个 package.json 文件：

```
npm init -y
```

步骤02 为了能够通过接口来请求数据，本书使用在最开始提到的 json-server 来创建一个请求接口并模拟数据，通过如下命令安装 json-server：

```
npm install -g json-server
```

步骤03 创建一个数据文件 db.json，存储以下数据内容：

```
{
    "students": [
      { "id": 1, "name": "zhangsan", "sex": "male", "score": 89 },
      { "id": 2, "name": "wangwu", "sex": "female", "score": 79 },
      { "id": 3, "name": "lisi", "sex": "femal", "score": 95 },
      { "id": 4, "name": "qiyi", "sex": "male", "score": 93 }
    ],
    "homeworks": [
      { "work_id": "001", "type": "Math", "count": 1 },
      { "work_id": "002", "type": "English", "count": 1 },
      { "work_id": "003", "type": "P.E", "count": 1 }
    ]
}
```

步骤04 通过如下命令启动 json-server 服务器：

```
json-server --watch db.json
```

可以看到出现图 8.1 中的内容，则代表启动成功。

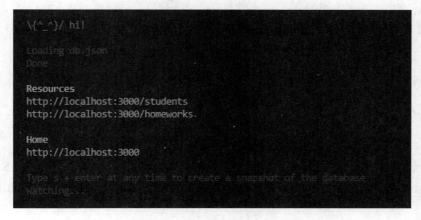

图 8.1　成功启动 json-server

出现两个请求接口 http://localhost:3000/students 和 http://localhost:3000/homeworks，这两个接口对应 db.json 中的数据。

步骤05 通过以下两行命令创建 Vue 项目并安装 axios 和 vue-axios：

```
vue create vue-axios-demo
npm install --save axios vue-axios
```

步骤06 通过命令运行项目。

首先在 main.js 中引入：

```
import axios from 'axios'
import VueAxios from 'vue-axios'

const app = createApp(App);

app.use(VueAxios, axios);
```

然后在 App.vue 中创建一个 button 按钮，给它增加一个单击事件，当单击该按钮时获取 students 数据。代码如下：

```
<template>
  <div>
    <button @click="getData">获取 students 数据</button>
  </div>
</template>
<script>

export default {
  name: 'App',
  methods: {
    getData () {
      this.$axios.get('http://localhost:3000/students').then((res) => {
        console.log(res.data)
      })
    }
  }
}
</script>
```

以上代码给 button 按钮的单击事件绑定 getData()方法，在方法中通过 this.$axios.get(url)的方式传入 students 对应的 API 接口地址，通过.then 方法获取结果并打印，结果如图 8.2 所示。

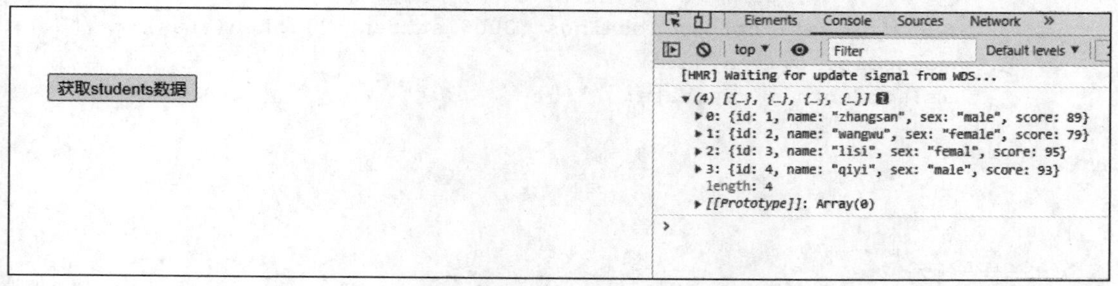

图 8.2 获取 students 接口数据

可以看见控制台上打印出来了一个包含四条数据的数组，这就是 students 接口所对应的内容。将请求到的数据渲染到页面上，代码如下：

```
<template>
  <div>
    <button @click="getData">获取 students 数据</button>
    <table>
      <thead>
        <tr>
          <th>学号</th>
          <th>姓名</th>
          <th>性别</th>
          <th>分数</th>
        </tr>
      </thead>
      <tbody>
        <tr v-for="item in students" :key="item.id">
          <td>{{item.id}}</td>
          <td>{{item.name}}</td>
          <td>{{item.sex}}</td>
          <td>{{item.score}}</td>
        </tr>
      </tbody>
    </table>
  </div>
</template>

<script>
export default {
  name: 'App',
  data () {
    return {
      students: []
    }
  },
  methods: {
    getData () {
```

```
      this.$axios.get('http://localhost:3000/students').then((res) => {
        // console.log(res.data)
        this.students = res.data;
      })
    }
  }
}
</script>
<style lang="less">
#app {
  background-color: yellow;
  text-align: center;
  color: #2c3e50;
  margin-top: 60px;
}
</style>
```

渲染结果如图 8.3 所示。

获取students数据

学号	姓名	性别	分数
1	zhangsan	male	89
2	wangwu	female	79
3	lisi	femal	95
4	qiyi	male	93

图 8.3　请求数据渲染结果

8.3 axios API

8.3.1 通过配置创建请求

可以通过向 axios 方法中传递相关配置来创建请求，语法形式如下：

```
axios(config)
axios(url,config)
```

config 配置项中各个配置属性功能如下：

- url：表示接口的请求地址。
- method：表示请求方法，可以是 get、post、put 等。
- beseURL：表示所有接口的公共基础地址，比如 https: //localhost:8000/。
- transformRequest：表示[...(data,headers)=>data]在请求之前允许修改请求数据。
- transformResponse：表示[...(data)=>data]在返回响应前允许修改响应数据。

- headers：表示请求头配置，比如{'Authorization':'...'}。
- params：表示查询参数，比如{id:111}。
- paramsSerializer：表示查询参数序列化器。
- data：表示要提交的数据，比如{username:'lucy',password:123}。

如下例子：

```
// 发送 POST 请求，接口地址为'/user/12345'
axios({
  method: 'post',
  url: '/user/12345',
  data: {
    firstName: 'Fred',
    lastName: 'Flintstone'
  }
});
// 获取远端图片
axios({
  method:'get',
  url:'http://bit.ly/2mTM3nY',
  responseType:'stream'
})
  .then(function(response) {
  response.data.pipe(fs.createWriteStream('ada_lovelace.jpg'))
});
```

当 axios 中只传一个 url 时，默认请求方法为 get。

8.3.2 使用请求方法的别名

可以直接通过别名的请求方法来请求接口数据。使用别名方法时，无须再配置 url、method、data 这些属性，语法形式如下：

```
axios.request(config)
axios.get(url[, config])
axios.delete(url[, config])
axios.head(url[, config])
axios.options(url[, config])
axios.post(url[, data[, config]])
axios.put(url[, data[, config]])
axios.patch(url[, data[, config]])
```

8.3.3 创建 axios 实例

通过创建 axios 实例，调用实例的请求方法，用自定义配置新建一个 axios 实例 instance，代码如下：

```
// axios.create([config])
const instance = axios.create({
  baseURL: 'https://some-domain.com/api/',
  timeout: 1000,
  headers: {'X-Custom-Header': 'foobar'}
});
```

以下为实例 instance 可以使用的请求方法：

```
instance.request(config)
instance.get(url[, config])
instance.delete(url[, config])
instance.head(url[, config])
instance.options(url[, config])
instance.post(url[, data[, config]])
instance.put(url[, data[, config]])
instance.patch(url[, data[, config]])
```

8.3.4 配置全局的 axios 默认值

如下几行代码表示配置 axios 的默认值，通过 axios.default.配置属性来设置。

```
axios.defaults.baseURL = 'https://api.example.com';
axios.defaults.headers.common['Authorization'] = AUTH_TOKEN;
axios.defaults.headers.post['Content-Type'] =
'application/x-www-form-urlencoded';
```

以上代码分别配置了全局默认的公共请求地址前缀为 https://api.example.com，公共请求头和请求类型为 application/x-www-form-urlencoded。

8.3.5 请求和响应拦截器

拦截器表示在请求或响应被 then 或 catch 处理前拦截它们，从而能够对这些请求和响应进行一些处理与操作。请求拦截器，它可以统一在发送请求前在请求体里加上 token。响应拦截器，是在接收到响应之后进行的一些操作，比如，服务器返回登录状态失效需要重新登录的时候，就让它跳到登录页面。

添加请求拦截器主要是通过 axios.interceptors.request.use()方法，添加响应拦截器主要是通过 axios.interceptors.response.use()方法，代码如下：

```
// 添加请求拦截器
axios.interceptors.request.use(function (config) {
    // 在发送请求之前做些什么
    // 为请求头对象添加 token 验证的 Authorization 字段
    config.headers.Authorization = window.sessionStorage.getItem('token')
    return config;
}, function (error) {
    // 对请求错误做些什么
```

```
    return Promise.reject(error);
});

// 添加响应拦截器
axios.interceptors.response.use(function (response) {
    // 对响应数据做点什么
    // 拦截响应，统一处理
    if (response.data.code) {
        switch (response.data.code) {
            case 1002:
                store.state.isLogin = false
                router.replace({
                    path: 'login',
                    query: {
                        redirect: router.currentRoute.fullPath
                    }
                })
        }
        return response;
    }

}, function (error) {
    // 对响应错误做点什么
    return Promise.reject(error);
});
```

8.4 响应结构

通过 axios 发送一个请求，请求回来的响应数据是有一定规律和结构的。以下即为请求回来的响应数据的结构：

```
{
  // 'data' 由服务器提供的响应
  data: {},

  // 'status' 来自服务器响应的 HTTP 状态码
  status: 200,

  // 'statusText' 来自服务器响应的 HTTP 状态信息
  statusText: 'OK',

  // 'headers' 是服务器响应头
  // 所有的 header 名称都是小写，而且可以使用方括号语法访问
  // 例如: 'response.headers['content-type']'
```

```
  headers: {},

  // 'config' 是 'axios' 请求的配置信息
  config: {},

  // 'request' 是生成此响应的请求
  // 在 node.js 中它是最后一个 ClientRequest 实例 (in redirects)
  // 在浏览器中则是 XMLHttpRequest 实例
  request: {}
}
```

其中：data 表示服务器返回的数据；status 表示响应的状态码；statusText 表示响应的信息内容；headers 表示服务器的响应头；config 表示 axios 请求的配置信息；request 表示生成该响应数据的请求。比如上文中请求的 students 接口返回的响应数据 response 如图 8.4 所示。

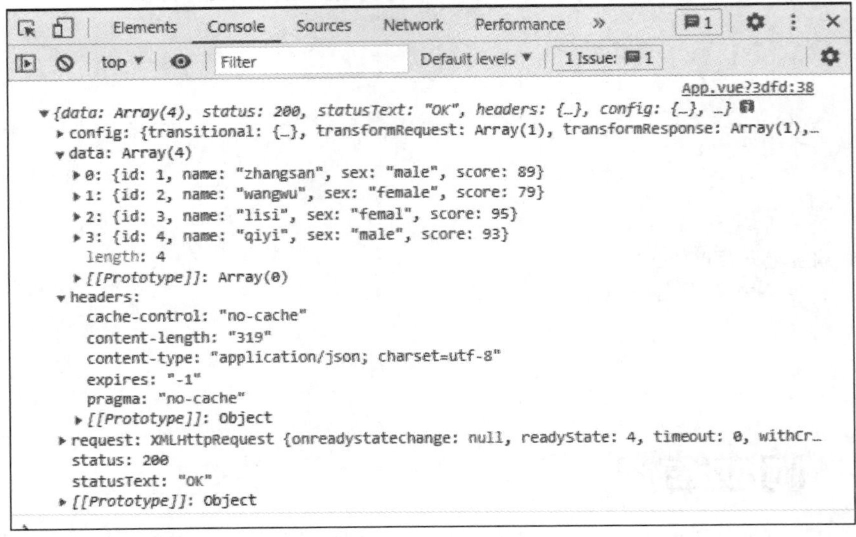

图 8.4　axios 请求返回的响应数据

【例 8.1】Vue+axios 实现封装请求例子。

封装一个 axios 的请求方法，基本步骤为：首先引入安装的 axios 库，定义一个请求方法 request，在该方法中通过 create 方法创建 axios 实例 instance，然后使用 axios 的请求拦截器实现一些操作并返回 config，使用响应拦截器，当响应成功拦截后，可以直接返回 res.data，即请求接口地址返回的真正数据内容。代码如下：

```
// 引入安装的 axios 库
import axios from 'axios'
// 封装 axios 请求方法 request 并导出该方法
export function request(config) {
    // 1.通过 create 方法创建 axios 实例 instance
    const instance = axios.create({
        // 地址的公共前缀
```

```
        baseURL: 'http://localhost:3000/api/',
        // 设置超时时间
        timeout: 5000
    })

    // 2.使用 axios 的请求拦截器实现一些操作，
    // 比如某些网络请求（比如登录），必须携带 token 信息
    //  2.1 请求拦截
    instance.interceptors.request.use(config => {
        //  设置 token
        const token = localStorage.getItem('token');
        if(token){
            config.headers[Autherization] = token;
        }
        return config
    }, err => {
        // 请求失败拦截
        return err
    });
    //  2.2 响应拦截
    instance.interceptors.response.use(res => {
        // 响应成功拦截，可以直接返回 res.data
        return res
    }, err => {
        // 响应失败拦截
        return err
    })

    // 3.发送真正的请求
    //  instance 本身是一个 promise 对象，可以通过 then 方法获取
    return instance(config)
}
```

8.5 本章小结

本章主要介绍了如何利用 axios 请求服务器数据，并介绍了如何利用 axios 提供的拦截器进行一些拦截操作，同时还讲解了返回的响应数据的结构。

第 9 章

移动端 Web 屏幕适配和 UI 框架

前端移动端 Web 开发无可避免的问题就是屏幕适配。随着 HTML 5 和 CSS 3 的发展，出现了媒体查询、Flex 布局等，为屏幕适配提供了多种解决方案。本章节将详细介绍如何进行移动端 Web 屏幕适配，以及有哪些适合移动端的 UI 框架。

本章主要涉及的知识点有：

- 视区的概念
- Flex 布局
- rem 布局、媒体查询
- vw 适配
- 移动 UI 框架

9.1 视 区

在移动设备上进行网页开发，首先得弄清楚移动设备上的视区（Viewport），只有明白了视区的概念以及弄清楚了跟视区有关的 meta 标签的使用，才能更好地进行适配或响应不同分辨率的移动设备。本小节介绍视区的相关概念，会涉及与像素有关的几个概念以及如何设置视区。

9.1.1 物理像素和 CSS 像素

像素（px），也就是 pixel 的缩写，它是图像显示的基本单元，每个像素都有色彩数值和位置，每个图像由若干个像素组成，比如一幅标有 1024×768 像素的图像，就表明这幅图像的长边有 1024 个像素，宽边有 768 个像素，共由 1024×768=786432 个像素组成。但是从概念上来说，像素既不是一个确定的物理量，也不是一个点或者小方块，而是一个抽象概念。所以像素所代表的具体含义要从其处于的上下文环境来具体分析。物理像素和 CSS 像素就是不同的上下文。

- 物理像素：又被称为设备像素，以 pt 为单位，它是设备屏幕实际拥有的像素点，主要和渲染硬件相关。比如 iPhone 6 的屏幕在宽边上有 750 个像素点，长边有 1334 个像素点，所以 iPhone 6 总共有 750 × 1334 个物理像素。
- CSS 像素：又被称为逻辑像素，以 px 为单位，是软件程序系统中使用的像素。比如

Web 前端页面对应的就是 CSS 像素。逻辑像素在最终渲染到屏幕上时会由相关系统转换为物理像素。

- 设备像素比：一个设备的物理像素与逻辑像素之比。可以在 JavaScript 中使用 window.devicePixelRatio 获取到。

9.1.2　视区分类

视区也称视口。在移动设备上视区是指设备的浏览器中用来显示网页的那部分屏幕区域，即浏览器上用于显示页面的那部分区域。所以视区可能会比浏览器的可视区域大，也可能比浏览器的可视区域小，默认情况下，移动设备的视区是大于浏览器的可视区域的。大部分移动设备上的浏览器会默认设置为 980px 或 1024px 的视区，所以可能会出现横向滚动条。

视区分为可见视区（visual viewport）和布局视区（layout viewport），可见视区是指浏览器窗口的可视区域，而布局视区是指 CSS 在应用时所设置的布局的最大宽度，布局视区是可以大于可见视区的。移动设备默认的视区是布局视区。

9.1.3　设置视区

在一个 HTML 页面开始部分，通常会有一个视区的 meta 标签：

```
<meta name="viewport" content="width=device-width, initial-scale=1.0, maximum-scale=1.0, user-scalable=no">
```

该 meta 标签的作用是让当前视区的宽度等于设备的宽度，同时不允许用户手动缩放。通常会通过 width=device-width 让视区的宽度等于设备的宽度，如果不这样设定的话，就会使用比屏幕宽的默认视区，即布局视区，也就是说会出现横向滚动条。

通过给 meta 标签的 name 属性设置 viewport 就可以给视区设置相应内容了，其中 content 属性内的 width 表示设置布局视区的特定值，一般为 device-width。initial-scale 表示设置页面的初始缩放，为 1 表示不缩放；minimum-scale 表示最小缩放；maximum-scale 表示最大缩放；user-scalable 表示用户能否缩放；yes 表示用户可以进行缩放；no 表示不可以缩放。如表 9.1 所示。

表 9.1　Viewport 属性设置

属 性 名	取　值	描　述
width	正整数或‘device-width’	定义视口的宽度，单位为像素
height	正整数或‘device-height’	定义视口的高度，单位为像素，一般不用
initial-scale	[0.0~10.0]	定义初始缩放值
minimum-scale	[0.0~10.0]	定义缩小最小比例，它必须小于或等于 maximum-scale 设置
maximum-scale	[0.0~10.0]	定义放大最大比例，它必须大于或等于 minimum-scale 设置
user-scalable	yes/no	定义是否允许用户手动缩放页面，默认为 yes

9.2 响应式布局

响应式布局是为移动端网站开发的，就是一个网站能够兼容多个终端，而不是为每个终端都要做一个特定的版本。在同一个网页上，网页内容能够根据屏幕大小的不同自动调整网页之中的内容布局。从响应式界面的外观来看，同一页面在不同大小、不同比例和不同分辨率上都能够自适应。

9.2.1 媒体查询

媒体查询（Media Query）是响应式布局的一种重要的实现方案，使用媒体（@media）查询，可以针对不同的媒体类型（mediatype）定义不同的样式，能在不同的条件下使用不同的样式，使页面在不同的终端设备下达到不同的渲染效果。当改变浏览器宽度时也会自动进行调整并重新渲染页面。媒体查询的语法为：

```
@media 媒体类型 and|not|only （媒体特性）{对应样式}
// 即
@media mediatype and|not|only (media feature) {
   CSS-Code;
}
```

媒体查询必须以@media 开头，然后指定媒体类型，媒体类型即为设备类型，常见的有screen；接着指定媒体特性，即为设备特性，也就是样式生效的条件。媒体特性主要分为两个部分，第一个部分指的是媒体特性（比如 max-width、min-width），第二部分为媒体特性所指定的值，而且这两个部分之间使用冒号分隔，如下代码：

```
@media screen and (max-width:320px){
 body {
   background: green;
 }
}
```

上述代码表示当页面的宽度小于 320px 时修改背景颜色为绿色；媒体类型为 screen 屏幕；and 表示必须要满足后面的媒体特性，即屏幕最大宽度不超过 320px 时，设置的样式就生效。

常见的媒体类型取值如表 9.2 所示。

表 9.2 媒体类型取值

媒体类型可取值	描 述
all	表示用于所有设备
print	表示用于打印机和打印预览
screen	表示用于电脑屏幕、平板电脑、智能手机等
speech	表示应用于屏幕阅读器等发声设备
maximum-scale	定义放大的最大比例，它必须大于或等于 minimum-scale 设置
user-scalable	定义是否允许用户手动缩放页面，默认为 yes

媒体特性取值如表 9.3 所示。

表 9.3　媒体特性取值

媒体类型可取值	描　述
aspect-ratio	定义输出设备中的页面可见区域宽度与高度的比率
color	定义输出设备每一组彩色原件的个数，如果不是彩色设备，则值等于 0
color-index	定义在输出设备的彩色查询表中的条目数，如果没有使用彩色查询表，则值等于 0
speech	表示应用于屏幕阅读器等发声设备
device-aspect-ratio	定义输出设备的屏幕可见宽度与高度的比率
device-height	定义输出设备的屏幕可见高度
device-width	定义输出设备的屏幕可见宽度
grid	用来查询输出设备是否使用栅格或点阵
height	定义输出设备中的页面可见区域高度
max-aspect-ratio	定义输出设备中页面可见宽度与高度的比率
max-color	定义输出设备每一组彩色原件的最大个数
max-color-index	定义在输出设备的彩色查询表中的最大条目数
max-device-aspect-ratio	定义输出设备的屏幕可见宽度与高度的比率
max-device-height	定义输出设备的屏幕可见的最大高度
max-device-width	定义输出设备的屏幕最大可见宽度
max-height	定义输出设备中的页面最大可见区域高度
max-resolution	定义设备的最大分辨率
max-width	定义输出设备中的页面最大可见区域宽度
min-height	定义输出设备中的页面最小可见区域高度
min-width	定义输出设备中的页面最小可见区域宽度
width	定义输出设备中的页面可见区域宽度

媒体特性取值较多，在响应式布局中常用的就是与宽度和高度相关的属性，比如 max-width、min-width、max-height 等。

写入媒体查询的方式主要有三种：

（1）第一种方式是通过 CSS 样式文件来定义@media 属性，这也是最常见的方式。比如设置当网页的宽度在 720~1080px 范围内则显示背景为黄色，代码如下：

```
// CSS 文件
@media screen and (min-width: 720px) and (max-width: 1080px) {
  body {
    background: yellow;
  }
}

// HTML 文件
<head>
```

```
    <meta charset="UTF-8">
    <meta name="viewport" content="width=device-width, initial-scale=1.0">
    <title>CSS 样式文件中写入媒体查询</title>
    <link rel="stylesheet" href="./3.css">
</head>
<body>
    <p>CSS 样式文件中写入媒体查询</p>
</body>
```

（2）第二种方式为直接在 link 标签中设置 media 属性，代码如下：

```
<link rel="stylesheet" href="./xxx.css" media="screen and (min-width:720px)
and (max-width:1080px)">

// CSS 文件
body {
  background: yellow;
}
```

这样可以直接在 link 标签中设置在何种情况下使用该样式。

（3）第三种方式是在 style 标签中设置 media 属性，可以设置多个不同的媒体查询，只需要将它们并列排放即可，代码如下：

```
<style media="screen and (min-width:720px)">
        body {
            background: yellow;
        }
</style>
```

【例 9.1】通过 style 标签设置不同屏幕宽度下 body 的背景颜色。

当页面屏幕宽度不大于 340px 时设置背景颜色为蓝色，当宽度在 340px 到 720px 之间时设置背景颜色为绿色，当宽度大于等于 720px 时设置背景颜色为黄色。代码如下：

```
<head>
    <meta charset="UTF-8">
    <meta name="viewport"
        content="width=device-width,  user-scalable=no, initial-scale=1.0,
maximum-scale=1.0, minimum-scale=1.0">
    <meta http-equiv="X-UA-Compatible" content="ie=edge">
    <title>Document</title>
    <style>
        body {
            margin: 0;
        }
    </style>
    <style media="screen and (max-width:340px)">
        body {
```

```
            background: skyblue;
        }
    </style>

    <style media="screen and (min-width:340px) and (max-width:720px)">
        body {
            background: green;
        }
    </style>

    <style media="screen and (min-width:720px)">
        body {
            background: yellow;
        }
    </style>
</head>
```

9.2.2　案例：响应式页面

设置当屏幕宽度在不同范围时，背景颜色、字体大小以及字体颜色跟随屏幕宽度进行变化，代码如下：

```
<head>
    <meta charset="UTF-8">
    <meta name="viewport" content="width=device-width, initial-scale=1.0">
    <title>案例：响应式页面</title>
    <style>
        * {
            margin: 0;
            padding: 0;
        }

        .left {
            height: 100vh;
        }

        .right {
            height: 100vh;
        }

        @media screen and (max-width:400px) {
            .left {
                font-size: 24px;
                color: red;
                background-color: yellow;
                width: 200px;
```

```
        }
        .right{
            font-size: 24px;
            color: blue;
            background-color: grey;
            width: 100%;
        }
    }
    @media screen and (min-width:400px) and (max-width:1080px) {
        .left {
            font-size: 30px;
            color: blue;
            background-color: green;
            width: 400px;
        }
        .right{
            font-size: 30px;
            color: yellow;
            background-color: red;
            width: 100%;
        }
    }
    @media screen and (min-width:1080px) {
        .left {
            font-size: 32px;
            color: green;
            background-color: skyblue;
            width: 500px;
        }
        .right{
            font-size: 32px;
            color: red;
            background-color: yellow;
            width: 100%;
        }
    }
  </style>
</head>

<body>
  <div style="display: flex;">
    <div class="left">left</div>
    <div class="right">right</div>
  </div>
</body>
```

如图 9.1~图 9.3 所示为响应式页面所对应的样式，当屏幕宽度不超过 400px 时，页面样式如图 9.1 所示，当屏幕宽度大于等于 400px 且小于 1080px 时，页面样式如图 9.2 所示，当屏幕宽度大于等于 1080px 时，页面样式如图 9.3 所示。通过设置媒体查询来给页面设置宽度、字体大小、背景颜色和字体颜色等，这就实现了一个响应式布局页面。

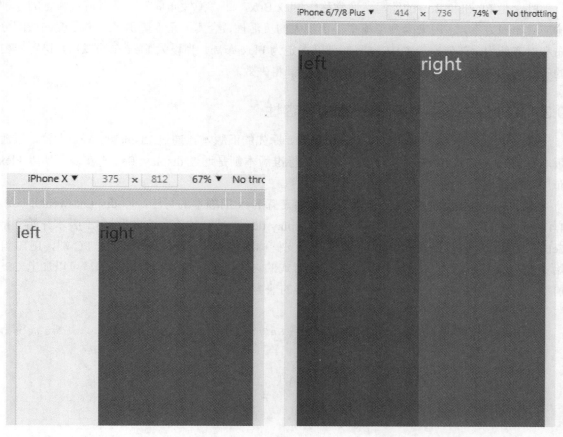

图 9.1　屏幕宽度为 375px 的效果

图 9.2　屏幕宽度为 414px 的效果

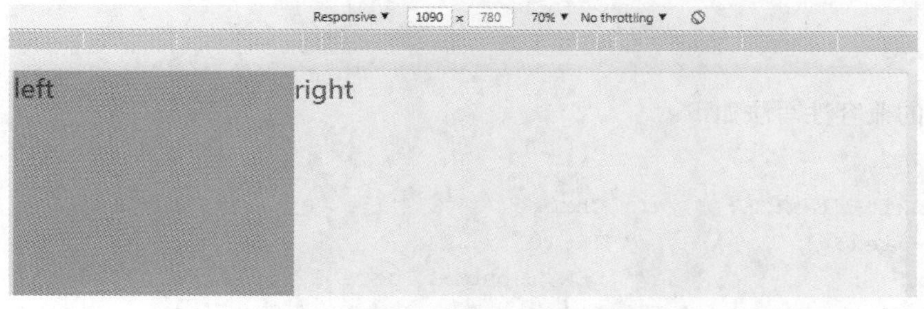

图 9.3　屏幕宽度为 1090px 的效果

9.3 Flex 布局

Flex 是 Flexible Box 的缩写，通常称作 Flex Box，即“弹性布局”，是目前较流行的一种响应式布局方案，它用来为盒子模型提供最大的灵活性，给其子元素提供了最大限度的空间分布和对齐能力，任何一个 DIV 容器都可以指定为 Flex 布局。当设为 Flex 布局以后，该容器内的子元素的 float、clear 和 vertical-align 属性都将失效。

9.3.1 Flex 布局——新旧版本的兼容性

Flex 布局从出现开始，一直在迭代升级。原先的旧版本，通过 display:box;来设置，过渡版本是通过 display:flex box;来实现，现在的标准版本则是通过 display: flex 来实现，所以 Flex 布局存在新旧版本的兼容性问题。

对于 Android 系统来说，2.3 版本就开始支持 Flex 旧版本的写法，即 display:-webkit-box，4.4 以上版本可以支持 Flex 标准版本，即 display:flex。对于 iOS 系统来说，6.1 版本开始支持 Felx 旧版本 display:-webkit-box，而 7.1 开始支持标准版本 display: flex。对于 PC 端，IE10 开始支持 Flex 标准版本，但是 IE10 的是-ms 形式的。所以为了兼容一些旧版本，可以加上 CSS 前缀，比如加上-webkit、-moz 等。盒子容器的兼容性写法如下：

```
.box {
  display: -webkit-box; /* 老版本语法: Safari, iOS, Android browser, older WebKit
browsers.等 */
  display: -moz-box;     /* 老版本语法: Firefox (buggy) */
  display: -ms-flexbox;  /* 混合版本语法: IE 10 */

  display: -webkit-flex; /* 新版本语法: Chrome 21+ */

  display: flex; /* 新版本语法: Opera 12.1, Firefox 22+ */

}
```

子元素的兼容性写法如下：

```
.flex1 {
    -webkit-flex: 1;      /* Chrome */
    -ms-flex: 1           /* IE 10 */
    flex: 1;              /* NEW, Spec - Opera 12.1, Firefox 20+ */
    -webkit-box-flex: 1   /* OLD - iOS 6-, Safari 3.1-6 */
    -moz-box-flex: 1;     /* OLD - Firefox 19- */
 }
```

9.3.2 Flex 容器属性

采用 Flex 布局的元素，称为 Flex 容器（Flex Container），它的所有子元素自动成为容器成员，称为 Flex 项目（Flex Item），容器默认存在两根轴，即水平的主轴（Main Axis）和垂直的交叉轴（Cross Axis）。

1. flex-direction 属性

主轴由 flex-direction 定义，可以取以下 4 个值：row、row-reverse、column、column-reverse。其中 row 表示水平方向从左至右排列，row-reverse 即从右向左排列，如图 9.4 所示。

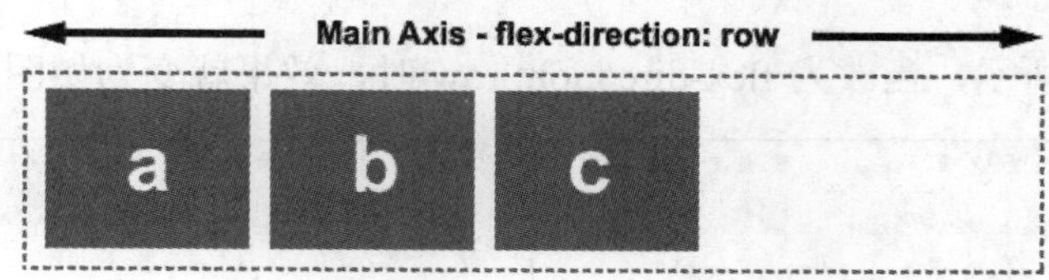

图 9.4　flex-direction 为 row

当取 column 时，子元素的排列方式即为垂直方向的从上至下排列；为 column-reverse 时则从下向上排列，如图 9.5 所示。

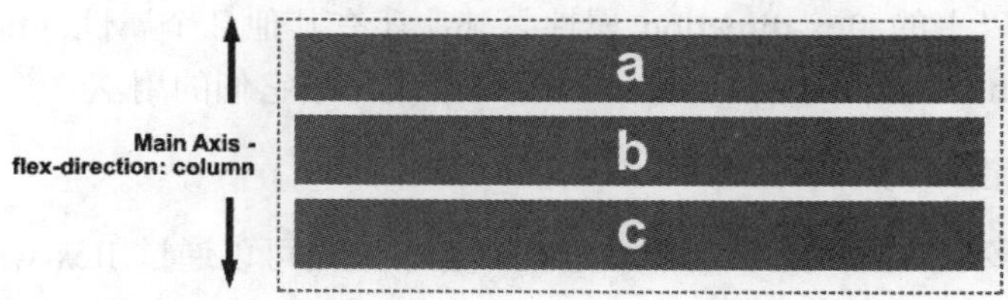

图 9.5　flex-firection 为 column

而交叉轴是垂直于主轴的，所以当 flex-direction 设置为 row 或 row-reverse 的话，交叉轴的方向就是沿着列向下的；如果主轴方向设成了 column 或者 column-reverse，交叉轴就是水平方向的。所以 flex-direction 可以更改 flex 元素的排列方向。

【例 9.2】flex-direction 使用例子。

```
    <style>
        .box {
            display: flex;
            flex-direction: row-reverse;
/* flex-direction: row; */
        }
        .box div:nth-child(1){
            background-color: yellow;
        }
        .box div:nth-child(2){
            background-color: skyblue;
        }
        .box div:nth-child(3){
            background-color: gray;
```

```
    }
</style>

    <div class="box">
        <div>One</div>
        <div>Two</div>
        <div>Three</div>
    </div>
```

其效果如图 9.6 所示，当改为 flex-direction: row 时，效果就变为如图 9.7 所示了。

图 9.6 flex-direction: row-reverse 效果

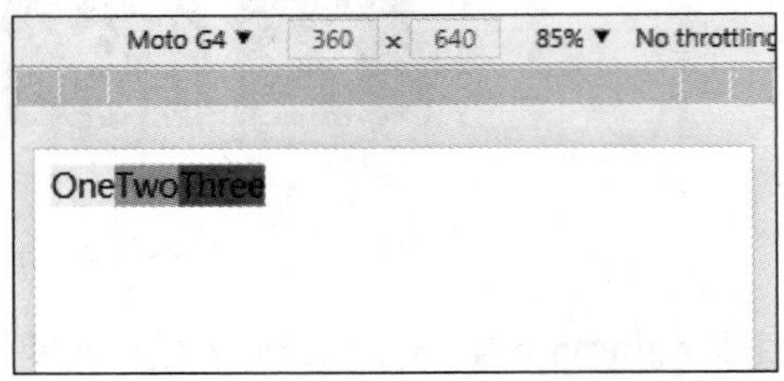

图 9.7 flex-direction: row 效果

Flex 容器除了以上的 flex-direction 属性之外，还有其他几个属性：flex-wrap、flex-flow、justify-content、align-items 和 align-content，现在依次介绍它们的用法。

2. flex-wrap 属性

如果子元素太多或太大而无法全部显示在一行中，则可以通过 flex-wrap 属性来实现换行显示。flex-wrap 属性的默认值为 nowrap，表示不换行，此时如容器宽度不够，它们将会缩小以适应容器，如果项目的子元素无法再缩小了，就会导致溢出。代码如下：

```
.box {
        display: flex;
        flex-wrap: nowrap;
        height: 100vh;
    }
    .box div{
        border: 1px solid #000;
        width: 500px;
        height: 100px;
    }

<div class="box">
    <div>One</div>
    <div>Two</div>
    <div>Three</div>
</div>
```

在上述代码中，三个子元素放不下就会缩小来自适应容器，如图 9.8 所示。

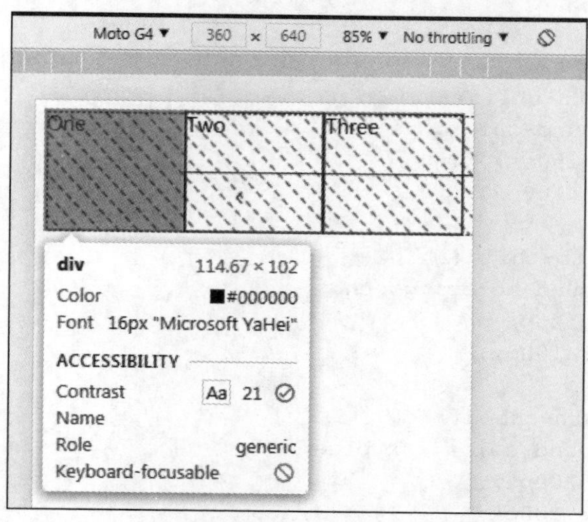

图 9.8　不换行缩小自适应

要换行就可以设置 flex-wrap 为 wrap。flex-wrap 可能取三个值：

- nowrap（默认）：不换行。
- wrap：换行，第一行在上方。
- wrap-reverse：换行，第一行在下方。

3. flex-flow 属性

flex-flow 属性是 flex-direction 属性和 flex-wrap 属性的简写形式，第一个指定的值为 flex-direction ，第二个指定的值为 flex-wrap，默认值为 row 和 nowrap。

4. justify-content 属性

justify-content 属性用来指定元素在主轴方向上的对齐方式，它可以取的值有 flex-start、flex-end、center、space-between 和 space-around。其值代表的意思分别是：flex-start 表示元素从容器的起始线排列，即左对齐；flex-end 表示从终止线开始排列，即右对齐；center 表示在中间排列，即居中；space-between 表示把元素排列好之后的剩余空间拿出来，平均分配到元素之间，所有元素之间间隔相等，即两端对齐；space-around 表示使每个元素的左右空间相等，项目之间的间隔比项目与边框的间隔大一倍。代码如下：

```
.box {
        display: flex;
        /* justify-content: flex-start; */
        /* justify-content: center; */
        /* justify-content: flex-end; */
        /* justify-content: space-between; */
        justify-content: space-around;
        height: 100vh;
        width: 600px;
        background-color: grey;
        height: 120px;
```

```
    }

    .box div:nth-child(1) {
       background-color: yellow;
       width: 150px;
       height: 100px;
    }
    .box div:nth-child(2) {
       background-color: green;
       width: 50px;
       height: 100px;
    }
    .box div:nth-child(3) {
       background-color: skyblue;
       width: 200px;
       height: 100px;
    }
```

效果如图 9.9 所示。

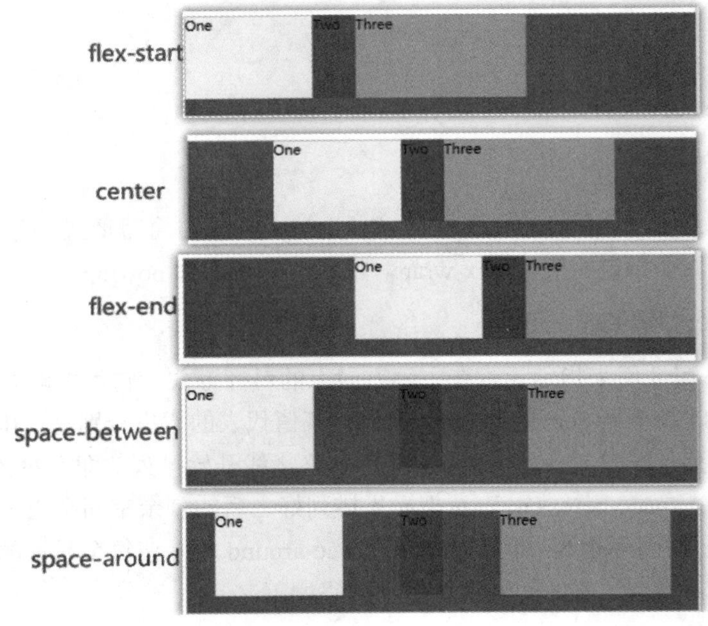

图 9.9　justify-content 取值

5. align-items 属性

align-items 属性定义项目在交叉轴上如何对齐，它取值如下：flex-start、flex-end、center、baseline 和 stretch。flex-start 表示与交叉轴的起点对齐；flex-end 表示与交叉轴的终点对齐；center 表示交叉轴的中点对齐；baseline 表示与项目的第一行文字的基线对齐；stretch 是默认值，表示如果项目未设置高度或设为 auto，将占满整个容器的高度。可分别尝试各值并在页面中查看效果，代码如下：

```
.box {
        display: flex;
        align-items: flex-start;
        /* align-items: stretch; */
        /* align-items: flex-end; */
        /* align-items: center; */
        height: 100vh;
    }

    .box div {
        border: 1px solid #000;
        width: 500px;
        height: 100px;
    }

<div class="box">
    <div>One</div>
    <div>Two</div>
    <div>Three</div>
    <div>four
        <br>has
        <br>extra
        <br>text
    </div>
</div>
```

6. align-content 属性

align-content 属性定义了多根轴线的对齐方式。如果项目只有一根轴线，该属性不会起作用。该属性可以取 6 个值，分别为：flex-start，表示与交叉轴的起点对齐；flex-end，表示与交叉轴的终点对齐；center，表示与交叉轴的中点对齐；space-between，表示与交叉轴两端对齐，轴线之间的间隔平均分布；space-around，表示每根轴线两侧的间隔都相等；stretch（默认值），表示轴线占满整个交叉轴。

9.3.3　Flex 子元素属性

在 Flex 子元素上也有几个属性，为 order、flex-grow、flex-shrink、flex-basis、flex 和 align-self，共 6 个属性。

1. order 属性

order 属性用于定义子元素的排列顺序，数值越小，排列越靠前，默认值为 0。代码如下：

```
.box div:nth-child(1) {
        order: 3;
    }
    .box div:nth-child(2) {
        order: 1;
    }
    .box div:nth-child(3) {
    }
```

结果如图 9.10 所示，第三个子元素的 order 值最小，所以它排在最前面。

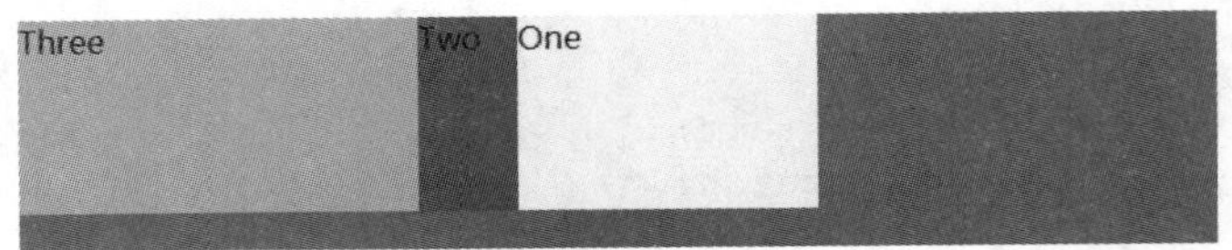

图 9.10 order 效果

2. flex-grow 属性

flex-grow 属性定义子元素（项目）的放大比例。若被赋值为一个正整数，子元素会以 flex-basis 为基础，沿主轴方向增长尺寸，这会使该元素延展，并占据此方向轴上的可用空间。默认为 0，即如果存在剩余空间，也不放大。如果设定 flex-grow 值为 1，则容器中的可用空间会被这些元素平分，它们会延展以填满容器主轴方向上的空间；也可以按比例去分配空间，如果第一个元素 flex-grow 值为 2，其他元素值为 1，则第一个元素将占 2/4，另外两个元素各占 1/4。

如下代码：将第一个子元素 flex-grow 设为 2，其他设为 1，则剩余的空间会分为 4 份，第一个子元素扩大占剩下空间的 2/4。

```
.box div:nth-child(1) {
     flex-grow: 2;
  }
box div:nth-child(2) {
    flex-grow: 1;
  }
.box div:nth-child(3) {
    flex-grow: 1;
  }
```

结果如图 9.11 所示。

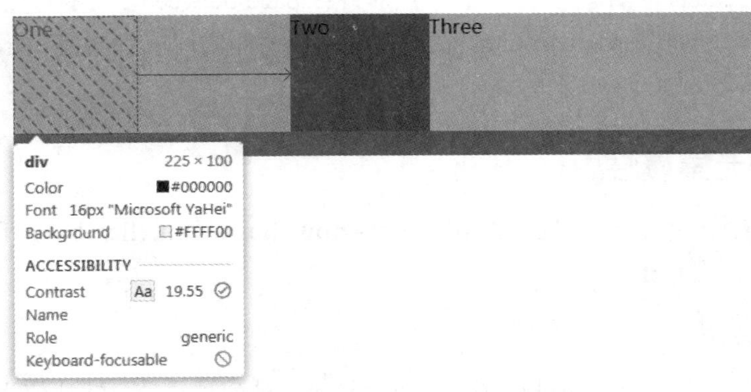

图 9.11 flex-grow 效果

3. flex-shrink 属性

flex-shrink 属性用于处理 flex 元素收缩的问题，定义了子元素的缩小比例，默认为 1，即如果空间不足，该子元素将缩小。如果所有子元素的 flex-shrink 属性都为 1，当空间不足时，都将等比例缩小。如果一个子元素的 flex-shrink 属性为 0，其他子元素都为 1，则空间不足时，为 0 的代表不缩小。

如下代码：容器宽度为 500px，三个子元素宽都为 200px。第一种场景是将三个子元素的 flex-shrink 都设为 1，则当不换行时，空间是不足的，此时这三个子元素将按比例一起缩小以适应容器宽度，如图 9.12（a）所示；当将第二个子元素的 flex-shrink 设为 0 时，表示空间不足时它将不会缩小，如图 9.12（b）所示；第二个子元素宽度仍然为 200px，而第一个和第三个子元素都缩小了。

```
.box {
        display: flex;
        width: 500px;
        background-color: grey;
    }

    .box div:nth-child(1) {
        flex-shrink: 1;
        background-color: yellow;
        width: 200px;
    }
    .box div:nth-child(2) {
        /* flex-shrink: 1; */
        flex-shrink: 0;
        background-color: green;
        width: 200px;
    }
    .box div:nth-child(3) {
        flex-shrink: 1;
        background-color: skyblue;
        width: 200px;
    }
```

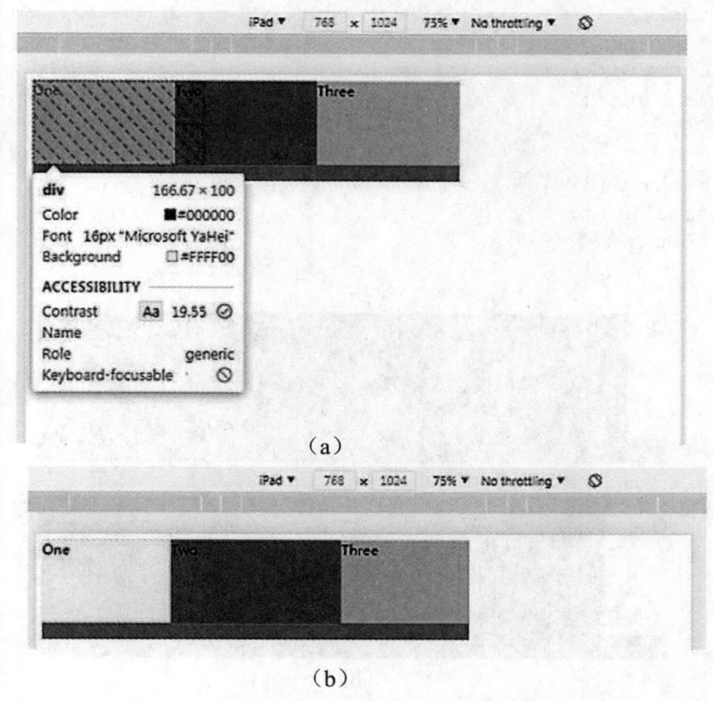

图 9.12　flex-shrink 用法

4. flex-basis 属性

flex-basis 属性定义了子元素的空间大小（flex 容器里除了所有子元素所占的空间以外的剩下的空间就是剩余可用空间），该属性的默认值是 auto，即子元素本来的大小，所以浏览器会检测子元素是否具有确定的尺寸，如果设定了宽度为 200px，那么 flex-basis 的值就为 200px。

如下代码：如果没有给子元素设定宽度，flex-basis 的值将默认使用子元素中内容的尺寸，如图 9.13（a）；当没有给所有子元素设置宽度时，其 flex-basis 将为内容的宽度，图 9.13（b）就为设置了三个子元素的宽度，则它们的 flex-basis 就为其各自的宽度。

```
// 图（a）代码
.box div:nth-child(1) {
    flex-basis: auto;
     /* width: 50px; */
 }
.box div:nth-child(2) {
   flex-basis: auto;
   /* width: 100px; */
 }
.box div:nth-child(3) {
    flex-basis: auto;
    /* width: 200px; */
 }

// 图（b）代码，即将图（a）代码的注释取消
.box div:nth-child(1) {
    flex-basis: auto;
    width: 50px;
 }
.box div:nth-child(2) {
   flex-basis: auto;
   width: 100px;
 }
.box div:nth-child(3) {
    flex-basis: auto;
    width: 200px;
 }
```

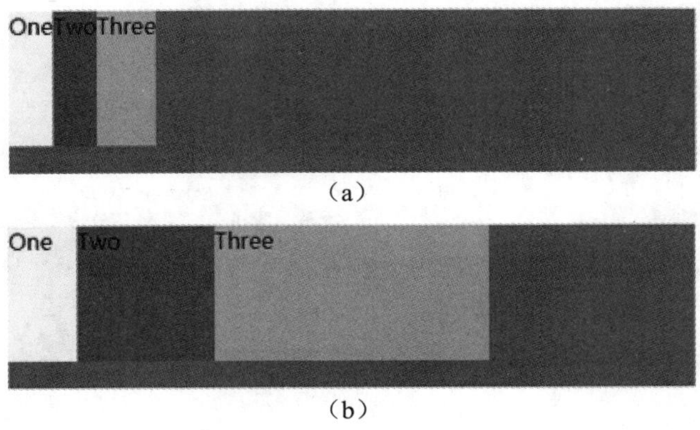

（a）

（b）

图 9.13　flex-basis 效果

5. flex 属性

flex 属性是 flex-grow、flex-shrink 和 flex-basis 的简写。后两个属性是可选的，简写中第一个数值是 flex-grow，如果为正数表示存在剩余空间时就让元素增加所占空间来适应容器的大小。第二个数值是 flex-shrink，当它为正数表示可以在容器空间不足时让它缩小去适应容器空间。最后一个数值是 flex-basis，表示 flex 子元素的基准值。flex 的默认值为 0 1 auto，表示存在剩余空间时不扩大，空间不足时会缩小，并且基准值是按照元素的宽度本身来设置的，当没设置宽度时，就按照元素内容本身所占宽度来设定。由于后面两个属性是可选的，所以 flex:1 或者 flex:2 等相当于 flex:1 1 0 或者 flex:2 1 0 等。

6. align-self 属性

align-self 属性允许单独为单个子元素设置交叉轴的对齐方式，它会覆盖 align-items 属性，它的默认值为 auto，表示继承父元素的 align-items 属性，如果没有父元素，则等同于 stretch。如下代码为第三个子元素单独重新设置对齐方式。

```
.box {
        display: flex;
        justify-content: center;
        align-items: center;
        width: 500px;
    }

    .box div:nth-child(1) {
        width: 100px;
    }
    .box div:nth-child(2) {
        width: 100px;
    }
    .box div:nth-child(3) {
        align-self: flex-end;
        width: 100px;
    }
```

结果如图 9.14 所示。

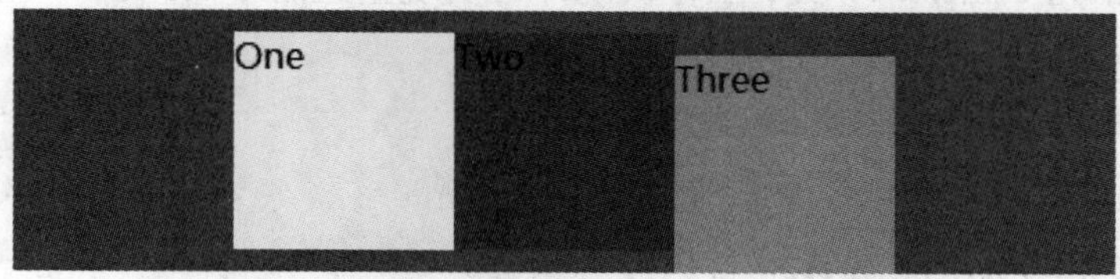

图 9.14 align-self 效果

9.3.4 Flex 更便捷

通过 Flex 布局能够更加方便地实现自适应，不像媒体查询还需要为不同设备设置不同的样式。Flex 布局能够完全自适应多种不同的设备，如下例子，通过 Flex 布局轻松实现一个垂直居中的布局。

【例 9.3】Flex 布局实现 div 垂直居中布局。

假设有一个 div 元素，要将其垂直居中布局，则可以通过以下代码实现。

```
<style>
        * {
            padding: 0;
            margin: 0;
        }
        .con {
            display: flex;
            justify-content: center;
            align-items: center;
            width: 100%;
            height: 100vh;
            background-color: gray;
        }

        .son {
            width: 200px;
            height: 200px;
            background-color: yellow;
            text-align: center;
        }
</style>

<body>
    <div class="con">
        <div class="son">垂直居中</div>
    </div>
</body>
```

上述代码中最为重要的即为在父容器中设置 display 为 Flex 布局，然后设置主轴和交叉轴的元素的对齐方式都为 center。即以下三行代码即可实现垂直居中布局：

```
display: flex;
justify-content: center;
align-items: center;
```

【例 9.4】Flex 布局实现旅游 App 首页静态页面。

主要实现四个部分的静态结构，包括头部搜索栏、顶部导航栏、主内容区域和底部推荐栏。每一个模块都主要通过 Flex 的各种布局来实现。

首页 index.html 的代码如下：

```
<head>
```

```
    <link rel="stylesheet" href="./index.css">
    <title>旅游 app 首页</title>
</head>

<body>
    <!-- 顶部搜索栏 -->
    <div class="search-bar">
        <input class="search" placeholder="搜索:景点/酒店..."></input>
    </div>
    <!-- 头部导航栏 -->
    <div class="travel-nav">
        <div>
            <span>景点·玩乐</span>
            <span class="line"></span>
        </div>
        <div>
            <span>猎奇·玩乐</span>
            <span class="line"></span>
        </div>
        <div>
            <span>好吃·玩乐</span>
            <span class="line"></span>
        </div>
        <div>
            <span>刺激·玩乐</span>
            <span class="line"></span>
        </div>
        <div>
            <span>锻炼·玩乐</span>
            <span class="line"></span>
        </div>
    </div>

    <!-- 主内容栏 -->
    <div>
        <div class="nav-main">
            <div class="nav-items">
                <a href="#">旅游酒店</a>
            </div>
            <div class="nav-items">
                <a href="#">星级酒店</a>
                <a href="#">特价酒店</a>
            </div>
            <div class="nav-items">
                <a href="#">豪华酒店</a>
                <a href="#">温馨酒店</a>
            </div>
```

```
        </div>
        <div class="nav-main">
            <div class="nav-items">
                <a href="#">旅游景点</a>
            </div>
            <div class="nav-items">
                <a href="#">雪山景点</a>
                <a href="#">度假景点</a>
            </div>
            <div class="nav-items">
                <a href="#">温泉景点</a>
                <a href="#">主题景点</a>
            </div>
        </div>
        <div class="nav-main">
            <div class="nav-items">
                <a href="#">名品推荐</a>
            </div>
            <div class="nav-items">
                <a href="#">比萨蛋糕</a>
                <a href="#">冰皮蛋糕</a>
            </div>
            <div class="nav-items">
                <a href="#">无肉不欢</a>
                <a href="#">无酒不欢</a>
            </div>
        </div>

    </div>
    <!-- 底部栏 -->
    <ul class="footer">
        <li>
            <a href="#">
                <span class="footer-icon"></span>
                <span>推荐</span>
            </a>
        </li>
        <li>
            <a href="#">
                <span class="footer-icon"></span>
                <span>话剧</span>
            </a>
        </li>
        <li>
            <a href="#">
                <span class="footer-icon"></span>
                <span>滑雪</span>
```

```
            </a>
        </li>
        <li>
            <a href="#">
                <span class="footer-icon"></span>
                <span>冒险</span>
            </a>
        </li>
        <li>
            <a href="#">
                <span class="footer-icon"></span>
                <span>外空</span>
            </a>
        </li>
        <li>
            <a href="#">
                <span class="footer-icon"></span>
                <span>料理</span>
            </a>
        </li>
    </ul>
    </div>
    </div>
</body>
```

CSS 代码如下（基本全部使用 Flex 布局来编写实现）：

```
*{
    margin: 0;
    padding: 0;
}
ul {
    list-style: none;
}
a {
    text-decoration: none;
    color: #222;
}
div {
    box-sizing: border-box;
}


.search-bar {
    background-color: #F6F6F6;
    border-top: 1px solid #ccc;
    border-bottom: 1px solid #ccc;
```

```
    display: flex;
    justify-content: center;
    align-items: center;
    padding: 10px;
}

.search {
    height: 26px;
    line-height: 24px;
    border: 1px solid #ccc;
    flex: 1;
    font-size: 12px;
    color: #666;
    margin: 7px 10px;
    padding-left: 25px;
    border-radius: 5px;
    box-shadow: 0 2px 4px rgba(0, 0, 0, .2);
}

.travel-nav{
    padding: 20px;
    background: -webkit-linear-gradient(left, #ddec96, #d685b4);
    display: flex;
    justify-content: space-around;
    align-items: center;
}
.travel-nav div {
    display: flex;
    flex-direction: column;
    align-items: center;
    font-size: 12px;
}
.travel-nav div:hover{
    color: #ccc;
    font-weight: bolder;
}
.travel-nav div span:nth-child(1){
    margin-top: 6px;
    color:  rgb(158, 156, 156);
}
.travel-nav .line{
    display: inline-block;
    width: 10px;
    height: 2px;
    background: -webkit-linear-gradient(left, #a1d0eb, #caeb96);
    margin-bottom: 8px;
    margin-top: 4px;
```

```
}

.nav-main {
    display: flex;
    height: 100px;
    background-color: pink;
}
.nav-main{
    margin: 8px 0;
    display: flex;
    justify-content: center;
    align-items: center;
}

.nav-items {
    flex: 1;
    display: flex;
    flex-direction: column;
}

.nav-items a {
    flex: 1;
    text-align: center;
    line-height: 44px;
    color: #fff;
    font-size: 14px;
    text-shadow: 1px 1px rgba(0, 0, 0, .2);
}

.nav-main:nth-child(1) {
    background: -webkit-linear-gradient(left, #FA5A55, #FA994D);
}

.nav-main:nth-child(2) {
    background: -webkit-linear-gradient(left, #4B90ED, #53BCED);
}

.nav-main:nth-child(3) {
    background: -webkit-linear-gradient(left, #34C2A9, #6CD559);
}


.footer {
    margin-top: 8px;
    display: flex;
    background-color: rgb(218, 189, 231);
    flex-wrap: wrap;
```

```
}

.footer li {
    flex: 30%;
}

.footer a {
    display: flex;
    flex-direction: column;
    align-items: center;
}

.footer-icon {
    width: 0;
    height: 0;
    background-color: pink;
    margin-top: 4px;
    border: 8px solid transparent;
    border-top: 8px solid #fff;
}
```

旅游首页 App 静态结构效果如图 9.15 所示。

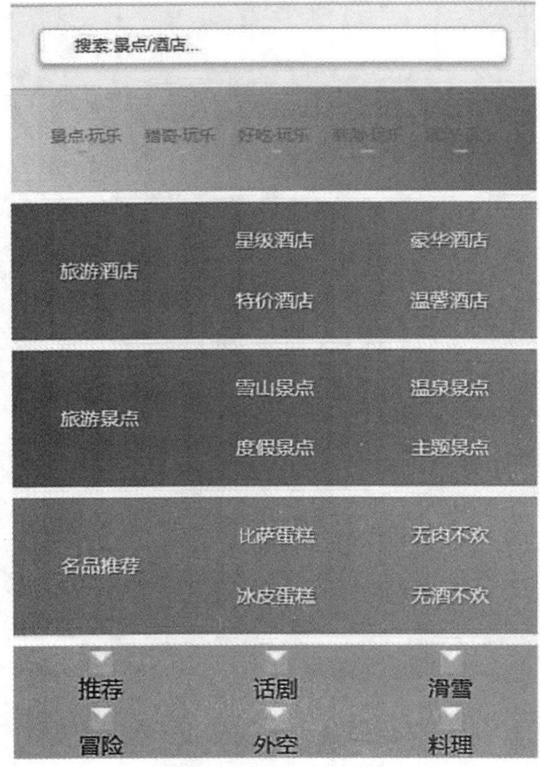

图 9.15　旅游 App 首页 Flex 布局实现效果

9.4 rem 适配

除了响应布局外，另一种比较常见的移动端适配方案就是通过 rem 来进行屏幕适配，rem 是一个相对单位，它是由根元素的 font-size 大小来确定的。

9.4.1 动态设置根元素 font-size

由于 rem 的大小是由根元素 font-size 的大小来动态设置的，所以通过获取 HTML 页面的宽度，然后将获取到的宽度除以一个值，比如 20，表示将页面宽度分成 20 份，每一份为宽度的 1/20，将这个值赋值给根元素的 font-size，这样改变页面大小就可以动态设置根元素的 font-size 了。代码如下：

```
<style>
    * {
        margin: 0;
        padding: 0;
    }
    .con{
        /* 根据根元素 font-size 大小动态设置宽高 */
        width: 20rem;
        height: 10rem;
        background-color: gray;
    }
    .son{
        /* 设置 font-size 为 1rem 代表 1rem=根元素的 font-size 的大小*/
        font-size: 1rem;
        color: blue;
    }
</style>
<body>
    <div class="con">
        <div class="son">这是子元素 son</div>
    </div>
</body>
</html>
<script>
    // 三个步骤：
    // 1.获取根元素 HTML 的宽度
    let htmlwidth=document.documentElement.clientWidth || document.body.clientWidth;
    console.log(htmlwidth);

    // 2.获取根元素 dom
    let htmlDom=document.getElementsByTagName("html")[0]
    console.log(htmlDom);
```

```
    // 3.设置根元素的 font-size 大小为根元素宽度的 1/20
    htmlDom.style.fontSize=htmlwidth/20+'px';

</script>
```

上述代码动态设置根元素的 font-size 后，通过 rem 单位来给父容器的宽高分别设置为 20rem 和 10rem，即表示宽高分别为 20rem=20*根元素的 font-size、10rem=10*根元素的 font-size。将子元素的 font-size 也设置为 rem 来动态变化，如图 9.16 所示，改变页面宽度，会得到不同的根元素的 font-size 大小，并且父容器的宽高和子元素的字体大小都将会动态自适应。

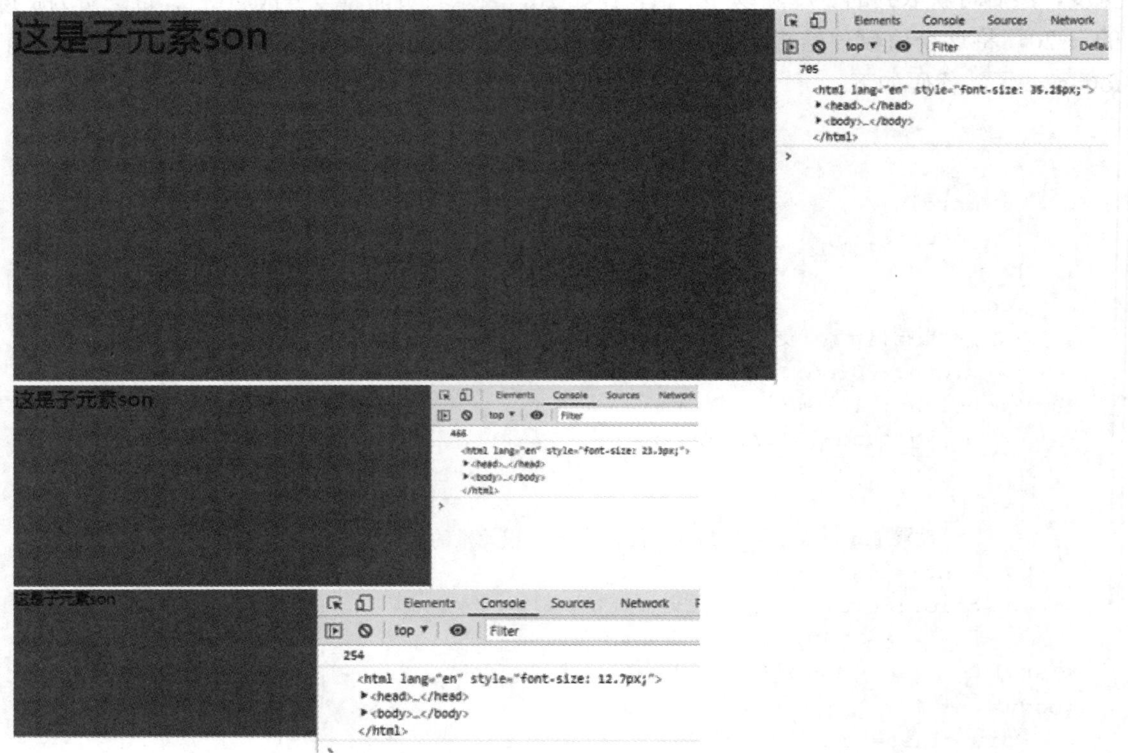

图 9.16　动态设置根元素的 font-size

从图 9.16 可以看出页面宽度变化时，根元素 font-size 也在动态变化，页面宽度分别为 705px、466px、254px 时，其根元素 font-size 分别为 35.25px、23.3px、12.7px。所以通过 rem 这个相对单位能够使得父元素的宽高自适应地改变大小，并且子元素的字体也能够根据根元素的 font-size 来自适应变化。

9.4.2　计算 rem 数值

rem 是以根元素的字体大小为基准的，根元素默认的字体大小为 16px，所以通常认为 1rem=16px，则 n rem=n*16px，通过设置根元素的字体大小可以相应的控制 rem 的大小。为了计算简单，可以让 rem 和 px 成为 100 倍的关系，即 1rem=100px，将 html 的字体大小设置为 100px，代码如下：

```
document.documentElement.style.fontSize = document.documentElement.clientWidth / 7.5
+ 'px';
```

上述代码中的 document.documentElement.style.fontSize 表示根元素 html 的字体大小，而 document.documentElement.clientWidth 表示可视窗口的大小，7.5 是根据设计图的宽度（一般依据 iPhone6 的设计稿来设计的，其屏幕宽度为 750px）除于 100 得到的。对应 750px 的设计稿，但是手机是 375px 的屏幕的话，由于根元素 font-size=100px，所以视觉稿对应的是 1rem=100px；手机上显示的字体大小就为屏幕宽度 375px/7.5=50px，所以手机上显示 1rem=50px。

9.5 vw 适配

vw（viewpoint width，视区宽度）和 vh（viewpoint height，视区高度）是相对单位，1vw 表示屏幕宽度的 1%，1vh 表示屏幕高度的 1%，如图 9.17 所示为竖屏和横屏情况下的屏幕宽度和高度。

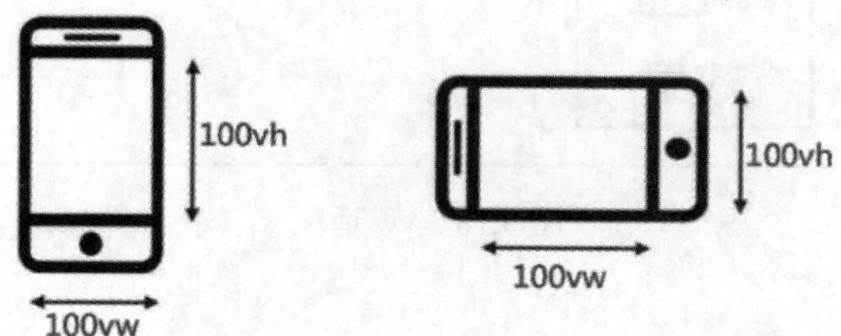

图 9.17　屏幕宽高

vw 适配就是把所有需要适配屏幕大小进行等比缩放的元素都使用 vw 做为单位，而不需要缩放的元素使用 px 做单位。比如设计稿以 iPhone6 为基础，宽度为 750px，如果设计稿上一个内容的 font-size 标注为 24px。（24/750）*100%=3.2%，即表示该内容部分字体大小在屏幕宽度的占比是 3.2%。要使用 vw 适配，说明在任何屏幕上都是占 3.2%，3.2% 就是 3.2vw，所以只需要将其 font-size 设置为 3.2vw 即可适配不同屏幕。

又如 iPhone6 设计稿上元素标注的宽度、字体大小和行高分别为 120px、28px、48px，然后通过 vw 适配计算得到以 vw 为单位的值分别为 100vw*120/750=16vw、100vw*28/750=3.73vw、100vw*48/750=6.4vw，代码如下：

```
.content {
    width: 16vw;        /* 设计稿标明宽为 120px，要适配则为 100vw*120/750=16vw */
    font-size: 3.73vw;  /* 设计稿标明字体大小为 28px，要适配则为
100vw*28/750=3.73vw */
    line-height: 6.4vw; /* 设计稿标明字体大小为 48px，=》100vw*48/750=6.4vw */
```

```
    border: 1px solid #000; /*不需要缩放的部分用 px*/
    text-align: center;
  }

  <div class="content">vw 适配效果</div>
```

在不同手机设备上适配后的显示效果如图 9.18 所示。

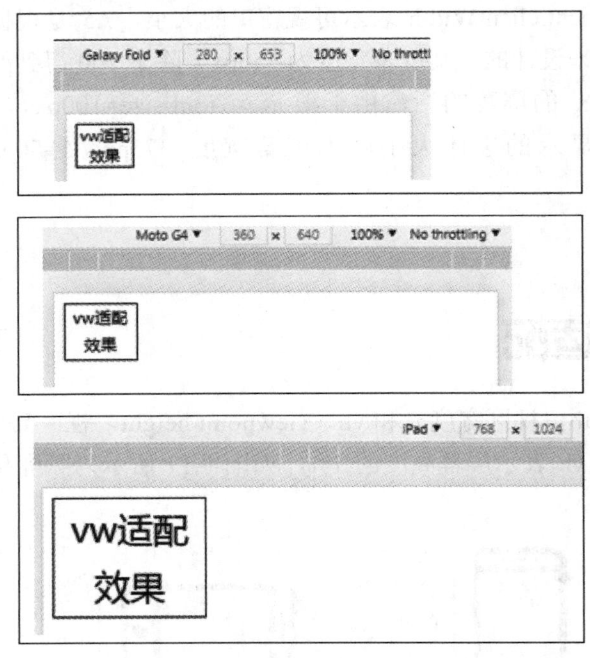

图 9.18　vw 适配

9.6 rem 适配和 vw 适配兼容性

rem 适配是需要动态设置 font-size 的，所以必须要获取屏幕宽度。这一步需要兼容来获取，因为某些手机在打开 webview 时，获取到的 html 元素的 clientWidth 是没有值的，导致代码将 html 的 font-size 设置成了 0。主要通过以下方式兼容：

```
  var width = document.documentElement.clientWidth || document.body.clientWidth
|| window.innerWidth;
  document.documentElement.style.fontSize = width / count + 'px';
```

其次 rem 也需要兼容 1px 问题，因为 1px 转换为 rem 会有小数 bug，工作流程中会忽略 1px 的转换，最小转换数值为 2px。而且对于雪碧图兼容问题，也存在小数 bug，通常通过设置雪碧图内各个元素之间的间隙为 4px 来解决。但是在其他方面 rem 的兼容性都是较好的，比如良好兼容 Android 2.1 和 iOS 4.1+等版本。

vw 适配必须要求版本在 Android4.4 以上版本和 iOS8 以上版本，所以 rem 适配比 vw 适配兼容性更强。通常情况下将 rem 和 vw 适配相结合来自适应适配。vw+rem 适配的方法不用动态设置根元素的字体大小，而是直接使用 CSS 完成任意宽度适配，比如 1200px 的屏幕，1vw=12px，如果设置根元素的 font-size 是 1vw，那么在设置具体的元素大小时，使用根元素 font-size 相对大小的 rem 为单位时，就使得具体的任意元素大小都随着根元素的 font-size（也就是 1vw）而改变了。例如某个 p 标签的字体大小标注为 12px，则可以设为 1rem，其实就是 1vw，就能做到适配了。

【例 9.5】rem 和 vw 结合适配方案。

```
    <title>rem+vw 适配</title>
    <style>
       *{
          padding: 0;
          margin: 0;
       }
       html{
          font-size: 1vw;
       }
       .con{
          width: 10rem;
          height: 10rem;
          background-color: yellowgreen;
          margin-left: 5rem;
       }
    </style>
<body>
    <div class="con">
       盒子
    </div>
    <p>rem+vw 适配方案</p>
</body>
```

上述代码表示将 html 根元素的字体大小设为 1vw，即屏幕宽度除以 100 后的值，再将 div 元素的宽、高都设为 10rem，即 10*1vw=10vw，将 p 元素字体大小设为 2rem，即 2vw，最终效果如图 9.19 所示。

图 9.19　rem+vw 适配方案

9.7 移动 UI 框架的选择

随着前端技术的快速发展，特别是前端三大框架 Vue、React、Angular 等 JS 类框架的深入使用，随着各种 Web App、混合 App、微信 H5 等应用的发展，各种配套的前端移动 UI 框架也应运而生。移动 UI 框架种类很多，本节将介绍以下四种移动 UI 框架，读者可以按照自己的需要进行选择使用。

9.7.1 Vant

Vant（https://youzan.github.io/vant/#/zh-CN/home）是一套轻量、可靠的移动端 Vue 组件库，官方提供了 Vue 2 版本、Vue 3 版本和微信小程序版本。它有许多特性，比如：性能极佳，组件平均体积小于 1KB；65+个高质量组件，覆盖移动端主流场景；支持主题定制；内置 700 多个主题变量；支持按需引入和 Tree Shaking；支持服务器端渲染国际化；支持语言包定制。

它可以通过 npm 安装：

```
# Vue 2 项目，安装 Vant2
npm i vant -S

# Vue 3 项目，安装 Vant3
npm i vant@next -S
```

也可以通过 CDN 安装，直接在 html 文件中引入 CDN 链接，之后就可以通过全局变量 Vant 访问到所有组件：

```
<!-- 引入样式文件 -->
<link
  rel="stylesheet"
  href="https://cdn.jsdelivr.net/npm/vant@2.12/lib/index.css"
/>

<!-- 引入 Vue 和 Vant 的 JS 文件 -->
<script
src="https://cdn.jsdelivr.net/npm/vue@2.6/dist/vue.min.js"></script>
<script
src="https://cdn.jsdelivr.net/npm/vant@2.12/lib/vant.min.js"></script>

<script>
  // 在#app 标签下渲染一个按钮组件
  new Vue({
    el: '#app',
    template: `<van-button>按钮</van-button>`,
  });
```

```
  // 调用函数组件，弹出一个 Toast
  vant.Toast('提示');

  // 通过 CDN 引入时不会自动注册 Lazyload 组件
  // 可以通过下面的方式手动注册
  Vue.use(vant.Lazyload);
</script>
```

如图 9.20 为 Vant 提供的地址列表组件示意图。

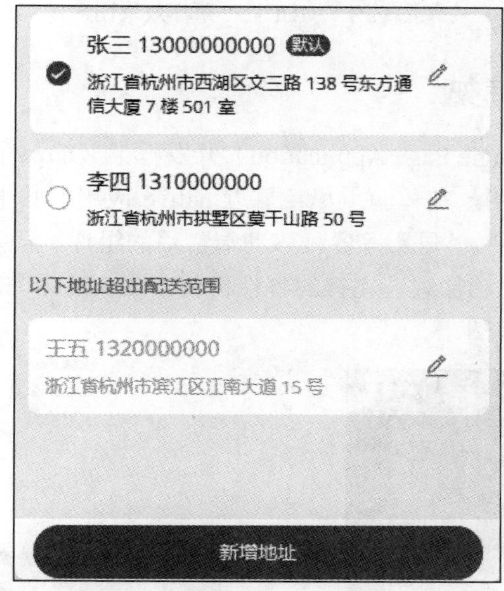

图 9.20　Vant 的地址列表组件

9.7.2 MUI

MUI 是最接近原生 App 体验的高性能前端框架，其地址为 https://dev.dcloud.net.cn/mui/，包含丰富的 UI 组件、窗口管理、事件管理，以及提供了上拉加载和下拉刷新等功能。比如数字角标，通过如下代码可以设置不同的颜色。

```
<span class="mui-badge">1</span>
<span class="mui-badge mui-badge-primary">12</span>
<span class="mui-badge mui-badge-success">123</span>
<span class="mui-badge mui-badge-warning">3</span>
<span class="mui-badge mui-badge-danger">45</span>
<span class="mui-badge mui-badge-purple">456</span>
```

效果如图 9.21 所示。

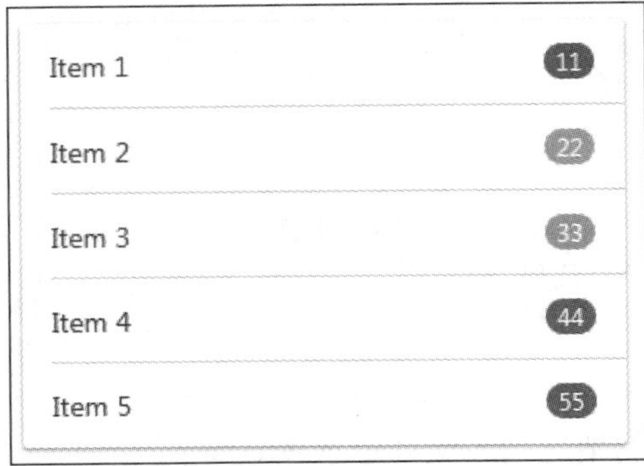

图 9.21　MUI 数字角标效果图

9.7.3　Jingle 移动端框架

Jingle 是一个 SPA（Single Page Application）开发框架（http://vycool.com/Jingle/），用来开发移动端的 HTML 5 应用，在体验上尽量靠近 native 应用。其中也提供了按钮、列表、表单、弹出框、轮换、上拉/下拉、日历等各种移动端常用的组件，简单适用，支持前后端分离、前端模板渲染、模板按需自动加载、完善的事件机制，图 9.22 和图 9.23 是 Jingle 提供的 form 表单组件和提示框组件效果图。

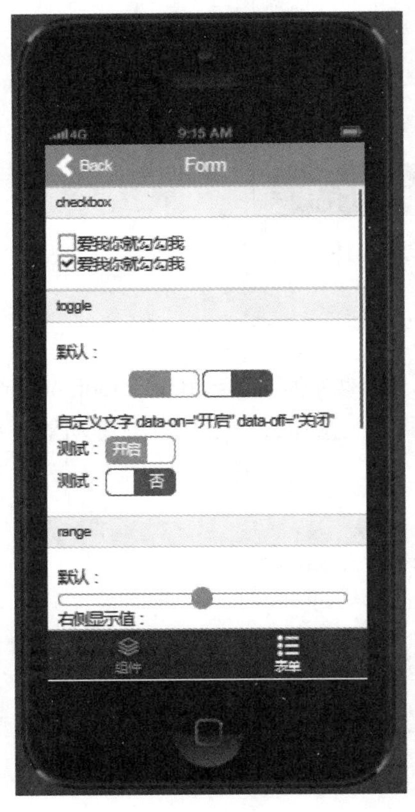

图 9.22　Jingle 的 form 表单效果图

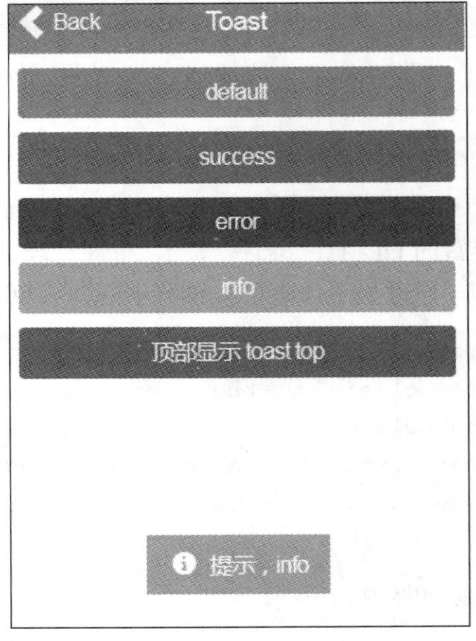

图 9.23　Toast 提示框组件

9.7.4　FrozenUI

FrozenUI（http://frozenui.github.io/）是一套基于移动端的 UI 库的轻量、精美、遵从手机 QQ 的设计规范。它非常适用于使用手机 QQ 规范设计的 Web 页面，而针对非手机 QQ 规范的页面，可以通过修改变量定制界面主题，也可以按需选择需要的组件，还可以采用 cdn 和 combo 的方式实现按需加载。FrozenUI 使用 iconfont 来展示图标，包含了按钮、列表、表单、提示、弹窗等常用组件，新增了文本、布局、1px、rem、文字截断、占位、两端留白、两端对齐等解决方案，同时解决了移动端屏幕适配问题。此外它还提供 CSS 使用模块化的样式命名和组织规范，使用 sass 编写 CSS 代码；兼容 Android 2.3+、iOS 4.0+等。

FrozenUI 的使用方法也非常简单，可以通过以下两种方式获取 FrozenUI。

方式一：单击链接下载文件。

```
https://github.com/frozenui/frozenui/archive/2.0.0.zip
```

方式二：在页面上引入样式文件。

```
<link rel="stylesheet" href="http://i.gtimg.cn/vipstyle/frozenui/2.0.0/css/
frozen.css">
```

获取之后，在页面中引入后即可使用。以 FrozenUI 的按钮为例来介绍使用方法，代码如下：

```
        <!-- 引入 FrozenUI -->
        <link rel="stylesheet" href="http://i.gtimg.cn/vipstyle/frozenui
/2.0.0/css/frozen.css"/>

        <!-- 使用 -->
        <div class="ui-btn-wrap">
            <button class="ui-btn">常规按钮</button>
            <button class="ui-btn disabled">不可点击按钮</button>
        </div>
```

效果如图 9.24 所示。

图 9.24　FrozenUI 使用方法

【例 9.6】使用移动端 Vant 框架与 Vant 组件。

执行以下几个命令，将项目所需内容准备好：

```
# 创建 Vue 项目，选择 Vue 3 版本
vue create vue-vant
# Vue 3 项目，安装 Vant 3
npm i vant@next -S
```

```
# 在main.js引入并使用组件
import Vant from 'vant';
import 'vant/lib/index.css';

const app = createApp(App)
app.use(Vant)
app.mount('#app')使用
```

在两个页面中分别使用日历组件和步骤条组件，代码如下：

```
// 日历组件使用
<template>
  <div class="home">
    <van-calendar
    title="日历"
    :poppable="false"
    :show-confirm="false"
    :style="{ height: '500px' }" />
  </div>
</template>

// 步骤条组件
<template>
  <div class="about">
    <van-steps :active="active">
      <van-step>买家下单</van-step>
      <van-step>商家接单</van-step>
      <van-step>买家提货</van-step>
      <van-step>交易完成</van-step>
    </van-steps>
    <van-button @click="nextStep">下一步</van-button>
  </div>
</template>

<script>
export default {
  name: 'About',
  data () {
    return {
      active: 0,
    };
  },
  methods: {
    nextStep(){
      if(this.active>4){
        this.active = 0;
      }else{
```

```
            this.active++;
        }

    }
  }
}
</script>
```

效果如图 9.25 和图 9.26 所示，切换不同页面就会展示日历组件和步骤条组件。

日历组件 | 进度流程

日历

2021年11月

日	一	二	三	四	五	六
	1	2	3	4	5	6
7	8	9	10	11	12	13
14	15	16	17	18	19	20
21	22	23	24	25	26	27
28	29	30				

2021年12月

图 9.25　日历组件使用

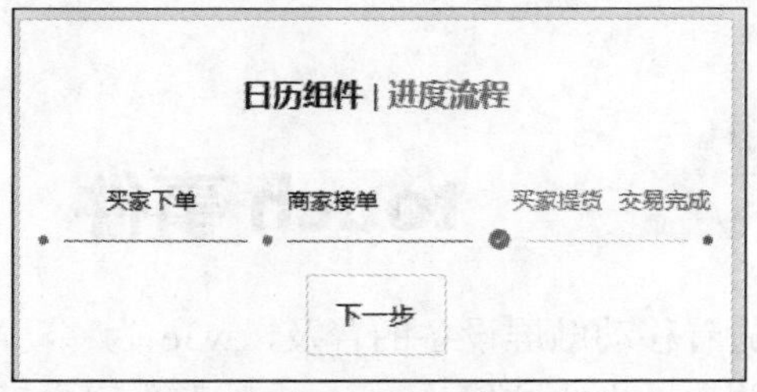

图 9.26　步骤条组件使用

9.8　本章小结

本章主要介绍了移动端的响应式布局，通过媒体查询、动态 rem、vw 和 vh 适配三种适配方案来实现移动屏幕适配，对 Flex 布局中的容器和子元素的一些属性也进行了详细的介绍，最后还推荐了几种移动端 UI 框架。通过本章的学习，相信读者能够轻松地进行屏幕适配和响应式布局了。

第 10 章

移动端 Web 单击事件

移动端离不开触屏（touch）、单击、双击放大缩小屏幕等操作，所以本章主要介绍移动端 Web 单击事件，包括其中涉及的一些问题，比如 iOS 端单击存在延迟和单击穿透的问题等，以及解决这些问题的方法。

本章主要涉及的知识点有：

- touch 事件分类与 touch 事件对象
- iOS 单击延迟问题与解决方案
- 单击穿透问题及其解决方法

10.1 touch 事件

随着移动触屏设备的普及，w3c 为移动端 Web 新增了 touch 事件（触屏事件），并且该事件兼容性也比较好。touch 事件即当用户手指放在屏幕上面、在屏幕上滑动或者是从屏幕上移开等情况下被触发。本节主要介绍 touch 事件。

10.1.1 touch 事件分类

主要的 touch 事件有四种类型，分别是：

- touchstart 事件：表示当手指触摸屏幕的时候触发（手指按下），即使已经有一个手指放在屏幕上也会再次被触发。
- touchmove 事件：当手指在屏幕上滑动的时候连续地触发（移动手指），在这个事件发生期间，调用 preventDefault()事件可以阻止滚动。
- touchend 事件：当手指从屏幕上离开的时候触发（抬起手指）。
- touchcancel 事件：当系统停止跟踪触摸的时候触发，当一些更高级别的事件发生的时候（如电话接入或者弹出信息）会取消当前的 touch 操作，即触发 touchcancel。

如下代码表示这些事件被触发时分别打印出对应内容：

```
<div id="targetObj">
    目标对象
</div>
<script>
    var touchObj = document.getElementById("targetObj");
    targetObj.addEventListener("touchstart", onTouchstartFunc);
    function onTouchstartFunc(e) {
        console.log("---touchstart---");
    }

    targetObj.addEventListener("touchmove", onTouchmoveFunc);
    function onTouchmoveFunc(e) {
        console.log("---touchmove---");
    }

    targetObj.addEventListener("touchend", onTouchendFunc);
    function onTouchendFunc(e) {
        console.log("---touchend---");
    }
    </script>
```

结果如图 10.1 所示。

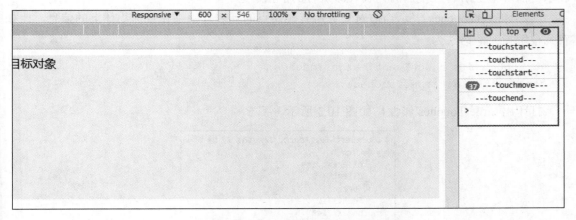

图 10.1　touch 事件被触发效果

10.1.2　touch 事件对象

每个 touch 事件都有自身的事件对象 event，当 touch 事件被触发时，打印该事件对象。如图 10.2 所示，为事件对象 event 的基本内容。

```
▼TouchEvent {isTrusted: true, touches: TouchList, targetTouches: TouchList, changedTouches: TouchList, altKey: false, …}
   altKey: false
   bubbles: true
   cancelBubble: false
   cancelable: true
 ▶ changedTouches: TouchList {0: Touch, length: 1}
   composed: true
   ctrlKey: false
   currentTarget: null
   defaultPrevented: false
   detail: 0
   eventPhase: 0
   isTrusted: true
   metaKey: false
 ▶ path: (5) [div#targetObj, body, html, document, Window]
   returnValue: true
   shiftKey: false
 ▶ sourceCapabilities: InputDeviceCapabilities {firesTouchEvents: true}
 ▶ srcElement: div#targetObj
 ▶ target: div#targetObj
 ▶ targetTouches: TouchList {0: Touch, length: 1}
   timeStamp: 7605.300000000745
 ▶ touches: TouchList {0: Touch, length: 1}
   type: "touchstart"
 ▶ view: Window {0: global, window: Window, self: Window, document: document, name: "", location: Location, …}
   which: 0
 ▶ [[Prototype]]: TouchEvent
```

图 10.2 事件对象 event

从图 10.24 可以看出一个事件对象包含许多属性，其中最常用到并且较为重要的有 target、type、srcElement 等。

（1）event 对象里有 3 个类数组，分别是 touches、targetTouches、changedTouches。touches 表示当前屏幕上所有触摸点的列表（即所有的手指信息）。

（2）targetTouches 表示当前对象上所有触摸点的列表（手指在目标物体上的信息，比如有几根手指），语法为：

```
var touches = touchEvent.targetTouches;
console.log(e.targetTouches)
```

打印出 targetTouches 属性，如图 10.3 所示。

```
▼TouchList {0: Touch, length: 1}
  ▼0: Touch
     clientX: 140
     clientY: 87
     force: 1
     identifier: 0
     pageX: 140
     pageY: 87
     radiusX: 11.5
     radiusY: 11.5
     rotationAngle: 0
     screenX: 158
     screenY: 250
   ▶ target: div#targetObj
   ▶ [[Prototype]]: Touch
   length: 1
 ▶ [[Prototype]]: TouchList
```

图 10.3 targetTouches 属性

其中每一个 Touch 对象包括以下属性：

- clientX：表示触摸目标在视区中的 x 坐标。
- clientY：表示触摸目标在视区中的 y 坐标。
- identifier：表示标识触摸的唯一 ID。
- pageX：表示触摸目标在页面中的 x 坐标。
- pageY：表示触摸目标在页面中的 y 坐标。
- screenX：表示触摸目标在屏幕中的 x 坐标。
- screenY：表示触摸目标在屏幕中的 y 坐标。
- target：表示触摸的 DOM 节点目标。

（3）changedTouches 表示涉及当前事件的触摸点的列表（发生变化的手指信息，比如几根手指发生了变化）。

【例 10.1】Touch 对象属性例子。

```
<div id="targetObj">
  目标对象
</div>
<script>
 function load() {
  document.addEventListener('touchstart', onTouchFunc, false);
  document.addEventListener('touchmove', onTouchFunc, false);
  document.addEventListener('touchend', onTouchFunc, false);

function onTouchFunc(event) {
var event = event || window.event;
var targetObj = document.getElementById("targetObj");
switch (event.type) {
    case "touchstart":
    targetObj.innerHTML = "Touch started (" + event.touches[0].clientX + "," +
event.touches[0].clientY + ")";
    break;
    case "touchend":
    targetObj.innerHTML="<br />Touch end (" + event.changedTouches[0].clientX
+ "," + event.changedTouches[0].clientY + ")";
    break;
  case "touchmove":
  event.preventDefault();
  targetObj.innerHTML = "<br />Touch moved (" + event.touches[0].clientX + ","
+ event.touches[0].clientY + ")";
  break;
      }
    }
  }
window.addEventListener('load', load, false);
```

```
</script>
```

结果如图 10.4 所示，分别在开始触摸、手指移动和触摸结束时显示触摸目标在页面中的坐标。

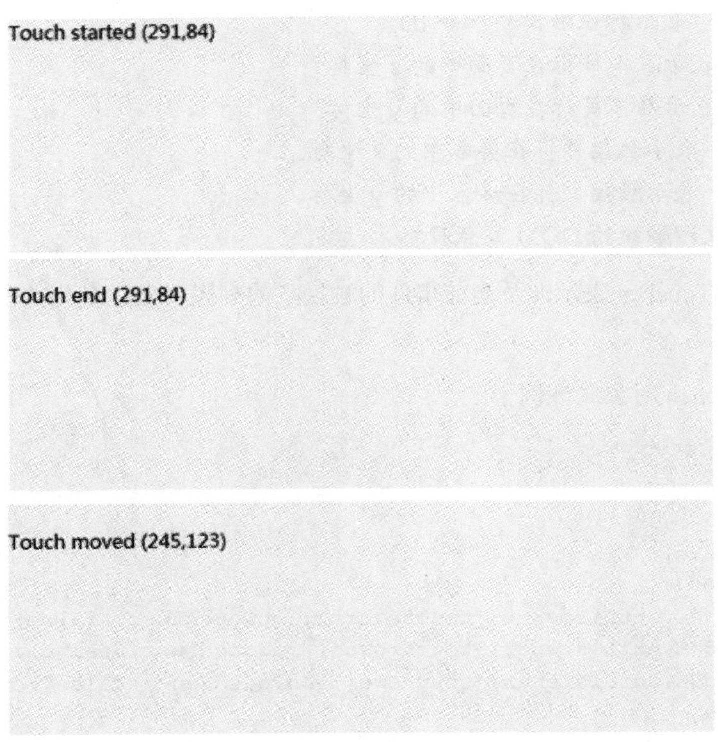

图 10.4　Touch 对象属性例子

10.2 移动端 Web 单击事件

移动端单击事件主要有 click 和 tap 事件。但是 click 事件在移动端会出现 200ms~300ms 的延迟，而且 click 事件会在 touchstart 事件、touchend 事件之后被触发，如图 10.5 所示。

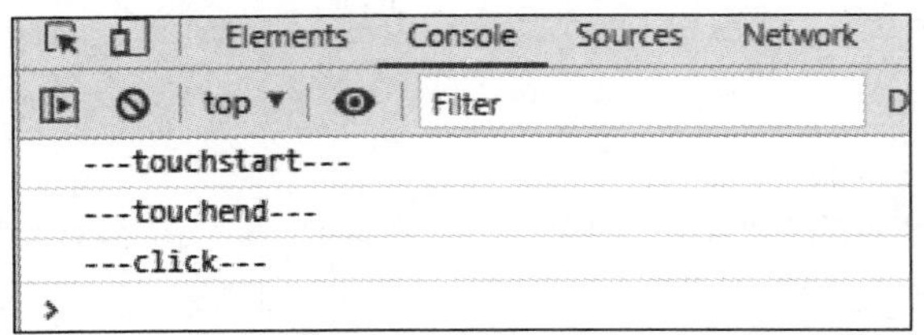

图 10.5　事件触发顺序

10.2.1　iOS 单击延迟

首先解释为什么移动端单击事件会存在 300ms 延迟这个问题，这和 iOS 的双击缩放有关。“双击缩放”，顾名思义就是用手指在屏幕上快速单击两次，iOS 自带的 Safari 浏览器会将网页缩放至原始比例。所以当用户碰触页面之后，需要等待一段时间来判断是不是双击动作，而不是立即响应单击，等待的这段时间大约是 300ms。

比如用户在 iOS Safari 浏览器某个页面中单击了页面中的一个链接，但是由于在 iOS 是有双击功能的，所以用户可以进行双击缩放或者双击滚动的操作，但是当用户一次单击屏幕之后，浏览器并不能立刻判断出该用户是要打开这个链接，还是想要进行双击操作。因此，iOS Safari 从设计出来就规定会等待 300ms，以此来判断用户是否再次单击了屏幕。这个历史原因导致现在移动端单击事件会存在 300ms 的延迟，现在来说，这个 300ms 延迟卡顿对于用户体验不太友好。

目前为止，主要有两种方式来解决这个延迟问题。

（1）一种是通过 FastClick.js，它是 FT Labs 专门为解决移动端浏览器 300ms 单击延迟问题所开发的一个轻量级的库，直接通过 npm 安装：

```
npm install fastclick -S
```

然后在 Vue 项目的 main.js 中直接全局引入，再在 DOM 文档加载完后进行初始化，最后直接利用 fastClick 提供的 attach 方法即可实现解决 300ms 延迟的问题：

```
// 引入
import fastClick from 'fastclick'
// 在页面的 DOM 文档加载完成后，初始化 FastClick 实例
fastClick.attach(document.body)
```

（2）第二种方式就是使用 zepto 的 tap 代替 click 作为单击事件，分别使用 singleTap 和 doubleTap 来实现单击事件和双击事件，就不会出现浏览器无法判断是否是双击事件从而导致 300ms 的延迟。但是 tap 方法会出现单击穿透的问题，所以最好还是使用 fastClick 来避免单击延迟的问题。

10.2.2　单击穿透的问题

单击穿透的问题如下场景所示。为页面 body 绑定一个单击事件，当单击时会弹出一个蒙层 mask，然后单击该蒙层会关闭该蒙层，即为蒙层添加一个 touchstart 事件，正常想要的效果是蒙层直接关闭消失掉，但是下面代码执行后会发现蒙层关闭后立马又重新弹出来了，这就是单击穿透现象。

```
<style>
   body{
      width: 100%;
      height: 100vh;
   }
```

```
        .mask {
            width: 100%;
            height: 100vh;
            background-color: rgba(0, 0, 0, 0.3);
            position: absolute;
            top: 0;
            left: 0;
            display: none;
        }
    </style>
</head>

<body>
    <div class="mask" id="mask"></div>
    <script>
        window.onload = function () {
            var body = document.getElementsByTagName("body")[0];
            var mask = document.getElementById('mask');
            mask.addEventListener('touchstart', function () {
                mask.style.display = 'none';
            })
            body.addEventListener('click', function () {
                mask.style.display = 'block';
            })
        }
    </script>
</body>
```

单击穿透现象主要还是因为 click() 事件是在 touchend() 事件之后（touchstart-->touchend-->click），所以即使在 touchstart 里绑定了关闭蒙层事件，能够实现关闭蒙层，但是浏览器还是会自动触发 click 事件，即触发到了页面上 body 所绑定的事件，弹出蒙层。这种情况的解决方式就是在 ontouchstart 里阻止默认事件，阻止了默认的 click 事件的创建，自然也不会响应到页面上 body 元素上去。代码如下：

```
mask.addEventListener('touchstart', function (e) {
     e.preventDefault() // 阻止默认事件
     mask.style.display = 'none';
   })
body.addEventListener('click', function () {
     mask.style.display = 'block';
   })
```

或者通过将蒙层关闭的时间延长，比如让蒙层 300ms 后消失。代码如下：

```
mask.addEventListener('touchstart', function (e) {
})
mask.addEventListener('touchend', function (e) {
```

```
    setTimeout(() => {
        mask.style.display = 'none';
    }, 300)

})
```

或者不用 touch 事件（因为不用 touch 就不会存在 touch 之后 300ms 触发 click 的问题），只用 click 事件，并阻止 mask 蒙层上单击事件的冒泡。代码如下：

```
mask.addEventListener('click', function (e) {
    e.stopPropagation()
    mask.style.display = 'none';
})
```

10.3 本章小结

本章主要介绍了移动端的触摸事件和单击事件以及它们的触发先后顺序，说明了什么是移动端单击事件延迟，为什么会出现延迟和单击穿透的问题，并且提出了几种解决方法。

第 11 章

实战项目：响应式单页面管理系统 TODO

本章将利用 Vue 3 来实现一个简单的响应式单页面管理（SPA）系统：TODO（待办事项页面管理），会将之前章节所学的组件、ES 语法特性、移动端事件和响应式布局等知识结合起来，以此提高读者项目实战开发能力，巩固所学知识。

本章主要涉及的知识点有：

- 创建 TODO 系统的首页 index.html
- 实现系统包含的各个子组件
- 事件交互功能的实现
- 使用类样式美化项目界面

11.1 创建 index.html

步骤 01 首先创建一个 index.html 文件，增加项目标题为“响应式单页面管理（SPA）系统：TODO”，然后通过 script 标签引入下载的 vue3.js 文件。

```
<title>响应式单页面管理（SPA）系统：TODO</title>
script src="./vue3.js"></script>
```

步骤 02 在首页 index.html 文件中创建一个 id 为 app 的 div，作为最外层的容器，方便后续为根实例挂载 dom。页面初始化代码如下：

```
<!DOCTYPE html>
<html lang="en">

<head>
    <meta charset="UTF-8">
    <meta name="viewport" content="width=device-width, initial-scale=1.0">
    <title>响应式单页面管理（SPA）系统：TODO</title>
    <script src="./vue3.js"></script>
```

```
    <style>
    </style>
</head>

<body>
    <div id="app">
        <h3>响应式单页面管理（SPA）系统：TODO</h3>
    </div>
</body>
</html>
```

页面在浏览器中运行效果如图 11.1 所示。

图 11.1　index.html 初始化

11.2 创建根实例和页面组件

步骤 01　页面正常运行后，首先通过 Vue 提供的 createApp()方法创建 TODO 项目的根实例，起名为 App，并通过 mount 方法挂载 id 为 app 的根节点，就能够返回得到应用的根组件了。

```
<script>
const myApp = {
```

```
    }
    // 创建 TODO 应用的根实例
    const App = Vue.createApp(myApp);
    // 挂载 app 节点，得到根组件
    App.mount('#app');
</script>
```

步骤 02 该 TODO 系统涉及待办事项子页面和回收站子页面，所以新建两个子组件，分别起名为 Todo 和 Recyle。创建好这两个页面组件后，将它们在根实例中注册，然后渲染到页面上。

```
    <div id="app">
        <h3>响应式单页面管理（SPA）系统：TODO</h3>
        <Todo></Todo>
        <Recyle></Recyle>
</div>

        // Todo 组件
        const Todo = {
            template: `
            <div class="todoCon">待办事项页面</div>
            `
        }

        // Recyle 组件
        const Recyle = {
            template: `
            <div class="recyleCon">回收站页面</div>
            `
        }

        const myApp = {
            // 注册组件
            components:{
                Todo,
                Recyle
            }
        }
```

页面效果如图 11.2 所示。

响应式单页面管理（SPA）系统：TODO

待办事项页面
回收站页面

图 11.2　根实例和组件页面

11.3 页面切换

步骤 01 为了实现单击切换页面的效果，需要使用 Vue Router，所以首先引入 vue-router.global.js 路由文件。

```
<script src="./vue-router.global.js"></script>
```

步骤 02 为 Todo 和 Recyle 两个子组件定义好路由规则对象 routes，Todo 页面的路径为'/todo'，相应的组件为 Todo 子组件，Recyle 页面的路径为'/recyle'，相应的组件为 Recyle 子组件。

```
const routes = [
        {path: '/todo', name: 'Todo',component: Todo},
        {path: '/recyle',name: 'Recyle', component: Recyle}
    ]
```

步骤 03 定义路由对象 router，并注册使用。

```
const router = VueRouter.createRouter({
        history: VueRouter.createWebHashHistory(),
        routes
    })

// 使用路由
App.use(router);
```

步骤 04 通过<router-view />渲染路由所对应的子组件，使用<router-link></router-link>标签来实现页面的切换。

```
<router-link to="/todo">todo</router-link>
<router-link to="/recyle">recyle</router-link>
<router-view></router-view>
```

这样就可以通过单击 todo 链接文字或者 recyle 链接文字实现页面的切换，效果如图 11.3 所示。

响应式单页面管理（SPA）系统：TODO

todorecyle
回收站页面

图 11.3　单击切换页面

11.4 待办事项页面的开发

11.4.1 创建事项

在一个输入框中输入需要创建的待办事项，按回车键之后即表示创建完成，将创建成功的事项展示在页面上，定义一个 inputValue 通过 v-model 双向绑定到 input 输入框上，然后为回车绑定事件之后，通过 push 方法将创建的事项加入到原先的所有待办事项 todos 中。代码如下：

```
// Todo 组件
        const Todo = {
            template: `
                <div class="todoCon">
                    <div class="todoWrap">
                        <input type="text" v-model="inputValue" placeholder="请输入..." @keyup.enter="handleCreateTodo" />
                        <div class="todolist">
                            <ul>
                                <li v-for="item in todos">{{item}}</div>
                            </ul>
                        </div>
                    </div>
                </div>
            `,
            data(){
                return {
                    inputValue: '',
                    todos: []
                }
            },
            methods: {
                // 创建待办事项
                handleCreateTodo(){
                    this.todos.push(this.inputValue);
                    this.inputValue = ''
                }
            }
        }
```

创建三个事项后的页面效果如图 11.4 所示。

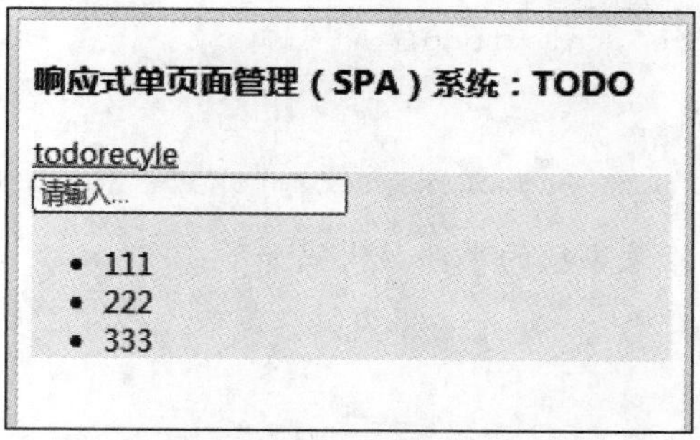

图 11.4　创建事项

11.4.2　单条事项组件

上一小节主要是通过 li 标签循环直接显示每条事项，现在新增一个单条事项组件，使得每个事项组件具体有创建、修改与删除的功能。

步骤 01 实现单条事项组件的静态页面结构，定义一个名为 SingleTodo 的组件，并在 Todo 组件中注册和使用。代码如下：

```
// 单个事项组件
      const SingleTodo = {
         props: ['todo'],
         template: `
            <div>
               <input type="checkbox" @click="handleDone"
               v-model="todo.doneValue" />
               <span>{{todo.title}}</span>
               <a>删除</a>
            </div>
         `,
      }

// Todo 组件
   components: {
     'SingleTodo': SingleTodo
   },
<ul>
   <li v-for="item in todos">
     <SingleTodo :todo="item"></SingleTodo>
   </li>
</ul>
```

步骤 02 为复选框绑定完成的单击事件 handleDone，当单击时表明该事项已经完成，可放入回收站中。代码如下：

```
handleDone() {
  this.todo.done = !this.todo.done;
```

```
  this.$emit('todoDone',this.todo)
}

<SingleTodo :todo="item" @todoDone="todoDone"></SingleTodo>
```

步骤 03 为 span 标签绑定修改事项的事件。代码如下：

```
        data(){
            return {
                isShow: false,
                updateValue: this.todo.title
            }
        },
        methods: {
            handleDone() {
                this.$emit('todoDone',this.todo)
            },
            handleEdit(){
                this.isShow = true;
            },
            handleUpdate(){
                this.todo.title = this.updateValue;
                this.isShow = false;
            }
        }

                <input type="checkbox" @click="handleDone(todo)"
                v-model="todo.doneValue" />
                <input v-if="isShow" type="text"
                @blur="handleUpdate"
                v-model="updateValue" />
                <span v-else @click="handleEdit">{{todo.title}}</span>
```

步骤 04 实现删除事项的功能。代码如下：

```
<span @click="handleDelete">删除</span>
// SingleTodo
handleDelete(){
     this.$emit('delTodo',this.todo);
  }
// Todo 组件
<SingleTodo :todo="item" @todoDone="todoDone" @delTodo="delTodo"></SingleTodo>
delTodo(todo){
   // console.log(todo)
   let index = this.todos.findIndex((cur,index)=>cur===todo)
   this.todos[index].isDel= true;
}
```

这样就完成了创建、修改和删除事项的功能，效果如图 11.5 所示。

响应式单页面管理（SPA）系统：TODO
todorecyle
请输入...
• □111修改中 删除
• □2222删除
• □333删除

响应式单页面管理（SPA）系统：TODO
todorecyle
请输入...
• □111修改中删除
• □333删除

图 11.5　实现创建、修改、删除事项功能

11.4.3　数据持久化

上一小节实现了事项数据的创建、修改、删除操作，但是页面重新刷新则所有数据就会被清空，这是不好的，所以需要实现数据的持久化。在本地进行数据持久化操作，主要是通过 window.localStorage 来达到持久化存储的目的，所以在创建数据、修改数据以及删除数据之后都需要进行本地存储，以保持本地数据是最新的。使用 localStorage 存储时必须将数据转换为字符串，所以要使用 JSON.stringify 来转换。代码如下：

```
   methods: {
                // 创建待办事项
                handleCreateTodo() {
                    this.todos.push({ id: this.todos.length, title: this.inputValue,
done: false, isDel: false });
                    this.inputValue = ''
                    window.localStorage.setItem('todos',JSON.stringify(this.todos));
                },
                // 完成该事项
                todoDone(todo) {
                    let index = this.todos.findIndex((cur,index)=>cur===todo);
                    this.todos[index] = todo;
                    window.localStorage.setItem('todos',JSON.stringify(this.todos));
                },
                // 删除事项
                delTodo(todo){
                    let index = this.todos.findIndex((cur,index)=>cur===todo);
                    this.todos.splice(index,1);

window.localStorage.setItem('todos',JSON.stringify(this.todos));
                },
                // 更新事项
```

```
                updateTodo(todo){
                    let index = this.todos.findIndex(item=>item===todo);
                    this.todos[index] = todo;

window.localStorage.setItem('todos',JSON.stringify(this.todos));
                }
            }
```

效果如图 11.6 所示，可以在浏览器中的 Application 中查看存储的持久化数据 todos。

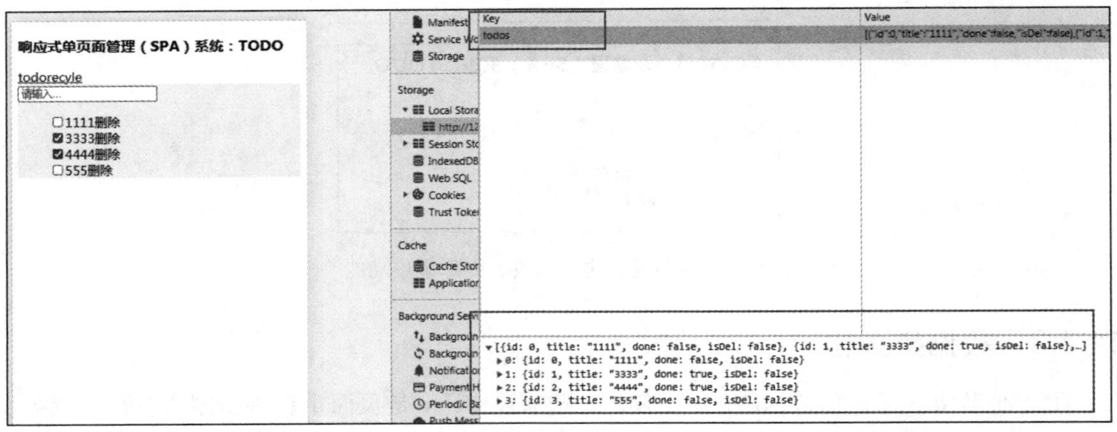

图 11.6　持久化数据

11.5 回收站页面的开发

本节开发回收站页面，会将已经删除的事项移动到该页面，并且可以通过单击“恢复”按钮将已删除的事项重新恢复。

11.5.1　创建已删除事项列表

从缓存中取出数据并将 isDel 设置为 true，即将已删除的事项过滤出来，然后通过 v-for 循环出来。代码如下：

```
  // Recyle 组件
      const Recyle = {
          components: {
              doneTodo,
          },
          template: `
          <div class="recyleCon">
              <ul>
                  <doneTodo v-for="item in doneTodos" :doneTodo="item">
```

```
</doneTodo>
                </ul>
            </div>
            `,
            data(){
                return {
                    doneTodos:
JSON.parse(window.localStorage.getItem('todos')).filter(item=>item.isDel)
                }
            }
        }

        // 单个已删除事项组件
        const doneTodo = {
            props: ['doneTodo'],
            template: `
                <li>{{doneTodo.title}}</li>
            `
        }
```

如图 11.7 所示为已删除事项的列表。

图 11.7　删除事项列表

11.5.2　创建单条已删除事项组件

创建单条已删除事项组件，代码如下：

```
        // 单个已删除事项组件
        const doneTodo = {
            props: ['doneTodo'],
            template: `
                <li>{{doneTodo.title}}</li>
            `
        }
```

将该组件进行功能上的完善，为每个删除事项增加一个恢复功能，使得单击“恢复”按钮可以从已删除事项列表中移除，即通过将已删除的事件的 isDel 属性恢复为 false，在所有删除事项数组中删除已恢复的事项。

11.6 删除事项和恢复事项联动

可以为每个单个删除事项绑定恢复事件，即 noDone()方法，将已删除的事件的 isDel 属性恢复为 false，并将所有删除事项数组中已恢复的事项删除。代码如下：

```
// 恢复已删除事项
noDone(doneTodo){
  this.doneTodos = this.doneTodos.filter(item => item.id != doneTodo.id);
  this.allTodos.forEach(item => {
      item.isDel= item.id === doneTodo.id ? false : item.isDel;
    });
   window.localStorage.setItem('todos', JSON.stringify(this.allTodos));
}
```

然后将所有已删除的事项展示到回收页面，代码如下：

```
template: `
 <div class="recyleCon">
  <ul>
   <doneTodo v-for="item in doneTodos" :doneTodo="item" @noDone="noDone(item)">
</doneTodo>
   </ul>
 </div>
 `,
```

11.7 美化页面背景

前面几个小节已经实现了 TODO 待办事项的所有功能，包括添加待办事项、设置已完成事项、删除事项和恢复事项等，最后一步就是需要进行样式布局上的优化了。通过 CSS 等将页面设置得更加美观。代码如下：

```
// SingleTodo 组件
template: `
          <div class="singleitem">
             <input type="checkbox" @click="handleDone(todo)"
             v-model="todo.done" class="select" />
             <input v-if="isShow" type="text"
             @blur="handleUpdate"
             v-model="updateValue" class="edit" />
             <span            v-else            @click="handleEdit"
class="title">{{todo.title}}</span>
             <span @click="handleDelete" class="del">删除</span>
          </div>
      `,

// Todo 组件
```

```
template: `
            <div class="todoCon">
               <div class="todoWrap">
                  <input type="text"
                  v-model="inputValue"
                  placeholder="请输入..."
                  class="todoInput"
                  @keyup.enter="handleCreateTodo" />
                  <div class="todolist">
                     <ul>
                        <li v-for="item in todos">
                           <div v-if="!item.isDel">
                              <SingleTodo                    :todo="item"
@todoDone="todoDone" @delTodo="delTodo" @updateTodo="updateTodo"></SingleTodo>
                           </div>
                        </li>
                     </ul>
                  </div>
               </div>
            </div>
         `,

   // doneTodo 组件
   template: `
            <li>
               <div class="delItem">
                  <span class="delTitle">{{doneTodo.title}}</span>
                  <span class="recybtn" @click="handleRemove">恢复</span>
               </div>
            </li>
         `,

   // Recycle 组件
   template: `
         <div class="recyleCon">
            <ul>
               <doneTodo  v-for="item  in  doneTodos"  :doneTodo="item"
@noDone="noDone(item)"></doneTodo>
            </ul>
         </div>
         `,
```

然后为每个组件编写样式代码，美化后完整的样式代码为：

```
   <style>
      #app {
         width: 100%;
         height: 100vh;
      }

      .pages {
         width: 100%;
         height: 40px;
         display: flex;
      }
```

```
.pages a {
    flex: 1;
    width: 50%;
    display: flex;
    justify-content: center;
    align-items: center;
    font-size: 24px;
    color: skyblue;
    text-decoration: none;
    border: 1px solid #eee;
    border-radius: 6px;
}

.todoCon {
    margin-top: 20px;
    padding: 20px 10px;
    background-color: yellow;
}

ul,
li {
    list-style: none;
    padding: 0;
    display: flex;
    flex-direction: column;
}

li {
    display: inline-block;
    width: 100%;
}

.del,
.recybtn {
    float: right;
    padding: 2px 10px;
    font-size: 12px;
    border-radius: 10px;
    background-color: rgb(245, 191, 196);
    color: #fff;
}

.select {
    margin-right: 10px;
}

.title,
.delTitle {
    color: #333;
    overflow: hidden;
```

```
        text-overflow: ellipsis;
        white-space: nowrap;
        width: 70%;
    }

    .singleitem,
    .delItem {
        display: flex;
        flex-wrap: nowrap;
        margin: 10px 0;
        justify-content: space-between;
    }

    .recyleCon {
        background-color: skyblue;
        padding: 10px 10px;
        border-radius: 10px;
        margin-top: 20px;
    }

    .todoInput {
        width: 60%;
        padding: 6px 4px;
        margin-left: 4px;
    }
</style>
```

美化之后如图 11.8 所示，左边为待办事项列表页面，右边为已删除事项回收页面。

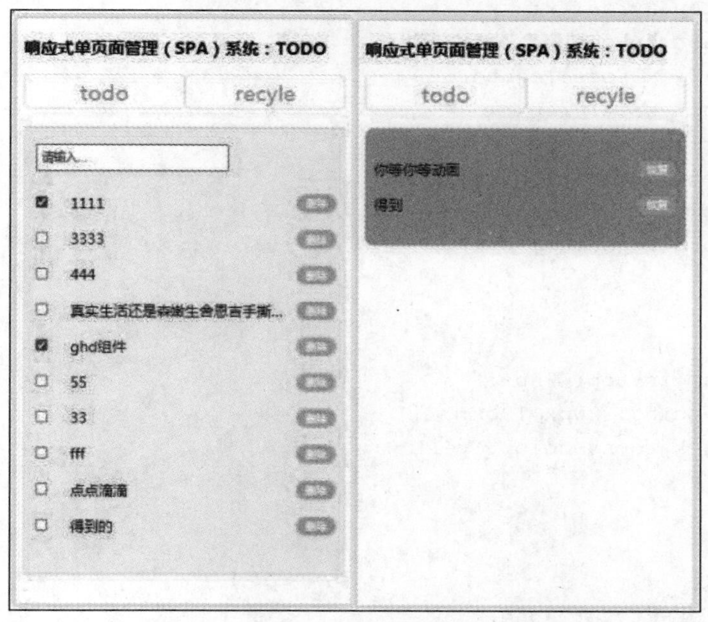

图 11.8　美化背景页面

本节实现的响应式单页面管理系统 TODO，其完整代码如下：

```
<!DOCTYPE html>
<html lang="en">

<head>
    <meta charset="UTF-8">
    <meta name="viewport" content="width=device-width, initial-scale=1.0">
    <title>响应式单页面管理（SPA）系统：TODO</title>
    <script src="./vue3.js"></script>
    <script src="./vue-router.global.js"></script>
    <style>
        #app {
            width: 100%;
            height: 100vh;
        }

        .pages {
            width: 100%;
            height: 40px;
            display: flex;
        }

        .pages a {
            flex: 1;
            width: 50%;
            display: flex;
            justify-content: center;
            align-items: center;
            font-size: 24px;
            color: skyblue;
            text-decoration: none;
            border: 1px solid #eee;
            border-radius: 6px;
        }

        .todoCon {
            margin-top: 20px;
            padding: 20px 10px;
            background-color: yellow;
        }

        ul,
        li {
            list-style: none;
            padding: 0;
            display: flex;
```

```
    flex-direction: column;
}

li {
    display: inline-block;
    width: 100%;
}

.del,
.recybtn {
    float: right;
    padding: 2px 10px;
    font-size: 12px;
    border-radius: 10px;
    background-color: rgb(245, 191, 196);
    color: #fff;
}

.select {
    margin-right: 10px;
}

.title,
.delTitle {
    color: #333;
    overflow: hidden;
    text-overflow: ellipsis;
    white-space: nowrap;
    width: 70%;
}

.singleitem,
.delItem {
    display: flex;
    flex-wrap: nowrap;
    margin: 10px 0;
    justify-content: space-between;
}

.recyleCon {
    background-color: skyblue;
    padding: 10px 10px;
    border-radius: 10px;
    margin-top: 20px;
}

.todoInput {
```

```
            width: 60%;
            padding: 6px 4px;
            margin-left: 4px;
        }
    </style>
</head>

<body>
    <div id="app">
        <h3>响应式单页面管理（SPA）系统：TODO</h3>
        <div class="pages">
            <router-link to="/todo">todo</router-link>
            <router-link to="/recyle">recyle</router-link>
        </div>

        <router-view></router-view>
    </div>

    <script>
        const { reactive, toRefs, computed } = Vue;

        // 单个事项组件
        const SingleTodo = {
            props: ['todo'],
            template: `
                <div class="singleitem">
                    <input type="checkbox" @click="handleDone(todo)"
                    v-model="todo.done" class="select" />
                    <input v-if="isShow" type="text"
                    @blur="handleUpdate"
                    v-model="updateValue" class="edit" />
                    <span v-else @click="handleEdit" class="title">{{todo.
title}}</span>
                    <span @click="handleDelete" class="del">删除</span>
                </div>
            `,
            data() {
                return {
                    isShow: false,
                    updateValue: this.todo.title
                }
            },
            methods: {
                handleDone() {
                    this.todo.done = !this.todo.done;
                    this.$emit('todoDone', this.todo)
                },
```

```
            handleEdit() {
                this.isShow = true;
            },
            handleUpdate() {
                this.todo.title = this.updateValue;
                this.isShow = false;
                this.$emit('updateTodo', this.todo);
            },
            handleDelete() {
                this.$emit('delTodo', this.todo);
            }
        }
    }

    // Todo 组件
    const Todo = {
        components: {
            'SingleTodo': SingleTodo
        },
        template: `
            <div class="todoCon">
                <div class="todoWrap">
                    <input type="text"
                    v-model="inputValue"
                    placeholder="请输入..."
                    class="todoInput"
                    @keyup.enter="handleCreateTodo" />
                    <div class="todolist">
                        <ul>
                            <li v-for="item in todos">
                                <div v-if="!item.isDel">
                                    <SingleTodo :todo="item" @todoDone=
"todoDone" @delTodo="delTodo" @updateTodo="updateTodo"></SingleTodo>
                                </div>
                            </li>
                        </ul>
                    </div>
                </div>
            </div>
        `,
        data() {
            return {
                inputValue: '',
                todos: [{}],
                delTodos: []
            }
        },
```

```
            methods: {
                // 创建待办事项
                handleCreateTodo() {
                    if (!this.todos) {
                        this.todos = []
                    }
                    this.todos.push({ id: this.todos.length, title: this.
inputValue, done: false, isDel: false });
                    this.inputValue = ''
                    window.localStorage.setItem('todos', JSON.stringify
(this.todos));
                },
                // 完成该事项
                todoDone(todo) {
                    let index = this.todos.findIndex((cur, index) => cur === todo);
                    this.todos[index] = todo;
                    window.localStorage.setItem('todos',
JSON.stringify(this.todos));
                },
                // 删除事项
                delTodo(todo) {
                    let index = this.todos.findIndex((cur, index) => cur === todo);
                    this.todos[index].isDel = true;
                    // this.todos.splice(index, 1);
                    window.localStorage.setItem('todos',
JSON.stringify(this.todos));
                },
                // 更新事项
                updateTodo(todo) {
                    let index = this.todos.findIndex(item => item === todo);
                    this.todos[index] = todo;
                    window.localStorage.setItem('todos',
JSON.stringify(this.todos));
                }
            },
            created() {
                let todos = JSON.parse(window.localStorage.getItem('todos'));
                this.todos = todos;
            }
        }


        // 单个已删除事项组件
        const doneTodo = {
            props: ['doneTodo'],
            template: `
                <li>
```

```
                <div class="delItem">
                    <span class="delTitle">{{doneTodo.title}}</span>
                    <span class="recybtn" @click="handleRemove">恢复</span>
                </div>
            </li>
        `,
        methods: {
            handleRemove() {
                this.$emit('noDone');
            }
        }
    }
    // Recyle 组件
    const Recyle = {
        components: {
            doneTodo,
        },
        template: `
        <div class="recyleCon">
            <ul>
                <doneTodo v-for="item in doneTodos" :doneTodo="item" @noDone=
"noDone(item)"></doneTodo>
            </ul>
        </div>
        `,
        data() {
            return {
                allTodos: JSON.parse(window.localStorage.getItem('todos')),
                doneTodos:
JSON.parse(window.localStorage.getItem('todos')).filter(item => item.isDel)
            }
        },
        methods: {
            // 恢复已删除事项
            noDone(doneTodo) {
                this.doneTodos = this.doneTodos.filter(item => item.id !=
doneTodo.id);
                this.allTodos.forEach(item => {
                    item.isDel = item.id === doneTodo.id ? false : item.isDel;
                });
                window.localStorage.setItem('todos',
JSON.stringify(this.allTodos));
            }
        }
    }

    const routes = [
```

```
        { path: '/', component: Todo },
        { path: '/todo', name: 'Todo', component: Todo },
        { path: '/recyle', name: 'Recyle', component: Recyle }
    ]

    const router = VueRouter.createRouter({
        history: VueRouter.createWebHashHistory(),
        routes
    })

    const myApp = {
        // 注册组件
        components: {
            Todo,
            Recyle
        },

    }

    // 创建 TODO 应用的根实例
    const App = Vue.createApp(myApp);

    // 使用路由
    App.use(router);

    // 挂载 app 节点，得到根组件
    App.mount('#app');
  </script>
</body>
</html>
```

11.8 本章小结

本章带领读者完成了一个单页面的 TODO 待办事项小项目，结合了组件、本地存储、父子组件的传值、双向绑定等知识，不利用脚手架，而是手动从零进行开发，能够有效提升读者的实战能力。

第 12 章

实战项目：移动电商 Web App

本章将结合前面章节所学知识开发一个移动端电商项目，主要目的是帮助读者了解开发一个完整项目的基本流程，巩固之前所学知识，掌握编码设计思想，获得独立开发移动端 Web App 的能力。

本章主要涉及的知识点有：

- 移动页面布局设计
- Mock 模拟后端接口
- 本地存储
- 路由页面跳转
- px to rem 插件的使用

12.1 项目环境配置

本章开发一个移动端 Web App，使用到的技术有 Vue 3、前端路由 Vue Router、移动端 UI 框架 Vant Weapp、模拟数据接口 Mock.js、本地存储 localstorage、Flex 布局等。

12.1.1 初始化并整理项目

步骤 01 首先利用 Vue 提供的脚手架初始化一个项目，命名为 web-app：

```
vue create web-app
```

由于创建的是单页面应用，所以需要根据提示手动选择处理路由的插件 Vue Router 等，本项目使用 Vue 3 版本进行开发，所以选择 Vue 3.x，最后得到初始化的项目。

步骤 02 运行该项目，然后整理项目结构，删除项目中不需要的页面，即将 HelloWorld.vue、About.vue 页面删除，并将路由文件 router 文件夹下的 index.js 中的 About 组件对应的路由也一并删除，把 Home.vue 清空，即将与 HelloWorld.vue 相关的内容删除掉，最后将 App.vue 中 router-link 等删除。整理好后，App.vue 文件内容如下：

```
<template>
  <router-view/>
</template>
```

路由文件如下：

```
import { createRouter, createWebHashHistory } from 'vue-router'
import Home from '../views/Home.vue'

const routes = [
  {
    path: '/',
    name: 'Home',
    component: Home
  }
]

const router = createRouter({
  history: createWebHashHistory(),
  routes
})

export default router
```

Home.vue 修改后为：

```
<template>
  <div class="home">
    home
  </div>
</template>

<script>

export default {
  name: 'Home'
}
</script>
```

步骤 03 为了后续方便注册第三方插件，改造入口文件 main.js，将 App 抽取出来，修改为：

```
import { createApp } from 'vue'
import App from './App.vue'
import router from './router'
import store from './store'

const app = createApp(App)
app.use(store)
```

```
app.use(router)
app.mount('#app')
```

最后如果能正常启动且控制台不报错则说明 Web App 项目搭建并初始化成功。

12.1.2 引入并实现 Vant 的按需加载

本项目使用移动端 UI 框架 Vant 来简化一些样式的书写。

步骤01 通过如下命令安装 Vant：

```
# Vue 3 项目，安装 Vant 3
npm i vant@3
```

步骤02 为提高性能，采用按需加载的方式。首先需要进行配置，通过 babel 插件按需引入组件，通过如下命令安装 babel-plugin-import 插件：

```
npm i babel-plugin-import -D
```

然后在.babelrc 或 babel.config.js 中添加相关配置：

```
plugins: [
    [
      'import',
      {
        libraryName: 'vant',
        libraryDirectory: 'es',
        style: true
      }, 'vant'
    ]
  ]
```

步骤03 为了验证是否能够实现按需引入，可以在 main.js 中引入按钮 Button，然后在 App.vue 中使用<vant-button>组件。代码如下：

```
// main.js
import { Button } from 'vant'
app.use(Button)

// App.vue
<van-button type="primary">按钮</van-button>
```

界面上出现一个蓝色按钮即表示 Vant 安装成功。

12.1.3 引入并封装 axios

为了能够请求接口获取数据，本项目采用数据请求库 axios 调用接口获取数据。

步骤01 通过如下命令安装 axios：

```
npm install axios --save
```

步骤02 为了能够更加方便地对路由跳转前后进行一些拦截操作、对响应的数据做一定处理，需要进行 axios 的封装。在 src 目录下新建一个 utils 目录，其中新建一个 axios.js 文件，里面进行封装 axios，代码如下：

```
// 封装 axios
import axios from 'axios'

const instance = axios.create({
   baseURL: 'http://localhost:8080/',
   timeout: 3000
})

instance.interceptors.request.use(config => {
   return config;
}, error => {
   return Promise.reject(error);
});

instance.interceptors.response.use(response => {
   return response.data;
}, error => {
   return Promise.reject(error);
});

export default instance;
```

上述代码就是新建了一个axios实例instance，设置了基础地址baseURL和超时时间timeout，并使用 axios 请求拦截器（request interceptors）和响应拦截器（response interceptors）对数据进行一些处理。

步骤03 在 main.js 中引入并使用，进行全局配置，代码如下：

```
import axios from './utils/axios'
// 全局配置
app.config.globalProperties.$axios=axios;
```

步骤04 由于 Vue 3 中没有 this，是使用 getCurrentInstance 来获取上下文，所以可以通过 Vue 3 的 getCurrentInstance()方法解构出 proxy，通过 proxy 调用 axios，代码如下：

```
import { getCurrentInstance } from 'vue'
const { proxy } = getCurrentInstance()
proxy.$axios.get('url')
```

12.1.4 使用 Mock.js 模拟数据接口

由于该项目是前后端分离的项目，所以通过 Mock.js 来实现后台接口数据的模拟。Mock

是可以模拟后端接口的 API 管理平台，能让开发者提前调用模拟接口，完成前端开发，它的官网地址为 http://mockjs.com/。

Mock 可以通过 npm 进行安装：

```
npm install mockjs --save
```

安装之后通过如下命令引入：

```
const Mock = require('mockjs')
```

以如下方式使用：

```
var data = Mock.mock({....})
```

先简单介绍 Mock.js 的语法规范，其语法规范包括两部分：

（1）数据模板定义规范（Data Template Definition，DTD）。数据模板中的每个属性由 3 部分构成：属性名（name）、生成规则（rule）、属性值（value）。语法形式如下：

```
'name|rule': value
```

（2）数据占位符定义规范（Data Placeholder Definition，DPD）。占位符只是在属性值字符串中占个位置，并不出现在最终的属性值中。语法形式如下：

```
@占位符 @占位符(参数 [, 参数])
```

举例说明：

- 属性值是字符串 String:

```
'name|min-max': string
```

上述表达式表示通过重复 string 生成一个字符串，重复次数大于等于 min，小于等于 max。比如生成一个 title 属性的字符串，该字符串为一个字符 a，出现次数在 3~5 次，即可表示为：

```
'title|3-5': a
'name|count': string
```

上述表达式表示通过重复 string 生成一个字符串，重复次数等于 count。

- 属性值是数字 Number:

```
'name|min-max': number
```

上述表达式表示生成一个大于等于 min、小于等于 max 的整数，属性值 number 只是用来确定类型。

一些数据占位符如下：

- @id()：得到随机的 id。
- @cname()：随机生成中文名字。
- @date('yyyy-MM-dd')：随机生成日期。

- @paragraph(): 描述。
- @email(): 邮箱地址。

比如，生成一个随机用户对象，结构如下所示：

```
{
"id": "334857374720330974",
"username": "张三",
"date": "1998-02-13",
"description": "Kcbdd jkkvsssdacgdypcst xedf .",
"email": "tianmao.cn@ewoea.mh",
"age": 22
}
```

还可以通过 Mock 语法实现，代码如下：

```
Mock.mock({
id: "@id()",                          // 得到随机的 id 对象
username: "@cname()",                 // 随机生成中文名字
date: "@date()",                      // 随机生成日期
description: "@paragraph()",          // 描述
email: "@email()",                    // email
'age|18-40': 20
})
```

12.2 模拟数据接口

由于本项目需要登录注册页面、首页、详情页、购物车页面、个人中心页面，所以需要创建相应的数据接口。首先在 src 目录下新建 Mock 文件夹，然后新建 index.js 文件用于存放数据接口。

步骤 01 创建注册接口，代码如下：

```
// 保存注册用户的数据
const registerData = []

// 返回的注册 id
const registerId = Mock.mock({
   "registerId|+1": 1
});
// 注册接口
Mock.mock('http://localhost:8080/register', 'post', config => {
    let data = JSON.parse(config.body)
    let registerUser = {
        username: data.username,
```

```
        password: parseInt(data.password)
    }

    registerData.push(registerUser)
    return registerId;
})
```

由于在 axios 文件中已经配置了基础地址 http://localhost:8080，所以后续访问注册接口时直接传入/register 即可，通过以下方式定义接口路径、请求方法和 config：

```
Mock.mock('接口 url', '请求方式', config => {renturn ...} )
```

config 表示接收到的参数，最后返回接口数据。

步骤 02　创建登录接口，代码如下：

```
// 返回的默认登录信息
const loginInfo = Mock.mock({
    username: 'admin',
    password: 123456
})

// 登录接口
Mock.mock('http://localhost:8080/login', 'post', config => {
    let data = JSON.parse(config.body)
    console.log(registerData);
    let res = registerData.filter(item => {
    return    item.username    ===    data.username    &&    item.password    ===
parseInt(data.password)
    });
    if (res.length != 0) {
        return Mock.mock(res[0]);
    } else {
        return loginInfo;
    }
})
```

登录接口会判断是否已经和数据库里面的用户信息匹配，若能够找到并匹配则返回用户名和密码。

步骤 03　创建首页数据接口，代码如下：

```
// 首页数据
let homeDataList = Mock.mock({
    dataList: [    // 生成 3 组数据
        {
            cateName: '服饰类',
            cateId: 1,
            cateData: [
```

```
                {
        name: '2022 秋冬新款', img: 'https://i.loli.net/2021/12/03/mpvXgUTdwP39Zuh
.jpg', id: '00001',
                },
                {
        name: '羊毛衫男女', img: 'https://i.loli.net/2021/12/03/tn47i3kDF1y8IYf
.jpg', id: '00002',
                },
                {
        name: '秋冬大衣情侣', img: 'https://i.loli.net/2021/12/03/j84SAraYWe1lh7d
.jpg', id: '00003',
                },
                {
        name: '保暖三件套', img: 'https://i.loli.net/2021/12/03/xL7kafWBM6oJ9RE
.jpg', id: '00004',
                },
                {
        name: '光腿神器', img: 'https://i.loli.net/2021/12/03/tQzuxGdA2yiKrsH
.jpg', id: '00005',
                },
                {
        name: '牛仔裤系列', img: 'https://i.loli.net/2021/12/03/ZNApMu6mLXykFnJ
.jpg', id: '00006',
                }
            ]
        },
        {
            cateName: '食品类',
            cateId: 2,
            cateData: [
                {
        name: '2022 新上架', img: 'https://i.loli.net/2021/12/03/XKxtAMpWwLaV8iF
.jpg', id: '0001',
                },
                {
        name: '绝味之各种辣', img: 'https://i.loli.net/2021/12/03/tIEUQ21XqVdnzxF
.jpg', id: '0002',
                },
                {
        name: '甜甜面包房', img: 'https://i.loli.net/2021/12/03/d9EpW2uBZfG3nV1
.jpg', id: '0003',
                },
                {
        name: '火锅、麻辣烫', img: 'https://i.loli.net/2021/12/03/UZTvoditBy1pWFO
.jpg', id: '0004',
                },
                {
```

```
        name: '嗦粉快乐房', img: 'https://i.loli.net/2021/12/03/RcEmIPuOLn5d9Vg
.jpg', id: '0005',
                },
                {
        name: '清淡菜系', img: 'https://i.loli.net/2021/12/03/6CvmGD2zsRnch3k
.jpg', id: '0006',
                }
            ]
        },
        {
            cateName: '家居类',
            cateId: 3,
            cateData: [
                {
        name: '2022 全新家具', img: 'https://i.loli.net/2021/12/03/
yk3HG7zcVwTuW8S.jpg', id: '001',
                },
                {
        name: '沙发床、沙发摇篮', img: 'https://i.loli.net/2021/12/03/
xH6mp8QWqfVycn2.jpg', id: '002',
                },
                {
        name: '电视、洗衣机类', img: 'https://i.loli.net/2021/12/03/
Wx5J1iIfB8eAYjV.jpg', id: '003',
                },
                {
        name: '厨房用品类', img: 'https://i.loli.net/2021/12/03/
5yCm9cluNTA2174.jpg', id: '004',
                },
                {
        name: '卧室装饰品类', img: 'https://i.loli.net/2021/12/03/
of5gTCWs27G81mt.jpg', id: '005',
                },
                {
        name: '客厅大型用品类', img: 'https://i.loli.net/2021/12/03/
qcT13dUbFhlDmfX.jpg', id: '006',
                }
            ]
        }

    ]
});

// 获取首页数据接口
Mock.mock('http://localhost:8080/homedata', 'get', homeDataList)
```

上述代码中的图片地址是由本地通过地址转换接口（https://sm.ms/）上传转换为网络图片，

然后进行加载的。首页数据共包括三个类别，服饰类、食品类和家居类，每个类别中又包括该类别下的多个商品数据。

步骤04 创建详情页数据接口，代码如下：

```
// 详情页数据
Mock.mock('http://localhost:8080/detail', 'post', config => {
    let res = JSON.parse(config.body)
    // 详情页数据
    const detailData = Mock.mock({
        'desc': '@csentence(20,100)',
        'address': '@county(true)',
        'price|45-5200': 100,
        ...res
    })
    return detailData;
})
```

详细页数据接口需要获取每个商品的 id，从而返回详情数据。

步骤05 最后在 main.js 中引入该文件，代码如下：

```
require('./mock/index')
```

12.3 设计路由

路由页面主要包括首页路由页面 Home、注册路由页面 Register、登录路由页面 Login、详情路由页面 Detail、购物车路由页面 Cart 和个人主页路由页面 My，如图 12.1 所示。

图 12.1 路由页面

在路由文件 router/index.js 中定义每个路由，每一个路由对应一个页面级组件；通过 path 定义路由路径；通过 component 定义对应映射的组件；通过 name 属性定义每个路由的名字；通过 redirect 属性能够实现重定向，component: () => import('../views/Home.vue')；通过箭头函数这样的形式引入组件，实现动态加载，即懒加载，当用户访问该路由页面时，才会相应地加载该组件内容，在大型项目中，这样能够极大地提升性能。以下代码为 router 文件夹下的 index.js

文件中的代码：

```
import { createRouter, createWebHashHistory } from 'vue-router'

const routes = [
  {
    path: '/',
    redirect: '/home',
  },
  {
    path: '/home',
    name: 'Home',
    component: () => import( '../views/Home.vue')
  },
  {
    path: '/login',
    name: 'Login',
    component: () => import( '../views/Login.vue')
  },
  {
    path: '/register',
    name: 'Register',
    component: () => import( '../views/Register.vue')
  },
  {
    path: '/detail',
    name: 'Detail',
    component: () => import( '../views/Detail.vue')
  },
  {
    path: '/cart',
    name: 'Cart',
    component: () => import( '../views/Cart.vue')
  },
  {
    path: '/my',
    name: 'My',
    component: () => import( '../views/My.vue')
  }
]

const router = createRouter({
  history: createWebHashHistory(),
  routes
})

export default router
```

首先从 vue-router 中引入 createRouter 和 createWebHashHistory。createRouter()方法用于创建一个路由实例 router，它的参数是一个对象，对象中第一个 history 属性声明使用哪种模式的路由，第二个 routes 属性表示定义的路由映射规则。createWebHashHistory()表示创建 hash 路由，根路由/直接重定向到首页，通过 export default 将路由实例 router 导出，通过如下代码在 main.js 中引入使用，并在其他需要使用路由实例的地方引入使用，然后在 App.vue 中通过<router-view/>实现路由页面的渲染。路由定义好之后，就可以在其他组件中实现路由的跳转。

```
// main.js
import router from './router
app.use(router)
```

12.4 底部 tabbar

通过使用 Vant 提供的 tabbar 组件快速生成底部 tabbar。

步骤 01 首先需要在 main.js 中引入组件：

```
import { Tabbar, TabbarIteml } from 'vant'
app.use(Tabbar);
app.use(TabbarItem);
```

步骤 02 本项目主要包括首页、购物车页和我的页面三个底部 tabbar，所以需要分别使用三个<van-tabbar-item>组件来表示，该组件中的 to 属性可以为该底部选项绑定需要跳转的路由，这样可以直接通过单击底部 tabbar 来实现页面的切换。底部 tabbar 实现代码如下：

```
<template>
  <div id="app">
    <router-view />
    <van-tabbar
      route
      v-model="active"
      @change="onChange"
      active-color="#ee0a24"
      inactive-color="#000"
    >
      <van-tabbar-item icon="home-o" to="/home">首页</van-tabbar-item>
      <van-tabbar-item icon="cart-o">购物车</van-tabbar-item>
      <van-tabbar-item icon="user-o" to="/my">我的</van-tabbar-item>
    </van-tabbar>
  </div>
</template>
```

```
<style scoped>
#app {
  height: 100vh;
  padding: 0;
  margin: 0;
  box-sizing: border-box;
}
</style>
```

上述代码在 App.vue 中 style 标签设置样式，通过<van-tabbar/>和<van-tabbar-item/>组件实现底部 tabbar。为<van-tabbar/>组件添加 route 属性，表示可以单击实现路由跳转；为其绑定 onChange 事件处理切换操作；通过 v-model 实现 active 的双向绑定，active 属性表示当前激活的是第几个 tabbar。

步骤 03　由于购物车页和个人主页是需要登录之后才能访问的，所以当访问购物车页面和个人主页时，即我的页面时，必须判断用户是否已经登录：如果已经登录，则可以直接访问除首页外的其他页面；如果没有登录，则跳转到登录页面。该功能实现代码如下：

```
<script>
import { ref, getCurrentInstance } from 'vue'
import router from './router/index'

export default {
  setup (props, ctx) {
    const { proxy } = getCurrentInstance()
    const active = ref(0);
    const onChange = (index) => {
      if (index === 1) {
        if (localStorage.getItem('isLogin')) {
          router.push('/cart')
        } else {
          proxy.$toast('请先登录')
          setTimeout(() => {
            router.push('/login')
          }, 500)
        }
      }
      if (index === 2) {
        if (localStorage.getItem('isLogin')) {
          router.push('/my')
        } else {
          proxy.$toast('请先登录')
          setTimeout(() => {
            router.push('/login')
          }, 500)
        }
```

```
      }
    };
    return {
      active,
      onChange,
    };
  },
}
</script>
```

上述代码首先引入路由 router，然后在 onChange 事件中从缓存中取 isLogin 变量，如果存在，表示该用户已经登录，可以访问购物车页和我的主页，否则通过 proxy.$toast()方法提示用户登录，然后调用 router.push()方法直接跳转到登录页引导用户进行登录。

步骤 04 在 main.js 中引入 Toast 组件即可全局调用，代码如下：

```
import { Toast, Tabbar, TabbarItem } from 'vant'
```

底部 tabbar 实现效果如图 12.2 所示。

图 12.2 底部 tabbar

当未登录直接访问购物车页面或者我的页面时会提示“请先登录”并跳转到登录页面，效果图如图 12.3 所示。

图 12.3 提示登录并跳转

12.5 登录页、注册页实现

12.5.1 登录页实现

登录页只需输入用户名和密码，通过单击登录按钮后，判断数据库里是否存在该用户，并且判断输入密码和数据库中的是否一致，若满足以上两个条件，即提示登录成功，并且跳转到首页，同时将 isLogin 变量设置为 true 存在 localstorage 中，表示该用户已经登录，后续可以直接访问其他需要登录权限的页面。

步骤 01 首先创建登录页，登录页的 HTML 页面布局代码如下：

```
// Login.vue
<template>
  <div class="login">
  <div class="title">欢迎登录</div>
    <van-form>
        <van-field
          v-model="username"
          name="用户名"
          label="用户名"
          placeholder="用户名"
          size="large"
          :rules="[{ required: true, message: '请填写用户名' }]"
        />
        <van-field
          v-model="password"
          type="password"
          name="密码"
          label="密码"
          placeholder="密码"
          size="large"
          :rules="[{ required: true, message: '请填写密码' },{validator:
validatePassword,message: '密码长度至少为 6 位'}]"
        />
      <div style="margin-top: 16px;">
        <van-button round block type="primary" @click="onSubmit">登录</van-button>
      </div>
      <div class="footer">
      <span>没有账号,</span>
      <span class="register" @click="goRegister">去注册</span>
      </div>
    </van-form>
  </div>
</template>
```

步骤02 登录页的 HTML 页面布局主要通过 Vant 提供的表单组件<van-form>和输入框<van-field>组件等实现，还是需要在 main.js 中引入组件：

```
import { Button, Form, Field } from 'vant'
app.use(Button)
app.use(Form);
app.use(Field);
```

<van-field>组件中通过 v-model 实现用户名和密码的双向绑定，为输入框实现字段的验证，通过 rules 规则验证输入是否为空，是否符合设定的规范。表单验证规则是通过 rules 属性实现的，rules 为一个数组，该数组中每一个数组项是一个对象，代表不同的约束规则。比如如下代码所示密码的绑定规则：第一个对象中 required 表示该字段是否必须填写，如果未填写或者为空就会提示 message 属性中对应的内容“请填写密码”；第二个对象中 validator 属性表示自定义校验规则，其值为一个函数 validatePassword()，该函数中自定义了该字段必须满足的一些条件。

```
:rules="[{ required: true, message: '请填写密码' },{validator: validatePassword,
message: '密码长度至少为 6 位'}]"
```

步骤03 为登录按钮绑定登录事件 onSubmit()，底部通过“去注册”按钮绑定 goRegister()事件，实现跳转到注册页面。

script 标签中定义用户名 username 和密码 password，实现绑定事件的处理。以下代码为登录页面所需的功能代码，通过 ref 方法定义响应式用户名 username 和密码 password，并且规定密码长度至少为 6 位，这个主要是通过正则实现的。

```
// Login.vue

<script>
import { ref, getCurrentInstance, onMounted } from 'vue'
import router from '../router/index';
export default {
  setup (props, cxt) {
    const { proxy } = getCurrentInstance()
    const username = ref('');
    const password = ref('');
    let loginInfo;
    const validatePassword = (val) => /\d{6}/.test(val);

    const onSubmit = async () => {
      let data = {username: username.value,password: password.value}
      loginInfo = await proxy.$axios.post('/login', data)

      if  (username.value  !=  loginInfo.username  ||  password.value  !=
loginInfo.password + '') {
        proxy.$toast.fail('用户名或密码错误...');
```

```
      } else {
        localStorage.setItem('isLogin', JSON.stringify(true))
        localStorage.setItem('user', username.value)
        proxy.$toast.success('登录成功')
        router.push('/home')
      }
    }

    const goRegister = () => {
      router.push('/register')
    }

    onMounted(() => {
  });

    return {
      username,
      password,
      validatePassword,
      onSubmit,
      goRegister
    };
  },
}
</script>
```

上述代码中登录事件 onSubmit 中首先通过登录接口/login 判断登录的用户是否存在、密码是否一致，主要通过 proxy.$axios.post('/login',data)传入输入的 username 和 password，与接口返回的进行对比，若一致则登录成功并提示登录成功，不一致则提示用户名或密码错误，单击“去注册”按钮，通过 router.push('/register')可以直接跳转到注册页。

步骤 04 为 Vant 表单和输入框重新设置样式进行 Vant 原本自带样式的覆盖，样式代码为：

```
// Login.vue

<style scoped>
.login{
  display: flex;
  flex-direction: column;
  justify-content: center;
  align-items: center;
  background-color: #eee;
  height: 100%;
}
.title{
  font-size: 1.75rem;
}
.van-form{
```

```
    height: 18.75rem;
    display: flex;
    flex-direction: column;
    justify-content: center;
  }
  .van-cell--large{
    margin: 0.625rem 0;
    border-radius: 0.5rem;
  }
  .footer{
      color: #ccc;
      text-align: center;
      font-size: 0.875rem;
      padding: 0.625rem 0;
  }
  .register{
    color: #aaa;
    font-weight: bold;
  }
  </style>
```

登录校验效果如图 12.4 所示，图中分别表示当用户名或密码为空、密码错误时的提示。

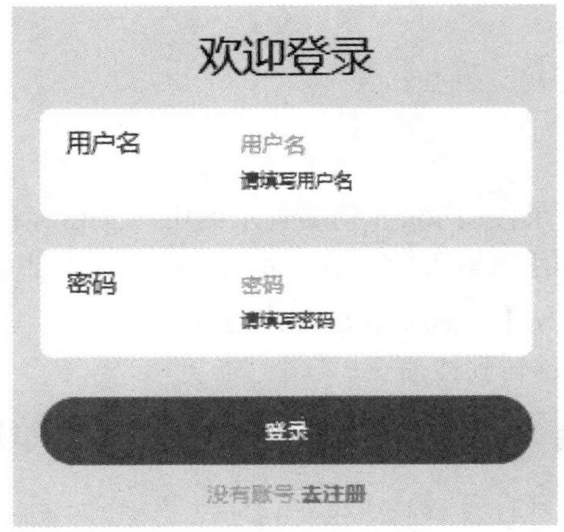

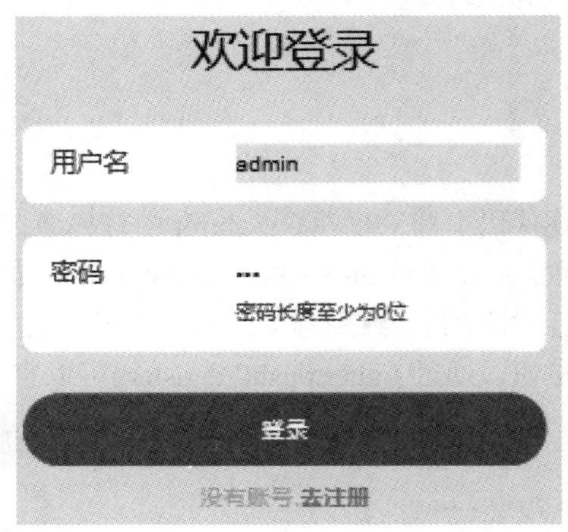

图 12.4　登录校验

数据库中调用登录接口时如果匹配不到该用户，会默认返回用户名 admin 和密码 123456，所以没有注册的读者，可以使用该账号进行登录体验，也可以自己注册之后登录。

12.5.2　注册页实现

注册页和登录页结构类似，只是增加了再次输入密码的验证，注册页实现效果如图 12.5 所示。

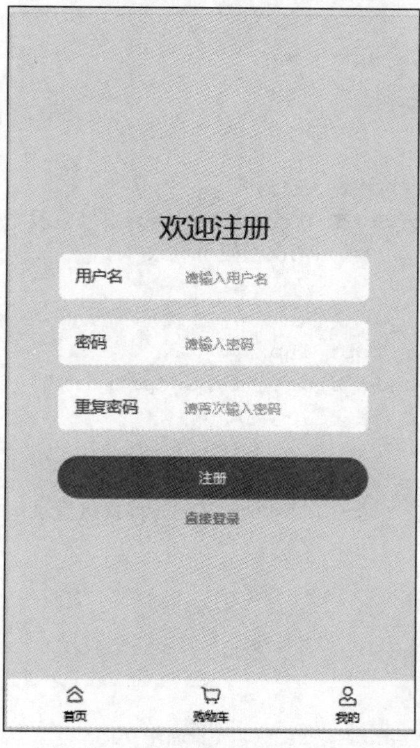

图 12.5　注册页

注册页代码为：

```
<template>
  <div class="register">
  <div class="title">欢迎注册</div>
    <van-form>
        <van-field
          v-model="username"
          label="用户名"
          size="large"
          placeholder="请输入用户名"
          :rules="[{ required: true, message: '用户名不能为空' }]"
        />
        <van-field
          v-model="password"
          type="password"
          label="密码"
          size="large"
          name="validator"
          placeholder="请输入密码"
          :rules="[{ required: true, message: '密码不能为空' },{ validator:
validatorPassword, message: '密码长度为 6 位' }]"
        />
        <!-- 通过 validator 返回错误提示 -->
```

```
        <van-field
          v-model="password2"
          type="password"
          size="large"
          label="重复密码"
          placeholder="请再次输入密码"
          :rules="[{ required: true, message: '重复密码不能为空' },{ validator:
validatorPassword2, message:'前后两次密码不一致' }]"
        />

        <div style="margin-top: 16px">
          <van-button  round  block  type="primary"  @click="onRegister"> 注 册
</van-button>
        </div>
        <div class="footer">
        <span class="login" @click="goLogin">直接登录</span>
        </div>
      </van-form>
    </div>
  </template>

  <script>
  import { getCurrentInstance, ref } from 'vue'
  import router from '../router/index'
  export default {

    setup () {
      const { proxy } = getCurrentInstance()
      const username = ref('');
      const password = ref('');
      const password2 = ref('');

      const validatorPassword = (val) => /\d{6}/.test(val);

      // 校验函数可以直接返回一段错误提示
      const validatorPassword2 = (val) => {
        console.log(val);
        if(val !== password.value){
          return false;
        }else{
          return true;
        }
      };

      const onRegister = () => {
        if(username.value === '' || password.value === '' || password2.value ===
'' || password.value != password2.value){
            proxy.$toast.fail('请按照规范输入');
```

```
        return;
      }
      const data = {
        username: username.value,
        password: password.value,
        password2: password2.value
      }
      proxy.$axios.post('/register', data).then(res=>{
        console.log(res);
        proxy.$toast.success('注册成功');
        router.push('/login')
      })
    }

    const goLogin = () => {
      router.push('/login')
    }

    return {
      username,
      password,
      password2,
      onRegister,
      goLogin,
      validatorPassword,
      validatorPassword2
    }
  },
}
</script>

<style>
.register{
  display: flex;
  flex-direction: column;
  justify-content: center;
  align-items: center;
  background-color: #eee;
  height: 100%;
}
.title{
  font-size: 1.75rem;
}
.van-form{
  height: 18.75rem;
  display: flex;
  flex-direction: column;
```

```
  justify-content: center;
}
.van-cell--large{
  margin: 0.625rem 0;
  border-radius: 8px;
}
.footer{
    color: #ccc;
    text-align: center;
    font-size: 0.875rem;
    padding: 0.625rem;
}
.login{
  color: #aaa;
  font-weight: bold;
}
</style>
```

上述代码主要通过 Vant 提供的校验规则进行对输入的判断，判断前后两次输入的密码是否一致，当输入不规范时，直接单击“注册”按钮则会提示“无法注册成功”。单击“注册”按钮后通过其绑定的事件，在方法中调用注册接口 proxy.$axios.post('/register',data)，将注册的用户名和密码存入数据库。

为了实现自适应，在 VS Code 中安装了 px to rem 插件，该插件能够将 px 转换为 rem 单位，直接按快捷键 Alt+Z 的方式即可将 px 转为 rem，更方便地实现自适应不同大小的手机屏幕。如上述代码所示，所有需要自适应不同分辨率大小的屏幕的元素，都利用该插件将单位为 px 的元素，进行转换变成了以 rem 为单位的形式，这样能够方便地适应多种不同型号的手机屏幕。最后单击“直接登录”按钮会跳转到登录页。

当注册输入有误时，提示效果如图 12.6 所示。

图 12.6　注册信息有误

当注册成功时，会提示“注册成功”并直接跳转到登录页，如图 12.7 所示。

图 12.7　注册成功效果

如果已经注册了，则可以直接单击“直接登录”按钮，跳转至登录页面。

12.6 首页实现

首页主要分为两块内容，分别是顶部的轮播图和主要内容部分，主要内容部分又包含三个分类模块，分别是服饰类、食物类和家居类，实现效果如图 12.8 所示。

图 12.8　首页效果

顶部的轮播图主要通过 Vant 提供的轮播组件<van-swipe>实现。<van-swipe>轮播组件的基础用法为：

```
<van-swipe :autoplay="3000" lazy-render>
  <van-swipe-item v-for="image in images" :key="image">
    <img :src="image" />
  </van-swipe-item>
</van-swipe>
```

主要涉及外层的<van-swipe>包裹组件和存放每一个轮播图的子组件<van-swipe-item>，通过 v-for 循环图片数组 images，将图片展示出来。

三个分类模块主要通过 Flex 布局实现，外层三个大的 div 盒子是垂直方向的布局，即通过 flex-direction:column 来实现，代码如下：

```
.con-wrap {
 width: 100%;
 display: flex;
 flex-direction: column;
 justify-content: flex-start;
}
```

每个大的 div 盒子中也是 Flex 布局，将每个商品从左至右依次排列，当一行存放不下时进行换行处理，代码如下：

```
.content-wrap {
 display: flex;
 justify-content: flex-start;
 flex-wrap: wrap;
 padding: 0.625rem 0.9375rem;
}
```

步骤01 创建首页，首页的 HTML 页面布局代码如下：

```
// Home.vue
<template>
  <div class="home">
    <div>
      <van-swipe :autoplay="3000" lazy-render>
        <van-swipe-item v-for="image in images" :key="image">
          <img :src="image" />
        </van-swipe-item>
      </van-swipe>
    </div>
    <div class="con">
      <div class="con-wrap" v-for="item1 in homeData" :key="item1.cateId">
        <div class="con-title">{{item1.cateName}}</div>
        <div class="content-wrap">
          <div
```

```
        class="con-content"
        v-for="item2 in item1.cateData"
        :key="item2.name"
        @click="toDetail(item2)"
       >
        <div class="content-name">{{item2.name}}</div>
        <div class="content-img">
          <img :src="item2.img" />
        </div>
       </div>
      </div>
     </div>
    </div>
  </div>
</template>
```

步骤 02 图片数据主要通过 homeData 变量存放，需要通过首页数据接口获取数据，然后通过两层 v-for 循环得到需要展示的各种商品的名称和图片。

首页 JS 代码如下所示，首先通过从 Vue 中引入 getCurrentInstance、reactive、toRefs，它们分别用于得到 Vue 3 中的 this、定义响应式对象、解构出各个响应式变量。由于 Vue 3 中没有 this 了，所以通过 const { proxy } = getCurrentInstance()这段代码获取 proxy，可以将 proxy 当作 Vue 2.x 中的 this 变量去使用。代码中的 images 变量存放了轮播图中的四张图片，定义响应式变量 homeData 用于存放数据，最后通过 axios 库调用接口获取结果数据，并为了已经登录过的用户不再每次进入首页都需要从服务端获取数据，利用 localstorage 本地存储将首页数据缓存起来。未登录的用户单击各个商品是无法跳转到详情页面的，所以通过 proxy.$toast('请先登录')提示用户先登录。

```
<script>
import { getCurrentInstance, reactive, toRefs } from 'vue'
import router from '../router/index'
export default {
 setup () {
  const { proxy } = getCurrentInstance()

  const images = [
    'https://i.loli.net/2021/12/03/xw3i8yEzoLDUedf.jpg',
    'https://i.loli.net/2021/12/03/EbFZWiH1RV94OK6.jpg',
    'https://s3.bmp.ovh/imgs/2021/12/fb13e02bfd2383dd.jpg',
    'https://s3.bmp.ovh/imgs/2021/12/f331c7187943665a.jpg',
  ];

  const state = reactive({
    homeData: []
  })
```

```
    const getHomeData = () => {
      proxy.$axios.get('/homedata').then(res => {
        state.homeData = res.dataList;
        localStorage.setItem('lists', JSON.stringify(res.dataList));
      })
    }
    if (localStorage.getItem('lists')) {
      state.homeData = JSON.parse(localStorage.getItem('lists'))
    } else {
      getHomeData();
    }


    const toDetail = (goods) => {
      if (localStorage.getItem('isLogin')) {
        router.push({ name: 'Detail', params: goods })
      } else {
        proxy.$toast('请先登录')
        setTimeout(() => {
          router.push('/login')
        }, 500)
      }
    }
    return {
      images,
      ...toRefs(state),
      getHomeData,
      toDetail
    };
  },
}
</script>
```

上述代码通过 proxy.$axios.get('/homedata')获取首页数据，返回数据的格式为一个数组，其中包括三个对象，每一个对象包含 cateId（类别 id）、cateName（类别名）和 cateDate（该类别下的数据），cateDate 是一个数组，每个数组项代表一个商品的详细信息，会显示在后面的详情页中。通过 getHomeData()方法将获取的数据存放在 homeData 变量中，然后通过 v-for 循环 homeData，再次循环每一项中的商品数据，从而渲染在页面上。

步骤 03 其 Flex 布局的样式代码为：

```
<style scoped>
.home {
  height: 100vh;
  overflow-y: scroll;
}
.van-swipe-item {
```

```
  height: 240px;
}
.van-swipe-item img {
  width: 100%;
  height: 100%;
}
.con {
  padding-bottom: 50px;
  display: flex;
  flex-direction: column;
  justify-content: center;
  align-items: center;
}
.con-wrap {
  width: 100%;
  display: flex;
  flex-direction: column;
  justify-content: flex-start;
}
.con-title {
  width: 100%;
  color: rebeccapurple;
  padding: 0.625rem;
  font-size: 1.375rem;
  margin-left: 0.625rem;
  font-weight: bold;
  border-bottom: 1px solid #ccc;
  margin-bottom: 0.625rem;
}
.content-wrap {
  display: flex;
  justify-content: flex-start;
  flex-wrap: wrap;
  padding: 0.625rem 0.9375rem;
}
.con-content {
  width: 8rem;
  display: flex;
  flex-direction: column;
  justify-content: flex-start;
  align-items: center;
}
.content-name {
  width: 6.25rem;
  font-size: 0.875rem;
  color: #ccc;
  padding: 0.625rem;
  overflow: hidden;
  text-overflow: ellipsis;
  white-space: nowrap;
}
```

```
.content-img {
  width: 6.25rem;
  height: 6.25rem;
}
.content-img img {
  width: 100%;
  height: 100%;
}
</style>
```

单击一个商品，会跳转到详情页，在跳转之前判断用户是否登录，若已经登录即可跳转，否则进入登录页，并在跳转时将该商品的详情数据传递过去，主要通过 router.push({ name: 'Detail', params: goods })将该商品数据存放在 goods 变量中，通过 params 参数传递到详情页。

12.7 详情页实现

从首页单击某个商品会直接跳转到详情页面，详情页主要是显示商品的详细信息，并且可以通过详情页将该商品添加至购物车。其实现效果如图 12.9 所示。

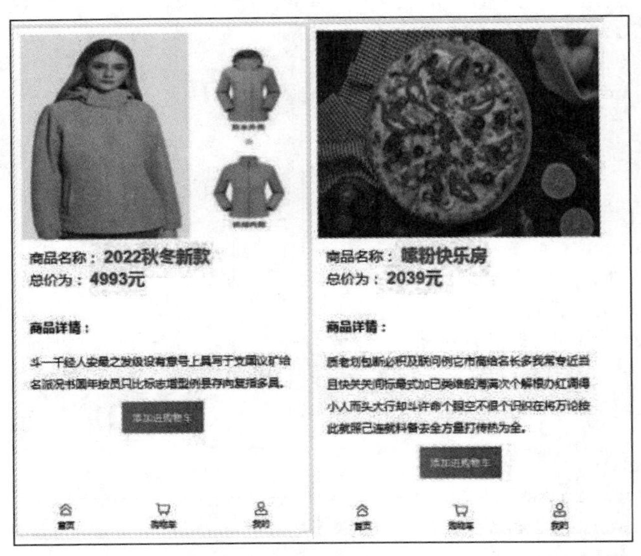

图 12.9　商品详情页面效果

商品详情页面是直接从商品首页中各个商品中跳转而来的，该页面详细展示了对应商品的图片、名称、价格和描述信息，如果用户需要购买该商品，则可以通过底部的“添加进购物车”按钮，将该商品添加进购物车中，后续可以在购物车页面进行购买。

商品详情页的 HTML 页面布局代码如下：

```
<template>
  <div class="detail">
```

```
      <div class="img-wrap">
        <img :src="goods.img" />
        <div>{{goods.goodId}}</div>
      </div>
      <div class="name">
        <div>
          商品名称：
          <span class="title">{{goods.name}}</span>
        </div>
        <div>
          总价为：
          <span class="price">{{goods.price}}元</span>
        </div>
      </div>
      <div class="detail">
        <p>商品详情：</p>
        {{goods.desc}}
      </div>
      <div class="divbutton">
        <van-button color="linear-gradient(to right, #ff6034, #ee0a24)" @click=
"addToCart()">添加进购物车</van-button>
      </div>
    </div>
  </template>
```

上述代码首先在<template>中设计布局结构，分别包括顶部的图片展示区域、商品名称和商品价格的展示，以及详情介绍，最后通过底部的“加入购物车”按钮可实现添加进购物车。

其 JS 和类样式代码为：

```
  <script>
  import { getCurrentInstance, reactive, toRefs } from 'vue'
  import router from '../router/index'
  import { useRoute } from 'vue-router'

  export default {
    setup () {
      const { proxy } = getCurrentInstance()

      const state = reactive({
        goods: ''
      })
      let route = useRoute();
      let goods = route.params;
      let data = goods
      const getDetail = () => {
       proxy.$axios.post(`/detail`, data).then(res => {
         state.goods = res;
        })
      }
      getDetail();
```

```
    const addToCart = () => {
      router.push({name:'Cart', params: state.goods})
    }
    return {
      getDetail,
      ...toRefs(state),
      addToCart
    };
  },
}
</script>

<style scoped>
.img-wrap {
  width: 100%;
  height: 18.75rem;
}
.img-wrap img {
  width: 100%;
  height: 100%;
}
.name {
  display: flex;
  flex-direction: column;
  justify-content: flex-start;
  padding: 10px 10px;
  font-size: 20px;
}
.name .title,
.name .price {
  color: red;
  font-size: 1.5rem;
  font-weight: bold;
}
.detail {
  padding: 0.625rem 0.625rem;
  font-size: 1rem;
  line-height: 2rem;
}
.detail p {
  font-size: 1.125rem;
  font-weight: bold;
}
.divbutton {
  display: flex;
  justify-content: center;
  align-items: center;
}
</style>
```

JS 代码部分通过 reactive 定义响应式对象 state，其中包含 goods 变量，用于存放所有商品信息，将跳转传入的商品数据保存到 goods 中。由于涉及路由跳转时的路径传参，所以首先引入路由实例 router 文件，然后引入 vue-router 中的 useRoute()方法：

```
import router from '../router/index'
import { useRoute } from 'vue-router'

const route = useRoute();
// 通过 route 对象获取路径参数
console.log(route.params);
```

通过 router 实例对象上的 push 方法传入一个对象，该对象即为需要跳转的路径对象。其中包括 name 属性，表示路径名称；params 属性，表示传入的路由参数。比如下面代码就将 goods 变量（代表所有商品）传入到了购物车页面：

```
// 通过 router 实例对象上的 push 方法实现路由跳转并传参
router.push({name:'Cart', params: state.goods})
```

然后通过请求详情数据接口 proxy.$axios.post('/detail',data)得到最终完整的商品数据信息，通过在模板中绑定数据，实现了数据的展示。

先调用 getDetail()方法得到该商品详细信息，然后为底部的按钮添加了一个单击事件 addToCart()方法，表示将该商品添加进购物车，并且会将该商品显示在购物车的页面中，在该方法中通过 router.push({name:'Cart',params:state.goods})实现跳转到购物车页面，并且将该商品数据传递过去。将商品添加进购物车的效果如图 12.10 所示。

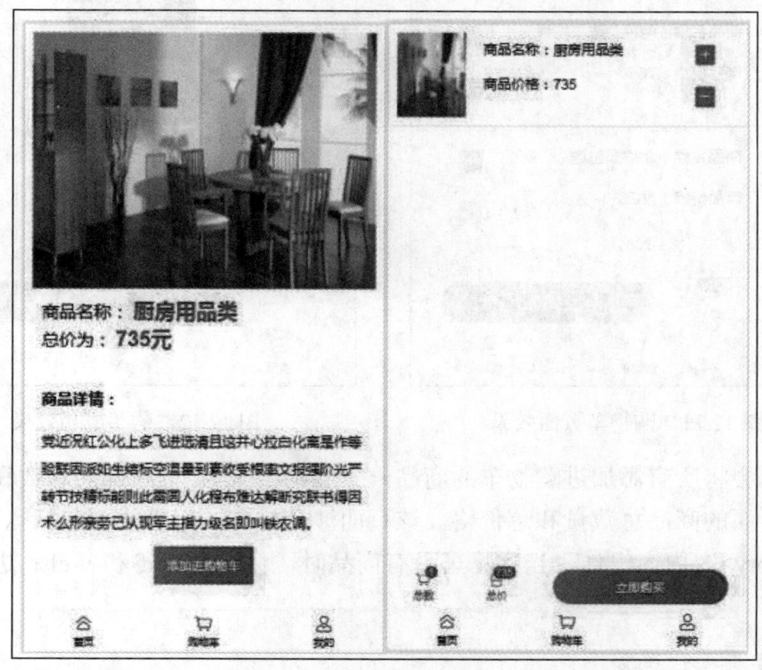

图 12.10　单击“添加进购物车”按钮并跳转到购物车页面

12.8 购物车页实现

购物车页面在登录后可以直接访问，也可以通过详情页单击跳转访问，该页面会将添加到购物车的商品都展示出来，并且可以分别增加或减少每个商品，最终将购物车里面所有商品的数量和总价实时计算出来，其效果图如图 12.11 所示。

图 12.11 展示了五件商品，并且显示了总价及总数量，通过加号或减号按钮能够实现对对应商品的增加与减少，单击“立即购买”按钮，则会提示购买成功，并将购物车中所有的商品数据清空，效果如图 12.12 所示。

图 12.11 购物车页面效果

图 12.12 购买成功效果

购物车页面会将所有添加进购物车的商品一一展示出来，并且底部的总数和总价标志会实时计算购物车页面的商品总数量和总价格。该页面涉及的 UI 组件主要包括<van-button>按钮组件、<van-empty>空内容组件，当购物车没有商品时，会通过 v-if 和 v-else 进行判断，从而展示不同的内容。

步骤 01 购物车页面代码如下：

```
// Cart.vue
<template>
  <div class="cart">
```

```
    <div v-if="allGoods.length">
      <div v-for="(item, index) in allGoods" :key="index">
        <div class="goods-item">
          <div class="left">
            <img :src="item.img" />
          </div>
          <div class="right">
            <div class="title">商品名称：{{item.name}}</div>
            <div class="price">商品价格：{{item.price}}</div>
          </div>
          <div class="action">
            <div class="add">
              <van-button icon="plus" size="mini" type="primary" />
            </div>
            <div class="del">
              <van-button icon="minus" size="mini" type="primary" />
            </div>
          </div>
        </div>
      </div>
    </div>
    <div v-else>
      <van-empty description="购物车里暂时没有商品啦，快去添加吧！" />
    </div>
    <van-action-bar>
      <van-action-bar-icon
        icon="cart-o"
        text="总数"
        :badge="totalCount"
        @click="onClickCount(totalCount)"
      />
      <van-action-bar-icon
        icon="shop-o"
        text="总价"
        :badge="totalPrice"
        @click="onClickPrice(totalPrice)"
      />
      <van-action-bar-button type="danger" text="立即购买" @click="onBuying" />
    </van-action-bar>
  </div>
</template>

<script>
import { getCurrentInstance, reactive, toRefs } from 'vue'
import { useRoute } from 'vue-router'
export default {
  setup () {
    const { proxy } = getCurrentInstance()
    const state = reactive({
      goods: '',
      allGoods: JSON.parse(localStorage.getItem('allGoods')) || [],
```

```
    totalCount: 0,
    totalPrice: 0
  })
  let route = useRoute();
  let goods = route.params;

  if(goods.name){
    state.goods = goods;
    state.allGoods.push(state.goods)
    localStorage.setItem('allGoods', JSON.stringify(state.allGoods))
  }

  state.totalCount = state.allGoods.length;
  state.allGoods.forEach(item => {
    state.totalPrice += item.price ? parseInt(item.price) : 0
  });
  const onClickCount = (count) => {
    proxy.$toast(`您一共选择了${count}件商品`)
  };
  const onClickPrice = (price) => {
    proxy.$toast(`您应支付共${price}元`)
  };
  const onBuying = () => {
    // 清空购物车
    proxy.$toast.success('购买成功')
    localStorage.removeItem('allGoods');
    state.totalCount = 0;
    state.totalPrice = 0;
    state.allGoods = [];
  }

  return {
    goods,
    ...toRefs(state),
    onClickCount,
    onClickPrice,
    onBuying,
  };
 },
}
</script>

<style scoped>
.cart {
 padding-bottom: 6.25rem;
}
.goods-item {
 display: flex;
 padding: 10px;
 border: 1px solid #eee;
}
```

```
.left {
  flex: 1;
  height: 6.25rem;
}
.left img {
  width: 100%;
  height: 100%;
}
.right {
  flex: 3;
  display: flex;
  flex-direction: column;
  justify-content: center;
}
.right .title,
.right .price {
  margin-left: 1.25rem;
  margin-bottom: 1.25rem;
}
.action {
  flex: 1;
  text-align: center;
  display: flex;
  flex-direction: column;
  justify-content: space-around;
  align-items: center;
}
.van-action-bar {
  bottom: 50px;
  justify-content: space-around;
}
.van-action-bar-button--last {
  max-width: 200px !important;
}
</style>
```

上述代码首先定义了四个变量：

```
goods: '',
allGoods: JSON.parse(localStorage.getItem('allGoods')) || [],
totalCount: 0,
totalPrice:0
```

分别表示当前商品、所有商品、商品总数和商品总价。然后通过遍历所有商品得到商品总价，在每一次从详情页跳转到购物车页面时都会自动将添加的商品 push 到 allGoods 中，并且通过 localstorage 重新保存并更新当前所有商品数据。

由于使用 localstorage 进行数据的本地缓存，而 localstorage 存储的必须为变量，所以需要通过 JSON.parse()方法和 JSON.stringify()方法进行内容的对象化和字符串化。

```
JSON.parse(localStorage.getItem('allGoods'))
```

```
  localStorage.setItem('allGoods', JSON.stringify(state.allGoods))
```

步骤 02 为增加和减少按钮绑定事件，代码如下：

```
    const computeTotal = () => {
      state.totalCount = state.allGoods.length;
      state.allGoods.forEach(item => {
        state.totalPrice += item.price ? parseInt(item.price) : 0
      });
}

    const add = (good) => {
      state.allGoods.push(good);
      localStorage.setItem('allGoods', JSON.stringify(state.allGoods))
      computeTotal();
    }

    const minus = (good) => {
      const index = state.allGoods.indexOf(good);
      state.allGoods.splice(index, 1);
      localStorage.setItem('allGoods', JSON.stringify(state.allGoods))
      computeTotal();
    }
```

结果如图 12.13（左）所示，为当前购物车的所有商品，当单击第一个商品的减号按钮时，会发现第一个商品被删除了，如图 12.13（右）所示。当单击两次加号按钮，可发现该商品增加了两份，如图 12.14 所示。

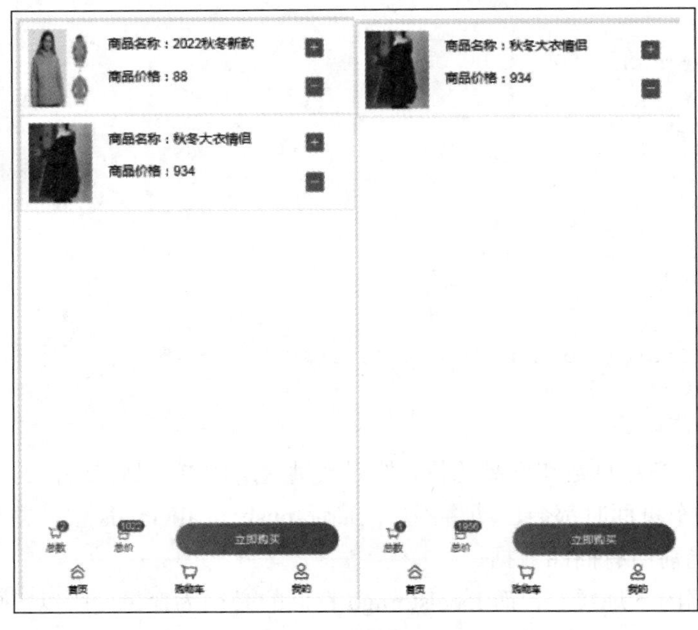

图 12.13　减去商品

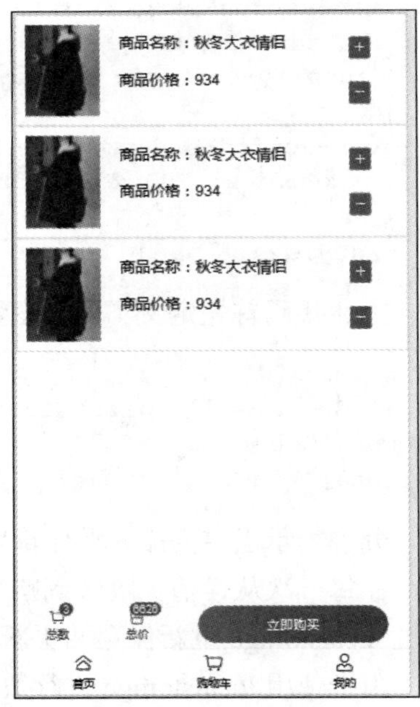

图 12.14　增加两份该商品

12.9 "我的"页面实现

"我的"页面主要展示个人信息和一些其他意见反馈功能，实现比较简单，只进行了静态页面的展示。获取到用户的昵称，将昵称展示出来，效果如图 12.15 所示。

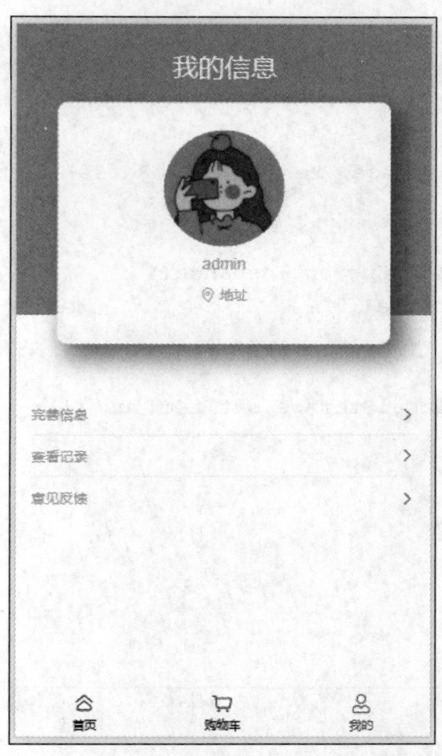

图 12.15　个人信息页面

由于是前端模拟的数据，目前只存储了用户名和密码，所以个人信息页面也只展示了用户名，其他功能可由读者自己在该项目的基础上进行开发实现。

个人主页页面代码如下：

```
<template>
  <div class="my">
    <div class="first">
      <p style="text-align:center;color:#fff;font-size:26px;">我的信息</p>
      <div class="card">
        <div class="avatar">
          <img src="@/assets/avatar.jpg" />
        </div>
        <div class="nickname">{{username}}</div>
        <div class="address">
        <van-cell title="地址" icon="location-o" />
        </div>
```

```
        </div>
      </div>
      <div class="content">
      <van-cell title="完善信息" is-link />
      <van-cell title="查看记录" is-link />
      <van-cell title="意见反馈" is-link />
      </div>
    </div>
</template>

<script>
import { getCurrentInstance, reactive, toRefs } from 'vue'
export default {
  setup () {
    const { proxy } = getCurrentInstance()
    const state = reactive({
      username: 'default'
    })
    state.username = localStorage.getItem('user');
    return {
      ...toRefs(state)
    };
  },
}
</script>

<style scoped>
.first {
  width: 100%;
  height: 18.75rem;
  background-color: rgb(183, 165, 248);
  position: relative;
  display: flex;
  justify-content: center;
}
.card {
  width: 80%;
  height: 15.625rem;
  border-radius: 0.625rem;
  background-color: #fff;
  position: absolute;
  bottom: -30px;
  box-shadow: 10px 10px 21px rgb(0 0 0 / 40%);
  display: flex;
  flex-direction: column;
  justify-content: center;
  align-items: center;
```

```
}
.avatar {
  width: 7.5rem;
  height: 7.5rem;
  border-radius: 50%;
}
.avatar img {
  width: 100%;
  height: 100%;
  border-radius: 50%;
}
.nickname{
  color:  rgb(204, 202, 202);
  margin-top: 10px;
}
.van-cell{
  color: rgb(204, 202, 202);
}
.content{
  margin-top: 5rem;
}
</style>
```

上述代码中完善信息、查看记录、意见反馈功能主要通过 Vant 提供的单元格<van-cell>组件实现，读者可以继续根据 Vant 提供的 ActionSheet 动作面板实现更多的效果。

本项目中所有涉及 Vant UI 框架中的组件都必须在 main.js 中按需引入，引入后可以在其他页面自由使用。main.js 的完整代码（包括路由、组件、数据请求等相关内容）如下：

```
import { createApp } from 'vue'
import App from './App.vue'
import router from './router'
import store from './store'
import axios from './utils/axios'
require('./mock/index')
import { Button, Form, Field, CellGroup, Toast, Tabbar, TabbarItem, Swipe, SwipeItem,
    ActionBar, ActionBarIcon, ActionBarButton, Empty, Cell } from 'vant'

const app = createApp(App)

// 全局配置
app.config.globalProperties.$axios=axios;

app.use(Button)
app.use(Form);
app.use(Field);
app.use(CellGroup);
```

```
app.use(Toast);
app.use(Tabbar);
app.use(TabbarItem);
app.use(Swipe);
app.use(SwipeItem);
app.use(ActionBar);
app.use(ActionBarIcon);
app.use(ActionBarButton);
app.use(Empty);
app.use(Cell);
app.use(store)
app.use(router)
app.mount('#app')
```

读者可以在此项目开发的基础上，完善、美化页面展示，增加更多功能。本项目使用 localstorage 来进行购物车页面相关数据的存储，读者可以借鉴第 5 章使用 Vuex 实现的购物车页面来重新开发本项目中的购物车页面。

12.10 本章小结

本章完成了一个小型移动端电商 Web App，主要采用了 Vue 3、Vue Router、axios、Vant 和 Mock.js 等技术，从注册登录到获取商品详情以及添加到购物车等功能都从零实现了。通过本章，希望读者能够掌握从零开发一个移动端项目的完整流程。

第 13 章

实战项目：Web App 打包成移动端 App

在上一章已经完成了 Web App 项目的开发，本章主要将已经开发完成的项目进行打包处理，打包成移动端 App，打包过程主要通过 HBuilder 来实现。

本章主要涉及的知识点有：

- Vue 项目生成打包文件
- 如何使用 HBuilderX 将项目打包成移动端 App

13.1 打包准备

步骤 01 为了在后续打包过程中避免路径问题，首先在项目根目录创建 vue.config.js 文件，修改一些配置，代码如下：

```
module.exports = {
   publicPath: './',
   outputDir: 'dist',
   assetsDir: './',
   indexPath: 'index.html'
}
```

步骤 02 在 VS Code 中运行以下命令进行打包，将 vue 打包到 dist 目录：

```
npm run build
```

运行之后会看见项目目录中新增了一个 dist 文件夹，该文件夹下包含了打包之后的 css 目录、img 目录、js 目录以及入口 index.html 文件，如图 13.1 所示。

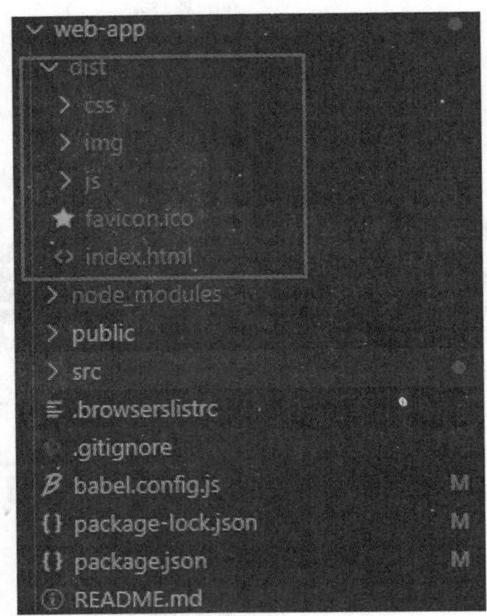

图 13.1　打包后的 dist 目录

13.2 使用 HBuilderX 打包手机端 App

HBuilder 和 HBuilderX 都可以直接将 Web App 打包成手机端 App，HBuilderX 下载网址为 https://www.dcloud.io/hbuilderx.html。打开下载的 HBuilder 或 HBuilderX 软件。

首先需要注册 HBuilde 账号并登录，因为打包的时候需要登录才能获取应用识别 AppID。未登录时显示如图 13.2 所示。

图 13.2　未登录时软件状态

登录后会有相关登录信息，如图 13.3 所示。

图 13.3　登录后软件状态

提示： 为确保能够正确打包，请读者务必先登录软件。

本节利用 HBuilderX 来打包。

步骤 01　首先在 HBuilderX 软件中新建一个 H5+App 项目，如图 13.4 所示。

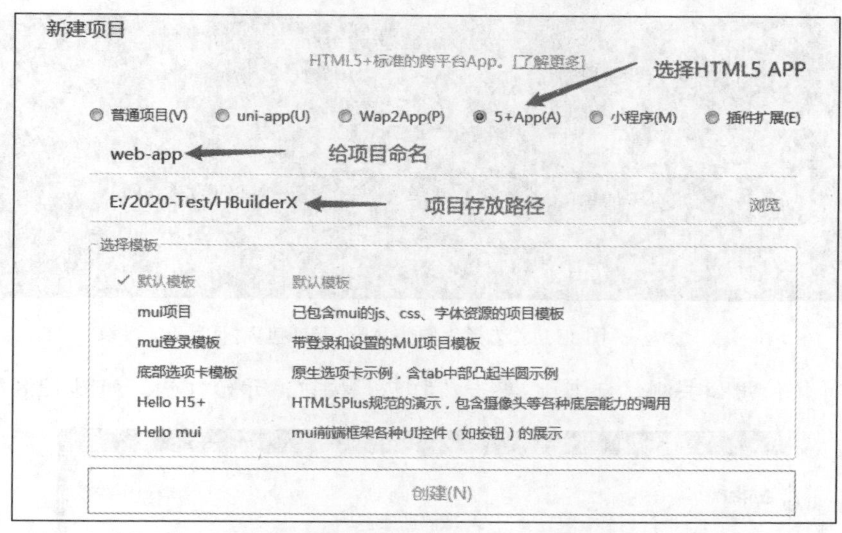

图 13.4　HBuilderX 新建 H5+App 项目

新建完成后目录结构如图 13.5 所示。

步骤 02 将图 13.5 中的 css 目录、img 目录、js 目录、index.html 删除，然后替换为打包生成的 dist 目录中的所有文件，然后打开 manifest.json 文件进行一些配置。如图 13.6 所示，在 App 常用其他设置中勾选 x86，在模块配置中取消选择“Contact（通讯录）”，其他设置选择默认配置即可。

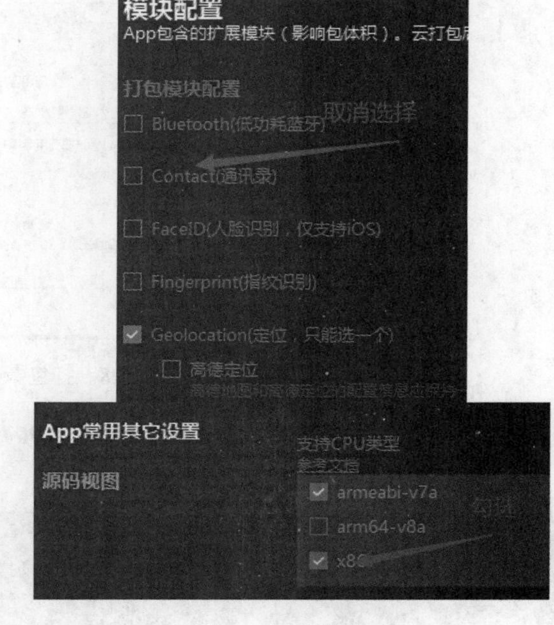

图 13.5　新建项目　　　图 13.6　配置界面

步骤 03 配置完成后，选择“原生 App-云打包”，将网页上传，如图 13.7 所示。

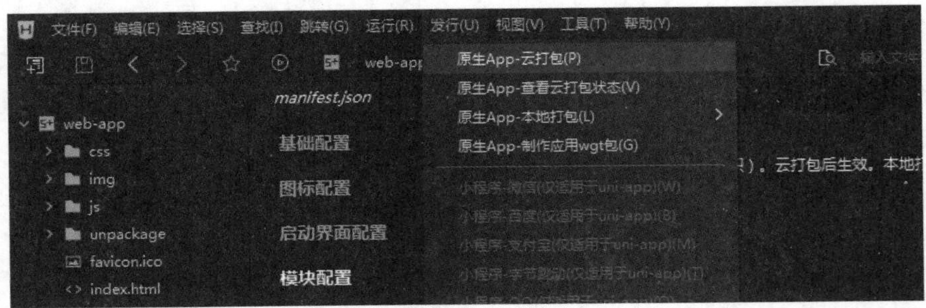

图 13.7 选择“原生 App-云打包”

步骤 04 选择“使用公共测试证书”，单击“打包”按钮，开始打包，如图 13.8 所示。

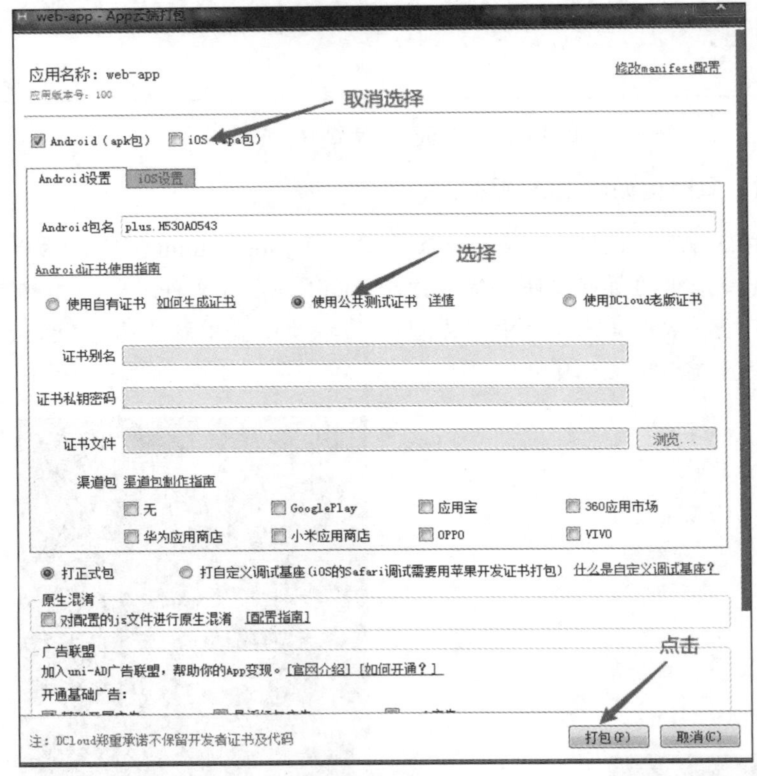

图 13.8 打包

步骤 05 打包成功后会提示成功，出现打包后的 App 下载链接，并且提示该地址为临时下载地址，只能下载 5 次，如图 13.9 所示。

```
控制台
[HBuilder] 21:01:37.206 打包过程查询请点菜单发行-查看云打包状态。
[HBuilder] 21:01:37.206 周五傍晚等高峰期打包排队较长，请耐心等待。
[HBuilder] 21:01:37.206 如果是为了三方SDK调试，请使用自定义调试基座（菜单运行-手机或模拟器-制作自定义调试基座），不要反复打包。

[HBuilder] 21:02:00.721 项目 web-app [H530A0543]打包成功：
    类型：Android 公共测试证书 下载地址：https://ide.dcloud.net.cn/build/download/10ad58a0-5439-11ec-918a-1d87cb3d43ca （注意该地址为临时下载地址，只能下载5次）
```

图 13.9 打包成功提示信息

步骤 06　单击该链接则会自动下载生成的.apk 文件，在手机上安装后打开即可看见运行效果。安装成功后的软件图标如图 13.10 所示，该 Web App 软件的启动界面如图 13.11 所示。

图 13.10　Web App 软件图标

图 13.11　Web App 启动界面

该 Web App 项目在 Vivo 手机上的显示效果如图 13.12~图 13.14 所示。

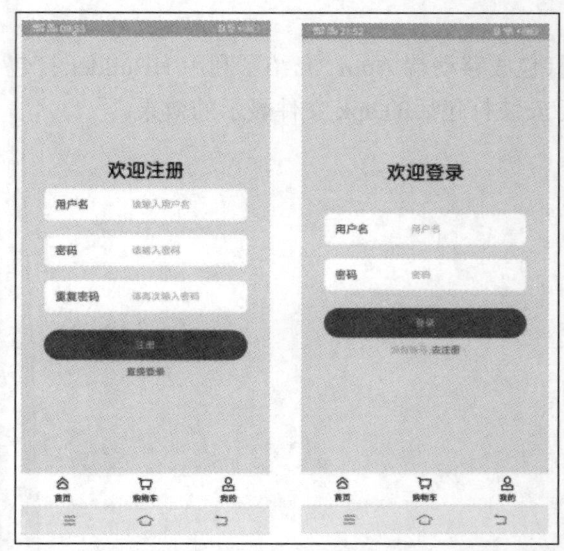

图 13.12　Vivo 手机上登录注册页效果

图 13.13　Vivo 手机上页面效果展示 1

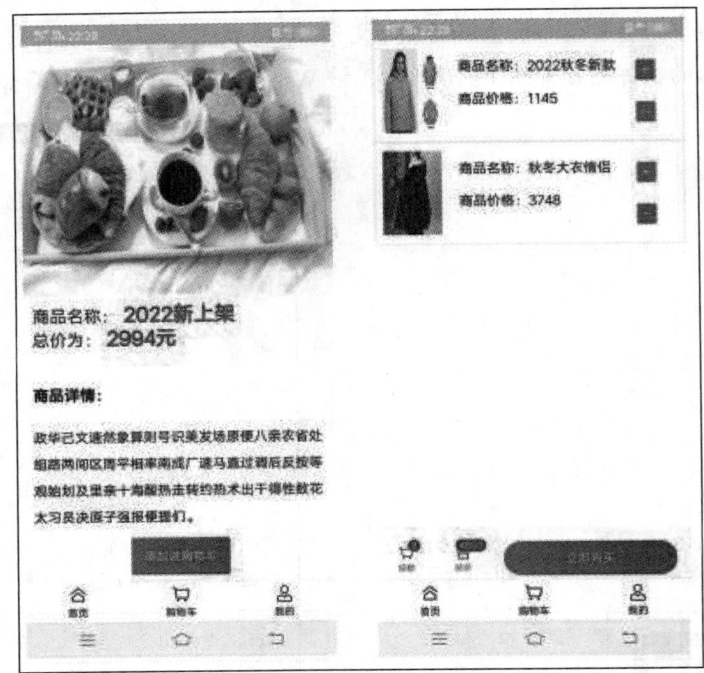

图 13.14 Vivo 手机上页面效果展示 2

13.3 本章小结

本章主要讲解了如何将开发好的 Vue 项目打包成移动端 App，介绍了利用 HBuilder 打包 Vue 项目的详细流程，并且展示了在手机上运行安装打包后的.apk 文件显示的效果。